高维数学
与数字图像处理

吴明珠 ◎ 著

中国铁道出版社有限公司
CHINA RAILWAY PUBLISHING HOUSE CO., LTD.

内 容 简 介

本书利用八元数、克利福德（Clifford）代数、斯坦因-韦斯（Stein-Weiss）解析函数等高维数学工具所具有的在彩色图像处理中维度不受限制、综合性、快速性等优势，将其推广到彩色图像边缘检测、彩色掌纹提取与识别、医学血管分割、彩色图像数字水印、彩色遥感图像变化检测、皮肤分割、图像压缩、肝脏分割等多个方面的应用，并取得了很好的实验效果。

本书分为数字图像处理概述、数字图像处理研究理论基础、数字图像处理相关算法三个模块共六章，既详细论述了数字图像处理相关算法的理论，又进行了相关的实验分析与验证，突出技术主线，强调算法实现效果，注重关联比较，总结方法优缺点，不仅使读者掌握相应的算法理论，同时结合各种实验效果图与比较数据使略显"枯燥"的算法内容闪现出特有的魅力，激发学习者的学习热情。

本书可供应用数学专业、计算机专业的研究学者、教师以及广大算法爱好者参考学习。

图书在版编目（CIP）数据

高维数学与数字图像处理/吴明珠著. —北京：中国铁道出版社有限公司，2022.10
 ISBN 978-7-113-29815-9

Ⅰ.①高… Ⅱ.①吴… Ⅲ.①数字图像处理 Ⅳ.①TN911.73

中国版本图书馆 CIP 数据核字（2022）第 211447 号

书　　名：	高维数学与数字图像处理
作　　者：	吴明珠

策　　划：	唐　旭	编辑部电话：	（010）51873202
责任编辑：	刘丽丽　徐盼欣		
封面设计：	高博越		
责任校对：	苗　丹		
责任印制：	樊启鹏		

出版发行：中国铁道出版社有限公司（100054，北京市西城区右安门西街 8 号）
网　　址：http://www.tdpress.com/51eds/

印　　刷：北京盛通印刷股份有限公司
版　　次：2022 年 10 月第 1 版　2022 年 10 月第 1 次印刷
开　　本：787 mm×1 092 mm　1/16　印张：12.5　字数：390 千
书　　号：ISBN 978-7-113-29815-9
定　　价：49.00 元

版权所有　侵权必究

凡购买铁道版图书，如有印制质量问题，请与本社教材图书营销部联系调换。电话：（010）63550836
打击盗版举报电话：（010）63549461

前　言

数字图像作为人类认知世界的主要来源之一，相对于其他形式的信息而言，它所传送的信息更加丰富和真实。数字图像处理这门学科就是研究如何利用计算机对图像进行去除噪声、增强、复原、分割、压缩、提取特征等操作的。它在智能识别技术、医学工程、遥感检测等领域有着广泛的应用。在大部分图像处理技术中，比如边缘检测、图像分割、图像加密、数字水印等，大都是基于灰度图像进行处理，然而彩色图像包含的信息更加丰富，如果能够直接对彩色图像进行各种处理，得到的效果会更佳。由于彩色图像具有 R、G、B 三个分量，因此，在彩色图像处理中，高维代数的分析理论就派上了用场。

Ell 和 Sangwine 等在 1992 年相继提出的四元数彩色图像表示及其在彩色图像处理领域中的应用引起了人们广泛的兴趣。基于此，本书论述八元数、克利福德（Clifford）代数、斯坦因-韦斯（Stein-Weiss）解析函数这些高维数学工具，并将其应用于数字图像处理各个领域，取得了较好的应用效果。

将高维数学应用于图像处理中，可以有以下几个方面的优势：

(1) 特征维度将不受限制。在表示图像特征的时候，如果使用高维数学，特别是 Clifford 代数，可以不受图像特征的维度限制，也更容易将这类算法向高维方向进行推广。

(2) 特征元素的综合性。因为处理高维数据更适合使用高维数学，所以表示图像数据特征的过程中，既可以使用更多的数据特征参与计算，从而使实验数据的对比更加精确；又可以把所有数据特征作为同一代数的元素值共同参与函数计算，这种方法更符合数字图像信息的处理方法，因为既包含了每个特征本身的影响，也考虑到了特征之间的共同作用。

(3) 计算的快速性。对于欧几里得距离的判断方法，在比较数据相似性时，使用高维数学乘法向量积定理相似性的比较方法能够更快地计算出结果。

本书分为三个模块，共六章。

模块 1 是数字图像处理概述，由第 1 章绪论组成。

模块 2 是数字图像处理研究理论基础，由第 2 章高维数学理论基础组成，其中有四元数分析、八元数分析、Clifford 代数分析、Stein-Weiss 解析函数这四个高维数学工具的发展历史、理论基础以及相关定理，同时论述了 BP 网络的定义与算法原理。

模块 3 是本书的主干与核心的实践部分，由第 3 章至第 6 章组成。

第 3 章主要论述边缘检测算法的现状，同时在四元数彩色图像处理的基础上，论述了八元数分析、Clifford 代数分析、Stein-Weiss 解析函数这三个高维数学工具在图像边缘检测中的应用。

第 4 章主要论述掌纹提取与识别技术的现状，总结传统的掌纹提取与识别方法所存在的不足，论述八元数分析、Clifford 代数分析、Stein-Weiss 解析函数这三个高维数学工具在掌纹提取与识别方面的应用。

第 5 章主要论述血管分割技术的现状，总结传统的血管分割方法所存在的不足，论述八元数分析、Clifford 代数分析、Stein-Weiss 解析函数这三个高维数学工具在血管分割方面的应用。

第 6 章主要论述数字水印技术的现状与不足，论述基于八元数离散余弦变换的彩色图像水印的新方法。同时分析遥感数字图像变化检测技术的现状与不足，探讨 Clifford 向量积性质在遥感图像变化检测处理中的应用。然后将 Clifford 代数的向量积定理应用于彩色图像人脸的皮肤分割之中，建立了适用于 YCbCr 颜色空间的皮肤分割模型，提取出光滑的皮肤区域为后续人脸检测、心率检测等提供合适的目标区域。接着将图像的色度（即 H、S 分量）综合起来构成复数的形式作为 BP 网络的输入向量，构造了神经元基于复数运算的 BP 网络。网络运行过程中利用复数运算的仿射变换性质，将 H、S 两分量有机联系起来，实现压缩映射。尽管压缩图片不甚理想，并且对初试权值的要求较高，但复数型 BP 网络已基本能够实现正确的色调转换。最后结合函数解析性与肝实质的特点，将八元数柯西（Cauchy）积分公式应用于肝脏分割。使用种子点周边邻域的特征代替种子点自身的特征，使用八元数向量积性质判断图像中的点是或否为肝脏中的点，进而达到肝脏分割的目的。与邻域区域生长算法相比较，本算法能够更好地保持肝脏边缘信息，分割出的无关区域更少。

本书适合应用数学专业、计算机专业的研究学者、教师以及广大算法爱好者参考学习，既可作为研究生数字图像处理方向的参考书，也可作为相关研究人员的参考书。本书要求读者具有基本的超复数理论基础，了解数字图像处理相关的算法知识。

本书依据数字图像处理各领域中的需求背景，结合各类高维数学的优势进行应用。本书在撰写过程中得到了导师李兴民教授的大力支持。李兴民教授审阅了全书，并对本书的撰写提出了宝贵的修改意见，在此表示衷心的感谢！

由于著者水平有限，书中疏漏及不足之处在所难免，热忱欢迎读者提出批评和建议。

著 者

2022 年 10 月

目 录

第1章 绪论 ………………………………………………… 1
  1.1 数字图像处理综述 ……………………………………… 1
  1.2 数字图像处理的主要研究内容及发展方向 …………… 2
  1.3 数字图像处理技术的应用 ……………………………… 4
  1.4 本书内容组织 …………………………………………… 5
  小结 ………………………………………………………… 7

第2章 高维数学理论基础 ……………………………… 8
  2.1 复数 ……………………………………………………… 8
  2.2 四元数 …………………………………………………… 8
  2.3 八元数 …………………………………………………… 10
  2.4 Clifford 代数 …………………………………………… 13
  2.5 Stein-Weiss 解析函数 …………………………………… 14
  2.6 BP 网络 ………………………………………………… 14
  小结 ………………………………………………………… 17

第3章 彩色图像边缘检测 ……………………………… 18
  3.1 图像边缘检测技术 ……………………………………… 18
  3.2 RGB 和 HSI 颜色空间 ………………………………… 24
  3.3 四元数在边缘检测中的应用 …………………………… 26
  3.4 复型 Sobel 的彩色图像边缘检测 ……………………… 26
  3.5 八元数在边缘检测中的应用 …………………………… 29
  3.6 Clifford 代数在边缘检测中的应用 …………………… 38
  3.7 基于四元数解析性质的 BP 网络边缘检测 …………… 43
  3.8 基于八元数解析性质的 BP 网络边缘检测 …………… 46
  3.9 基于 Stein-Weiss 解析性质的 BP 网络边缘检测 ……… 48
  小结 ………………………………………………………… 51

第4章 掌纹提取与识别 ………………………………… 53
  4.1 掌纹提取技术 …………………………………………… 54

4.2　掌纹识别技术 …………………………………………………… 56
4.3　基于八元数的掌纹边缘提取 …………………………………… 57
4.4　基于八元数向量积的掌纹边缘提取 …………………………… 61
4.5　基于 Clifford 代数向量积的掌纹边缘提取 …………………… 63
4.6　基于 Stein-Weiss 解析性质的 BP 网络掌纹边缘提取 …… 70
4.7　基于八元数的彩色掌纹识别算法 ……………………………… 71
4.8　基于 Stein-Weiss 函数的掌纹特征识别算法 ………………… 80
4.9　Clifford 代数向量积运用于病纹理提取 ……………………… 86
小结 ………………………………………………………………… 89

第 5 章　血管分割 …………………………………………………… 91
5.1　血管分割技术综述 ……………………………………………… 92
5.2　高维数学理论应用的研究现状 ………………………………… 94
5.3　三维血管分割与重建系统的技术支持 ………………………… 95
5.4　八元数在血管分割中的应用 …………………………………… 96
5.5　Clifford 代数在血管分割中的应用 …………………………… 117
5.6　Stein-Weiss 函数在血管分割中的应用 ……………………… 131
小结 ………………………………………………………………… 140

第 6 章　其他图像处理 ……………………………………………… 142
6.1　八元数在数字水印中的应用 …………………………………… 142
6.2　Clifford 代数在遥感图像变化检测处理中的应用 …………… 152
6.3　Clifford 代数在皮肤分割中的应用 …………………………… 163
6.4　复数型 BP 网络的图像压缩 …………………………………… 167
6.5　八元数在肝脏分割中的应用 …………………………………… 178
小结 ………………………………………………………………… 183

参考文献 ……………………………………………………………… 185

第1章
绪 论

本章主要针对数字图像处理技术的发展概况进行简要综述,概括了当下数字图像处理技术的主要研究内容以及发展方向,并列举出数字图像处理技术在各个领域中的应用。最后针对本书的主要内容组织进行概述。

1.1 数字图像处理综述

数字图像作为人类认知世界的主要来源,相对于其他形式的信息而言,它所传送的信息更加丰富和真实。数字图像处理(digital image processing)即计算机图像处理,该技术主要是把图像信息转变成数字信号再使用计算机进行一系列处理的过程。

早在20世纪50年代数字图像处理技术就出现了,那时人们开始利用计算机来处理图形和图像信息。作为一门学科,数字图像处理形成于20世纪60年代初。此时数字图像处理的主要目的是提高图像的质量,它针对主体来改善人的视觉效果。起初输入低质量的图像,经过图像处理过程之后,最后输出的是高质量的图像。常用的图像处理技术有图像压缩、图像增强、图像编码、图像复原等。

美国喷气推进实验室(JPL)在美国取得了第一次实际成功。他们的太空探测器巡游7号带回了1964年月球的子图像,利用图像处理技术,如消除噪声、几何校正、灰度变换等方法进行处理,同时考虑到月球环境及太阳位置的影响,成功地用计算机绘制了月球地图的表面。之后,对探测器返回的近10万张照片进行了更为复杂的图像处理。结果,获得了月球的地形图、彩色图和全景马赛克图。取得的这些成果,为月球上的开拓工作奠定了一定基础,同时推动了数字图像处理学科的诞生。数字图像处理技术在空间技术,如火星、土星等行星的探索和研究中,发挥了巨大的作用。

数字图像处理的另一个重大成就是医学方面的成就。1972年,英国EMI公司的工程师豪斯菲尔德(Housfield)发明了用于头骨诊断的X射线计算机断层扫描设备,俗称CT(computer tomography)。CT的基本方法是通过计算机处理,根据人体头部切片的投影,重建出横断面图像,即图像重建。1975年,EMI成功研制出全身CT装置,获得了人体各部位明亮清晰的断层图像。

同时,数字图像处理在其他领域也得到了广泛的应用,并取得了重大的开创性成果,如生物医学、机器视觉、航空航天、军事制导、工业检测、公安、司法、文化艺术等领域,因此数字图像处理是一门前景广阔的新学科。从 20 世纪 70 年代中期开始,随着计算机技术和人工智能的飞速发展,数字图像处理技术也向更高、更深的层次发展。比如,开始钻研如何用计算机来解读图像,以实现类似人类视觉系统对外部世界的理解,该技术也被称为图像理解或计算机视觉。许多国家在这方面投入了人力和物力,并取得了许多研究成果。其中最具代表性的成果是麻省理工学院的马尔(Marr)在 20 世纪 70 年代提出的视觉计算理论。虽然图像理解在理论研究方面取得了很大进展,但它仍是一个相对困难的研究领域。

1.2 数字图像处理的主要研究内容及发展方向

1.2.1 数字图像处理技术的主要研究内容

当下数字图像处理技术的主要研究内容有六个方面,即图像变换技术、图像编码与压缩技术、图像增强和复原技术、图像分割技术、图像描述技术、图像分类技术。

1. 图像变换技术

因为图像阵列数据非常大,如果直接在空间域处理会涉及大量计算,所以,常使用各类图像变换方法,如傅里叶(Fourier)变换、离散余弦变换、沃尔什(Walsh)变换等间接处理技术。它们是把空间域处理转变到变换域进行处理,这样既可以减少计算量,还可以得到更有效的结果,比如傅里叶变换可以在频域进行数字滤波处理。小波变换在时域和频域都具有很好的局部化特性,所以它在图像处理中也得到了广泛的应用。

2. 图像编码与压缩技术

图像编码与压缩技术可以减少表示图像的数据量即位数,从而节省图像传输和处理时间,减少占用的存储容量。压缩既有无损压缩,也有在允许的失真条件下进行的有损压缩。图像编码是图像压缩技术中最重要的一环,它也是图像处理技术中最早、最成熟的技术。

3. 图像增强和复原技术

为了提高图像质量,比如去除噪声、提高图像清晰度等,可以使用图像增强和复原技术。图像增强技术不考虑图像退化的原因,而是将图像中的重点部分突出显示。例如,增强图像的高频分量可以使物体轮廓清晰,细节明显;而为了减少图像中的噪声影响,可以增强低频分量。图像复原技术则需要对图像质量降低的原因有一定的了解。一般来说,应该根据图像的质量降低过程建立"质量降低模型",然后使用一些滤波方法来恢复或重建原始图像。

4. 图像分割技术

图像分割是数字图像处理的关键技术之一。图像分割是从图像中提取有意义的特征,包括图像中的边缘和区域,它是进一步识别、分析和理解图像的基础。虽然当前已经发展了许多边缘提取和区域分割方法,但还没有一种有效的方法可以普遍适用于所有类型的图像。因此,图像分割技术的研究仍在深入,是图像处理领域的热点之一。

5. 图像描述技术

图像识别和理解的首要前提是图像描述。作为最简单的二值图像,它的几何特征可以用来描述物体的特征。一般采用二维形状描述进行图像描述,包括边界描述和区域描述。对于特殊纹理图像,可以用二维纹理特征来描述。随着三维物体描述和图像处理技术的发展,不少学者还提出了体积描述、表面描述、广义圆柱体描述等方法。

6. 图像分类技术

图像分类(recognition)属于模式识别的范畴,其主要内容是对图像经过一定的预处理(增强、复原、压缩)、图像分割和特征提取,从而进行决策分类。图像分类通常采用经典的模式识别方法,包括统计模式分类和句法(结构)模式分类。近年来,模糊模式识别和人工神经网络模式分类在图像识别中越来越受到重视。

1.2.2 数字图像处理技术的发展方向

科学技术不断发展,计算机的处理能力不断增强。与此同时,数字图像处理技术的发展也在迅速变化。如今,在各个学科之间频繁的技术交流中,图像处理技术以其信息获取和利用的优势将占据越来越重要的地位。未来数字图像处理技术的发展方向主要包括以下几个方面:

1. 计算机视觉

随着计算机和人工智能的不断发展,机器人越来越受到人们的重视。机器人以其独特的优势,让人们看到了其优越的发展前景。在机器人领域,图像处理技术可以成为机器人的视觉来源,成为感知、理解和识别三维场景的重要手段。机器人在高风险行业具有独特的优势,但由于人类对于视觉探索还不够,因此计算机视觉仍然是一个有待进一步发掘的新领域。

2. 深度学习

自2012年Krizhecsky提出使用深度卷积神经网络(convolutional neural network,CNN)进行图像分类以来,深度学习在图像领域取得了高速发展。近年来,分类精度逐年提高,直接接近甚至超过了人类的分类精度。目标检测领域也从二维目标检测扩展到三维目标检测和形状分析。目前,深度学习除了在图像分类、目标检测等图像分析领域取得较好效果,也逐渐应用到底层图像处理领域,如图像增强、去雾。

3. 遥感图像处理

遥感图像处理(processing of remote sensing image data)是一种对遥感图像进行一系列操作的技术,如辐射校正和几何校正、图像增强、投影变换、镶嵌、特征提取、分类和各种主题处理,以实现预期目的。近年来,随着数字图像处理技术的发展,遥感图像在语义分割、场景分类、目标检测等领域取得了快速的发展。将深度学习方法应用于遥感图像中的目标探测,对在大规模遥感图像中快速识别飞机、船舶、储油罐等目标具有重要意义。

4. 三维重建

用三维的方式表现二维的事物已成为时代的发展趋势。例如,电子沙盘可以实现沙盘的任意角度和旋转,通过扩大和缩小可以实现更精确的计算,为操作指挥提供了极大的便利。这种技术依赖于数字图像处理技术,也成为数字图像处理技术发展的重要前景之一。

5. 增强现实

增强现实(augmented reality,AR)技术将虚拟信息应用于现实世界。真实环境和虚拟对象实时叠加在同一屏幕或空间上。现实世界的信息和虚拟世界的信息是无缝集成并同时存在的。增强现实需要借助图像配准和图像处理技术来感知和分析现实世界,建立现实世界的坐标系。同时,将生成的虚拟对象"放置"在真实环境中,并将虚拟对象与真实环境叠加,以呈现具有真实感官效果的新环境。近年来,由于计算机硬件和软件的发展,增强现实技术得到了快速发展。随着手持设备手机计算能力的不断增强,现实世界中虚拟信息的覆盖越来越丰富,更先进的头盔设备也随之出现。

1.3 数字图像处理技术的应用

目前数字图像处理技术的应用十分广泛,在航空航天、生物医学、信息安全、通信工程、工业工程等方面都有着非常好的表现。

1.3.1 航空航天方面的应用

数字图像处理技术在航空航天领域得到了非常广泛的应用。在航空航天过程中,每天都有众多的侦察机或空间站在太空中对地球进行摄影,技术人员通过计算机图像处理技术对图像进行分析和解读,比传统的方法节省了大量的人力,也加快了照片的传导速度,还可以在照片中找到大量有价值的信息。在卫星数字图像处理技术的作用下,经过地面控制站,通过电子信号发送到处理中心,图像质量高,成像、存储、转发、传输速度快,我国也通过数字图像处理技术,在资源调查、城市规划等方面取得了良好的效果,在天气预报等其他方面的研究中也发挥了巨大的作用。

1.3.2 生物医学方面的应用

在信息化、数字化的时代,数字信息在生物医学领域的应用成就伴随着人们的生活。大家最为熟知的便是超声医学影像。如今医学成像已经成为一种更直观、更清晰、更准确地判断人体内部组织或器官是否患病的方法。超声医学成像以其方便、快速、准确、安全、成本低等优点,在临床诊断、术前术后检测、治疗等方面发挥着重要作用。高清晰度的医学影像一直是临床医学者所追求的。X 射线光源亮度不均匀,存在噪声干扰、灰度的误差等,最终会影响图像的清晰度,甚至模糊不清。因此,可以利用图像处理技术来消除模糊,提高清晰度。具体应用到的方法有很多,根据实际需要,采用图像去噪的方法去除噪声;运用图像增强技术提高整体图像效果;运用空间域平滑或空间域锐化对图像细节进行调整;还可以运用灰度变换,对灰度进行线性的或非线性的变换,增大图像的对比,让图像变得更加清晰,特征更加明显。对原始的 CT 图像等二维医学图像或经重建后的三维体数据划分成不同性质(如灰度、纹理等)的区域,从而把感兴趣的区域分割并显示出来,然后把分割后的结果进行三维重建,为医学图像的三维可视化提供良好的基础,最终指导临床手术。众所周知,人眼对于彩色的敏感度远高于对灰度的敏感度,所以,对获得的灰度图像进行伪彩色增强,生成彩色图像,可以提高人眼对图像细节的分辨率,从而提高诊断的准确性。

1.3.3 信息安全方面的应用

在交通领域,对于因大雾、大雨等天气原因,夜间无灯光、干扰噪声、车辆超速造成的照片模糊,或者由于成像系统、传输介质和设备不完善导致的图像质量下降可以使用数字图像处理技术来处理。指纹识别不仅在刑侦中发挥着重要作用,而且在身份识别中也发挥着重要作用。指纹识别系统的五大模块中,运用了包括但不限于图像裁剪、平滑处理、锐化处理、二值化、修饰细化处理等方法来识别、分类和存储指纹。在军事方面,数字图像处理技术主要应用于导弹精确制导、发射过程中的图像处理等。

1.3.4 通信工程方面的应用

通信工程是电子信息工程的一个重要方向。目前,通信领域发展迅速,潜力巨大。特别是数字通信、量子通信、光纤通信等技术的飞速发展,使人们的信息搜索、信息传递、信息采集在速度和质量上都变得方便高效。通信主要研究信息的传输和接收,而图像传输,尤其是在远程图像通信中,是最难实现的。主要问题是图像信息的数据量大,传输通道窄。如果想要快速高效地传输图像信息,需要使用数据压缩和图像编码来压缩图像比特量。

1.3.5 工业工程方面的应用

在工业工程中,利用计算机提供的可靠、准确的数据,可以自动检测生产线上零件的质量,并对其进行分类。还可以检测印刷电路板中的缺陷,或对特殊产品进行无损检测。如木材无损检测,检测中还引入了伪彩色增强原理。其他应用包括快递包裹和信件的自动分拣、物体内部部件缺陷的检测等。

1.4 本书内容组织

本书主要论述各类高维数学工具在数字图像处理中的运用研究,主要内容分成三个模块,共有六章。

1.4.1 模块1:绪论部分

这是本书的基本概述和引言,由第1章组成。

该章主要介绍了数字图像处理基本概念、主要研究内容、数字图像处理技术在各个领域中的应用以及本书的内容组织。通过本章的学习,可以进一步了解本书研究内容的背景与意义。

1.4.2 模块2:基础部分

这是本书的研究理论基础,由第2章组成。

该章主要介绍四元数分析、八元数分析、克利福德(Clifford)代数分析、斯坦因-韦斯(Stein-Weiss)解析函数这四个高维数学工具的发展历史、理论基础以及相关定理。同时详细介绍了BP网络的定义与算法原理。通过该章的数学预备知识的学习,可以掌握高维数学的特点与优势,为进一步将其应用于各类图像处理中打好理论基础。

1.4.3 模块3:实践部分

这是本书的主干与核心,由第3章至第6章组成。

边缘检测在彩色图像处理中占据着基础而重要的地位,它是彩色图像分割和模式识别等高层次图像处理任务的基础。第 3 章主要内容是分析边缘检测算法的现状,同时在四元数彩色图像处理的基础上,探讨了八元数分析、Clifford 代数分析、Stein-Weiss 解析函数这三个高维数学工具在图像边缘检测中的应用。

生物特征识别具有普适性,不随年龄变化而变化,具备很强的独一性、不变性。当今种类繁多的人体特征识别技术中,掌纹识别技术相比于其他生物特征识别拥有更多优势。随着计算机处理与人工智能技术的飞速发展,掌纹识别技术成为越来越重要的研究课题,有着非常广阔的应用前景。第 4 章主要内容是分析掌纹提取与识别技术的现状,总结传统的掌纹提取与识别方法所存在的不足,探讨八元数分析、Clifford 代数分析、Stein-Weiss 解析函数这三个高维数学工具在掌纹提取与识别方面的应用。

医学图像可视化能够逼真地反映人体器官的解剖结构,在临床应用上有很高的价值。三维重建则是医学图像可视化中最为关键的部分之一。而分割的精细化程度直接影响着三维重建的效果。分割是医学图像处理领域的难题和研究热点。第 5 章主要内容是分析血管分割技术的现状,总结传统的分割方法所存在的不足,探讨八元数分析、Clifford 代数分析、Stein-Weiss 解析函数这三个高维数学工具在血管分割方面的应用。

作为信息隐藏技术的一个重要分支,近年来发展起来的数字水印技术为传统密码学技术存在的问题提供了一个有效的解决方案,同时也是国际学术界研究的前沿热点。第 6 章分析了数字水印技术的现状与不足,探讨基于八元数离散余弦变换的彩色图像水印的新方法。

遥感数字图像分析也是数字图像处理中的重要组成部分,是当前最有效、最便捷的获取地表信息时空变化的途径,更是多方面动态监测的必要手段。第 6 章分析了遥感数字图像变化检测技术的现状与不足,探讨 Clifford 向量积性质在遥感图像变化检测处理中的应用。

皮肤分割在人脸和手势识别与跟踪、Web 图像内容过滤、人物检索和医疗诊断等方面有广泛的应用。在第 6 章中,将 Clifford 代数的向量积定理应用于彩色图像人脸的皮肤分割之中,建立了适用于 YCbCr 颜色空间的皮肤分割模型,提取出光滑的皮肤区域,为后续人脸检测、心率检测等提供合适的目标区域。

在现代通信中,图像传输已经成为重要内容之一。采用编码压缩技术,减少传输数据量,是提高通信速度的重要手段。在第 6 章中,提出了基于复数型 BP 网络的图像压缩算法,即将图像的色度(即 H、S 分量)综合起来构成复数的形式作为 BP 网络的输入向量,构造了神经元基于复数运算的 BP 网络。网络运行过程中利用复数运算的仿射变换性质,将 H、S 两分量有机地联系起来,实现压缩映射。尽管压缩图片不甚理想,并且对初试权值的要求较高,但复数型 BP 网络基本能够实现正确的色调转换。

肝脏 CT 图像分割,即把 CT 图像中肝脏部分的图像像素与周围器官组织和背景的图像像素分隔开,是通过腹部 CT 图像检测肝脏疾病的必要步骤,这对于诊断肝脏疾病、制订治疗计划、评估疗效等都很重要。在第 6 章中,提出了基于八元数柯西(Cauchy)积分公式的肝脏分割算法,即结合函数解析性与肝实质的特点,将八元数 Cauchy 积分公式应用于肝脏分割。使用种子点周边邻域的特征代替种子点自身的特征,使用八元数向量积性质判断图像中的点是否为肝脏中的点,进而达到肝脏分割的目的。与邻域区域生长算法相比较,本算法能够更好地保持肝脏边缘信息,分割出的无关区域更少。

小 结

本章详细叙述了数字图像处理的概念与发展历史,论述了数字图像处理六大主要研究内容和未来数字图像处理技术的发展方向,并且论述了数字图像处理技术的广泛应用,最后将本书的主要内容进行概述。本章的基本内容如图 1-1 所示。

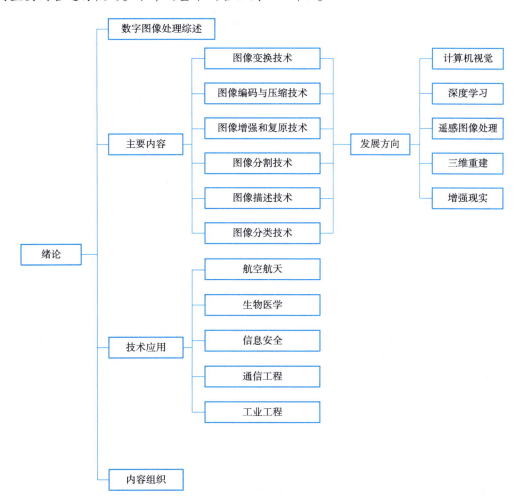

图 1-1 本章的基本内容

第 2 章
高维数学理论基础

实数域上交错的有限维的可除代数域只有四种：实数域 **R**、复数域 **C**、四元数域 H、八元数域 O。它们满足 $\mathbf{R} \subseteq \mathbf{C} \subseteq H \subseteq O$。换言之，若在 $\mathbf{R}^n$ 中规定乘法运算"·"，使对 $\forall x, y \in \mathbf{R}^n$，有 $x \cdot y \in \mathbf{R}^n$ 且 $|x \cdot y| = |x||y|$，这里 $|x|$ 代表 x 的长度，则 n 只能为 1,2,4,8。关于乘法，**R** 满足交换律和结合律，H 不满足交换律但满足结合律，而 O 既不满足交换律也不满足结合律。

四元数域 H 是由 W. R. Hamilton 于 1984 年发明的，八元数域 O 则是由 J. J. Graves 和 A. Cayley 分别独立发现于 1844 年和 1845 年。

然而，H 和 O 的数学理论却发展缓慢。20 世纪 30 年代至 50 年代，出现了一种成熟的四元数分析理论。近年来四元数之所以被反复提及，是因为四元数在彩色图像处理和 3D 动画的开发制作中得到了广泛的应用。八元数分析理论的建立相对较晚。这一理论直到最近几年才基本完成。对于不超过八维的数据，八元数分析理论为数字图像处理问题提供了一种合适的数学工具。

高维数学理论另一个重要工具是 Clifford 分析。它定义于 n 维欧几里得空间，取值在 2^n 维的欧几里得空间。它包含了四元数，但因为是非交换、结合的代数，又不具备可除性，且它关于乘法不封闭，故与八元数有着本质的区别。

通常，H、O 和 Clifford 代数统称超复数。

2.1 复数

复数由意大利米兰学者卡当在 16 世纪首次引入，经过达朗贝尔、棣莫弗、欧拉、高斯等的工作，逐渐为数学家所接受。

形如 $z = a + bi$ 的数称为复数，其中规定 i 为虚数单位，且
$$i^2 = i \times i = -1$$
定义 $\bar{z} = a - bi$ 为复数 z 的共轭。复数的模为 $|z| = z \cdot \bar{z} = a^2 + b^2$。

复数的四则运算与实数的四则运算保持一致，但是复数不能比较大小。

2.2 四元数

形如 $q = x_0 + x_1 i + x_2 j + x_3 k$ 的数称为四元数。i, j, k 满足

$$i^2 = j^2 = k^2 = -1; \quad ij = -ji = k, jk = -kj = i, ik = -ki = -j$$

四元数的共轭定义为 $\quad \bar{q} = q_r - q_i i - q_j j - q_k k$

四元数的模定义为 $\quad |q| = \sqrt{q\bar{q}} = \sqrt{q_r^2 + q_i^2 + q_j^2 + q_k^2}$

模为 1 的四元数称为单位四元数,实部为 0 的四元数称为纯四元数。

设 $q_1 = x_0 + x_1 i + x_2 j + x_3 k \triangleq x_0 + \bar{x}, q_2 = y_0 + y_1 i + y_2 j + y_3 k \triangleq y_0 + \bar{y}$,则

$$q_1 q_2 = (x_0 + \bar{x})(y_0 + \bar{y}) = x_0 y_0 - \bar{x} \cdot \bar{y} + x_0 \bar{y} + y_0 \bar{x} + \bar{x} \times \bar{y}$$

特别地,当 $x_0 = y_0 = 0$ 时,$q_1 q_2 = -\bar{x} \cdot \bar{y} + \bar{x} \times \bar{y}$。其中

$$\bar{x} \cdot \bar{y} = x_1 y_1 + x_2 y_2 + x_3 y_3$$

$$\bar{x} \times \bar{y} = \begin{vmatrix} i & j & k \\ x_1 & x_2 & x_3 \\ y_1 & y_2 & y_3 \end{vmatrix} = (x_2 y_3 - x_3 y_2) i + (x_3 y_1 - x_1 y_3) j + (x_1 y_2 - x_2 y_1) k$$

注意:

① $q\bar{q} = \bar{q}q = x_1^2 + x_2^2 + x_3^2 + x_4^2 = |q|^2$,故当 $q \neq 0$ 时,$q^{-1} = \dfrac{\bar{q}}{|q|^2}$。

② 如复平面上单位圆周上的复数对应平面上的一个旋转,单位四元数代表了 $\mathbf{R}^3$ 上的一个旋转。具体如下:令 $q \in H, |q| = 1$,根据四元数的三角形式表示,可记 $q = \cos \varphi + \boldsymbol{n} \sin \varphi$,其中 $\boldsymbol{n}$ 为纯单位四元数。设 $\boldsymbol{x}$ 是一纯四元数,代表 $\mathbf{R}^3$ 中的一个向量,则向量 $\boldsymbol{x}' = q\boldsymbol{x}q^{-1}$ 是由向量 $\boldsymbol{x}$ 按照右手法则绕轴 $\boldsymbol{n}$ 旋转角度 2φ 而得到,因此 q 表示 $\mathbf{R}^3$ 中的一个旋转。

③ 假设 $\boldsymbol{q}_1, \boldsymbol{q}_2 \in H$ 是两个纯四元数,且 $\boldsymbol{q}_1$ 和 $\boldsymbol{q}_2$ 的每个分量都是非负的,则 $\boldsymbol{q}_1 = \boldsymbol{q}_2$ 的充分必要条件是 $\boldsymbol{q}_1 \boldsymbol{q}_2 = -\boldsymbol{q}_1 \cdot \boldsymbol{q}_2 = -1$。

定义 设 U 是 H 中的开集,$f: U \to H$,若

$$Df = \frac{\partial f}{\partial x_0} + i \frac{\partial f}{\partial x_1} + j \frac{\partial f}{\partial x_2} + k \frac{\partial f}{\partial x_3} = 0$$

则称 f 为 U 的左 H-解析函数。若

$$fD = \frac{\partial f}{\partial x_0} + \frac{\partial f}{\partial x_1} i + \frac{\partial f}{\partial x_2} j + \frac{\partial f}{\partial x_3} k = 0$$

则称 f 为 U 的右 H-解析函数。

展开 U 的左 H-解析函数,得

$$Df = \left(\frac{\partial f}{\partial x_0} + i \frac{\partial f}{\partial x_1} + j \frac{\partial f}{\partial x_2} + k \frac{\partial f}{\partial x_3} \right)(f_0 + f_1 i + f_2 j + f_3 k)$$

$$= \left(\frac{\partial f_0}{\partial x_0} - \frac{\partial f_1}{\partial x_1} - \frac{\partial f_2}{\partial x_2} - \frac{\partial f_3}{\partial x_3} \right) + \left(\frac{\partial f_0}{\partial x_1} + \frac{\partial f_1}{\partial x_0} - \frac{\partial f_2}{\partial x_3} + \frac{\partial f_3}{\partial x_2} \right) i + \left(\frac{\partial f_0}{\partial x_2} + \frac{\partial f_1}{\partial x_3} + \frac{\partial f_2}{\partial x_0} - \frac{\partial f_3}{\partial x_1} \right) j +$$

$$\left(\frac{\partial f_0}{\partial x_3} - \frac{\partial f_1}{\partial x_2} + \frac{\partial f_2}{\partial x_1} + \frac{\partial f_3}{\partial x_0} \right) k$$

故 $Df = 0$ 的充分必要条件为

$$\frac{\partial f_0}{\partial x_0} - \frac{\partial f_1}{\partial x_1} - \frac{\partial f_2}{\partial x_2} - \frac{\partial f_3}{\partial x_3} = 0$$

$$\frac{\partial f_0}{\partial x_1} + \frac{\partial f_1}{\partial x_0} - \frac{\partial f_2}{\partial x_3} + \frac{\partial f_3}{\partial x_2} = 0$$

$$\frac{\partial f_0}{\partial x_2} + \frac{\partial f_1}{\partial x_3} + \frac{\partial f_2}{\partial x_0} - \frac{\partial f_3}{\partial x_1} = 0$$

$$\frac{\partial f_0}{\partial x_3} - \frac{\partial f_1}{\partial x_2} + \frac{\partial f_2}{\partial x_1} + \frac{\partial f_3}{\partial x_0} = 0$$

2.3 八元数

J. I. Graves 和 Cayley 在 1844—1845 年发现了八元数 O,又称 Cayley 数。八元数是一种既不满足交换律也不满足结合律的八维代数。八元数形如

$$x = x_0 e_0 + x_1 e_1 + x_2 e_2 + x_3 e_3 + x_4 e_4 + x_5 e_5 + x_6 e_6 + x_7 e_7$$

其中,$e_0, e_1, e_2, e_3, e_4, e_5, e_6, e_7$ 是八元数的一组基,满足 $e_0^2 = e_0, e_0 e_i = e_i e_0 = e_i, e_i^2 = -1, i = 1, 2, \cdots, 7$。八元数基之间的运算规则如图 2-1 所示。

	e_0	e_1	e_2	e_3	e_4	e_5	e_6	e_7
e_0	1	e_1	e_2	e_3	e_4	e_5	e_6	e_7
e_1	e_1	-1	e_3	$-e_2$	e_5	$-e_4$	$-e_7$	e_6
e_2	e_2	$-e_3$	-1	e_1	e_6	e_7	$-e_4$	$-e_5$
e_3	e_3	e_2	$-e_1$	-1	e_7	$-e_6$	e_5	$-e_4$
e_4	e_4	$-e_5$	$-e_6$	$-e_7$	-1	e_1	e_2	e_3
e_5	e_5	e_4	$-e_7$	e_6	$-e_1$	-1	$-e_3$	e_2
e_6	e_6	e_7	e_4	$-e_5$	$-e_2$	e_3	-1	$-e_1$
e_7	e_7	$-e_6$	e_5	e_4	$-e_3$	$-e_2$	e_1	-1

图 2-1 八元数基之间的运算规则

令 $W = \{(1,2,3),(1,4,5),(2,4,6),(3,4,7),(2,5,7),(6,1,7),(5,3,6)\}$,则对 $\forall (\alpha, \beta, \gamma) \in W$,有

$$e_\alpha e_\beta = e_\gamma = -e_\beta e_\alpha, \quad e_\beta e_\gamma = e_\alpha = -e_\gamma e_\beta, \quad e_\gamma e_\alpha = e_\beta = -e_\alpha e_\gamma$$

设

$$q = \operatorname{Re} q + \operatorname{Im} q = q_0 + \underline{q} = q_0 + \sum_{i=1}^{7} q_i e_i$$

则 q 的共轭定义为 $\bar{q} = q_0 - \underline{q}$。$q$ 的模定义为

$$|q| = \sqrt{\sum_{i=1}^{7} q_i^2}$$

模为 1 的八元数称为单位八元数,q_0 为 0 的八元数称为纯八元数。当 $q \neq 0$ 时,$q^{-1} = \dfrac{\bar{q}}{|q|^2}$。

八元数满足加法交换律和结合律。但是,从八元数基运算中可以看出,八元数的乘法不满足交换律和结合律。

设八元数 x, y 分别为

$$x = x_0 + \sum_{i=1}^{7} x_i e_i \triangleq x_0 + \bar{x}, \quad y = y_0 + \sum_{i=1}^{7} y_i e_i \triangleq y_0 + \bar{y}, \quad x_i, y_i \in \mathbf{R}$$

则 $xy = x_0 y_0 - \bar{x} \cdot \bar{y} + x_0 \bar{y} + y_0 \bar{x} + \bar{x} \times \bar{y}$。

当 $x_0 = y_0 = 0$ 时(两个数都为纯八元数),有 $\bar{x}\bar{y} = -\bar{x} \cdot \bar{y} + \bar{x} \times \bar{y}$。其中

$$\bar{x} \cdot \bar{y} = \sum_{i=1}^{7} a_i b_i$$

$$\bar{x} \times \bar{y} = e_1(A_{23} + A_{45} - A_{67}) + e_2(-A_{13} + A_{46} + A_{57}) + e_3(A_{12} + A_{47} - A_{56}) + e_4(-A_{15} - A_{26} - A_{37}) + e_5(A_{14} - A_{27} + A_{36}) + e_6(A_{17} + A_{24} - A_{35}) + e_7(-A_{16} + A_{25} + A_{34})$$

$$A_{ij} = \begin{vmatrix} x_i & x_j \\ y_i & y_j \end{vmatrix}, \quad i,j = 1, 2, \cdots, 7$$

即单位纯八元数的乘法可以用向量的点积和叉积来表示。由此得到八元数乘法的向量积表示定理,这个定理在图像处理等多方面有着非常重要的应用。

2.3.1 八元数乘法的向量积表示定理

假设 $q_1, q_2 \in O$ 是两个单位纯八元数,且 q_1 和 q_2 的每个分量都是非负的,则 $q_1 = q_2$ 的充分必要条件是 $q_1 q_2 = -q_1 \cdot q_2 = -1$。

类似于四元数,八元数也有相应的三角形式表示: $x = |x|\cos\varphi + n\sin\varphi$,其中 n 是一个单位纯八元数,φ 是向量 $x \in \mathbf{R}^8$ 与实轴的夹角。有

$$\cos\varphi = \frac{x_0}{|x|}, \quad \sin\varphi = \frac{\sqrt{\sum_{k=1}^{7} x_k^2}}{|x|}, \quad n = \frac{\sum_{k=1}^{7} e_k x_k}{\sqrt{\sum_{k=1}^{7} x_k^2}}$$

2.3.2 八元数乘法的几何意义

设八元数 $q \in O$,$|q|=1$,根据八元数的三角形式表示,可记 $q = \cos\varphi + n\sin\varphi$,其中 n 为纯单位八元数。设 x 是一个纯八元数,代表 $\mathbf{R}^7$ 中的一个向量,则向量 $x' = qxq^{-1}$ 是由向量 x 按照右手法则绕轴 n 旋转角度 2φ 而得到,因此 q 表示 $\mathbf{R}^7$ 中的一个旋转。

2.3.3 八元数 Cauchy 型积分公式定理

八元数 Cauchy 积分公式是八元数分析的重要结论,均值定理是 Cauchy 积分公式的重要推论。八元数解析函数、Cauchy 积分公式及其均值定理的内容如下:

设 Ω 是 $\mathbf{R}^8$ 中的连通开集,$f:\Omega \to O$,$f(x) = Df = \sum_{k=0}^{7} e_k f_k(x)$。

定义 设 $f(x) \in \mathbf{C}^\infty(\Omega, O)$,如果

$$Df = \sum_{k=0}^{7} e_k \frac{\partial f}{\partial x_k} = 0$$

则称 f 是在 Ω 上的左 O-解析函数,其中 $D = \sum_{k=0}^{7} e_k \frac{\partial}{\partial x_k}$。

展开上述左 O-解析函数,可得

$$Df = \left(\sum_{k=0}^{7} e_k \frac{\partial}{\partial x_k}\right)\left(\sum_{k=0}^{7} f_k e_k\right)$$

$$= \left(\frac{\partial f_0}{\partial x_0} - \frac{\partial f_1}{\partial x_1} - \frac{\partial f_2}{\partial x_2} - \frac{\partial f_3}{\partial x_3} - \frac{\partial f_4}{\partial x_4} - \frac{\partial f_5}{\partial x_5} - \frac{\partial f_6}{\partial x_6} - \frac{\partial f_7}{\partial x_7}\right)e_0 +$$

$$\left(\frac{\partial f_0}{\partial x_1} + \frac{\partial f_1}{\partial x_0} - \frac{\partial f_2}{\partial x_3} + \frac{\partial f_3}{\partial x_2} - \frac{\partial f_4}{\partial x_5} + \frac{\partial f_5}{\partial x_4} + \frac{\partial f_6}{\partial x_7} - \frac{\partial f_7}{\partial x_6}\right)e_1 +$$

$$\left(\frac{\partial f_0}{\partial x_2} + \frac{\partial f_1}{\partial x_3} + \frac{\partial f_2}{\partial x_0} - \frac{\partial f_3}{\partial x_1} - \frac{\partial f_4}{\partial x_6} - \frac{\partial f_5}{\partial x_7} + \frac{\partial f_6}{\partial x_4} + \frac{\partial f_7}{\partial x_5}\right)e_2 +$$

$$\left(\frac{\partial f_0}{\partial x_3} - \frac{\partial f_1}{\partial x_2} + \frac{\partial f_2}{\partial x_1} + \frac{\partial f_3}{\partial x_0} - \frac{\partial f_4}{\partial x_7} + \frac{\partial f_5}{\partial x_6} - \frac{\partial f_6}{\partial x_5} + \frac{\partial f_7}{\partial x_4}\right)e_3 +$$

$$\left(\frac{\partial f_0}{\partial x_4} + \frac{\partial f_1}{\partial x_5} + \frac{\partial f_2}{\partial x_6} + \frac{\partial f_3}{\partial x_7} + \frac{\partial f_4}{\partial x_0} - \frac{\partial f_5}{\partial x_1} - \frac{\partial f_6}{\partial x_2} - \frac{\partial f_7}{\partial x_3}\right)e_4 +$$

$$\left(\frac{\partial f_0}{\partial x_5} - \frac{\partial f_1}{\partial x_4} + \frac{\partial f_2}{\partial x_7} - \frac{\partial f_3}{\partial x_6} + \frac{\partial f_4}{\partial x_1} + \frac{\partial f_5}{\partial x_0} + \frac{\partial f_6}{\partial x_3} - \frac{\partial f_7}{\partial x_2}\right)e_5 +$$

$$\left(\frac{\partial f_0}{\partial x_6} - \frac{\partial f_1}{\partial x_7} - \frac{\partial f_2}{\partial x_4} + \frac{\partial f_3}{\partial x_5} + \frac{\partial f_4}{\partial x_2} - \frac{\partial f_5}{\partial x_3} + \frac{\partial f_6}{\partial x_0} + \frac{\partial f_7}{\partial x_1}\right)e_6 +$$

$$\left(\frac{\partial f_0}{\partial x_7} + \frac{\partial f_1}{\partial x_6} - \frac{\partial f_2}{\partial x_5} - \frac{\partial f_3}{\partial x_4} + \frac{\partial f_4}{\partial x_3} + \frac{\partial f_5}{\partial x_2} - \frac{\partial f_6}{\partial x_1} + \frac{\partial f_7}{\partial x_0}\right)e_7$$

故 $Df = 0$ 的充分必要条件为

$$\frac{\partial f_0}{\partial x_0} - \frac{\partial f_1}{\partial x_1} - \frac{\partial f_2}{\partial x_2} - \frac{\partial f_3}{\partial x_3} - \frac{\partial f_4}{\partial x_4} - \frac{\partial f_5}{\partial x_5} - \frac{\partial f_6}{\partial x_6} - \frac{\partial f_7}{\partial x_7} = 0$$

$$\frac{\partial f_0}{\partial x_1} + \frac{\partial f_1}{\partial x_0} - \frac{\partial f_2}{\partial x_3} + \frac{\partial f_3}{\partial x_2} - \frac{\partial f_4}{\partial x_5} + \frac{\partial f_5}{\partial x_4} + \frac{\partial f_6}{\partial x_7} - \frac{\partial f_7}{\partial x_6} = 0$$

$$\frac{\partial f_0}{\partial x_2} + \frac{\partial f_1}{\partial x_3} + \frac{\partial f_2}{\partial x_0} - \frac{\partial f_3}{\partial x_1} - \frac{\partial f_4}{\partial x_6} - \frac{\partial f_5}{\partial x_7} + \frac{\partial f_6}{\partial x_4} + \frac{\partial f_7}{\partial x_5} = 0$$

$$\frac{\partial f_0}{\partial x_3} - \frac{\partial f_1}{\partial x_2} + \frac{\partial f_2}{\partial x_1} + \frac{\partial f_3}{\partial x_0} - \frac{\partial f_4}{\partial x_7} + \frac{\partial f_5}{\partial x_6} - \frac{\partial f_6}{\partial x_5} + \frac{\partial f_7}{\partial x_4} = 0$$

$$\frac{\partial f_0}{\partial x_4} + \frac{\partial f_1}{\partial x_5} + \frac{\partial f_2}{\partial x_6} + \frac{\partial f_3}{\partial x_7} + \frac{\partial f_4}{\partial x_0} - \frac{\partial f_5}{\partial x_1} - \frac{\partial f_6}{\partial x_2} - \frac{\partial f_7}{\partial x_3} = 0$$

$$\frac{\partial f_0}{\partial x_5} - \frac{\partial f_1}{\partial x_4} + \frac{\partial f_2}{\partial x_7} - \frac{\partial f_3}{\partial x_6} + \frac{\partial f_4}{\partial x_1} + \frac{\partial f_5}{\partial x_0} + \frac{\partial f_6}{\partial x_3} - \frac{\partial f_7}{\partial x_2} = 0$$

$$\frac{\partial f_0}{\partial x_6} - \frac{\partial f_1}{\partial x_7} - \frac{\partial f_2}{\partial x_4} + \frac{\partial f_3}{\partial x_5} + \frac{\partial f_4}{\partial x_2} - \frac{\partial f_5}{\partial x_3} + \frac{\partial f_6}{\partial x_0} + \frac{\partial f_7}{\partial x_1} = 0$$

$$\frac{\partial f_0}{\partial x_7} + \frac{\partial f_1}{\partial x_6} - \frac{\partial f_2}{\partial x_5} - \frac{\partial f_3}{\partial x_4} + \frac{\partial f_4}{\partial x_3} + \frac{\partial f_5}{\partial x_2} - \frac{\partial f_6}{\partial x_1} + \frac{\partial f_7}{\partial x_0} = 0$$

定理 1(柯西型积分公式) 设 Ω 是 $\mathbf{R}^8$ 中的连通开集,M 是一个 8 维的紧的定向的 $\mathbf{C}^\infty$ 流型,M 及其边界均含于 Ω 中。令

$$\mathrm{d}\hat{x}_j = \mathrm{d}x_0 \wedge \mathrm{d}x_1 \wedge \cdots \wedge \mathrm{d}x_{j-1} \wedge \mathrm{d}x_j \wedge \cdots \wedge \mathrm{d}x_7, \quad 0 \leq j \leq 7$$

$$d\sigma(x) = \sum_{j=0}^{7}(-1)^j e_j d\hat{x}_j$$

若 $f(x)$ 在 Ω 内是左 O-解析,即 $Df = 0$,则

$$\frac{1}{\omega_8}\int_{\partial M}\frac{\bar{x}-\bar{z}}{|x-z|^8}(d\sigma(x)f(x)) = \begin{cases} f(z), & z \in M^0 \\ 0, & z \in \dfrac{\Omega}{M} \end{cases}$$

其中,ω_8 是 $\mathbf{R}^8$ 中的单位球面的面积。

定理 2(八元数的均值定理) 设 Ω 是 $\mathbf{R}^8$ 中的连通开集,$B_r(z_0)$ 是以 z_0 为中心,半径为 r 的球,$B_r(z_0) \subset \Omega$,如果 $Df = 0$,则

$$f(z_0) = \frac{1}{|B_r(z_0)|}\int_{B_r(z_0)} f(x) dv(x)$$

八元数 Cauchy 积分公式是八元数解析函数理论的基石,在八元数分析中有着非常重要的作用,其几何意义是在光滑区域中,封闭光滑形状内的任意点可以用其边界上的点表示。均值定理是 Cauchy 积分公式的推论,其几何意义是光滑区域中,单位球中心的取值可以用球面上的数值的平均表示。

2.4 Clifford 代数

2.4.1 Clifford 代数定义

设 $(e_1, e_2, \cdots, e_n)$ 是实数域 $\mathbf{R}$ 上的线性空间的一组正交基,Clifford 代数 A^n 是由 $(e_1, e_2, \cdots, e_n)$ 张成的结合代数,满足

$$e_0 e_i = e_i e_0 = e_i, e_i^2 = -1, i = 1, 2, \cdots, n; \quad e_i e_j = -e_j e_i, 1 \leq i \neq j \leq n$$

A^n 中的元素称为 Clifford 数,任意 $x \in A^n$,x 具有形式

$$x = \lambda_0 + \sum \lambda_A e_A; \quad A = (h_1, \cdots, h_p), 1 \leq h_1 < \cdots < h_p \leq n, 1 \leq p \leq n, e_A = e_{h_1}e_{h_2}\cdots e_{h_p}, \lambda_A \in \mathbf{R}$$

显然,A^n 是 2^n 维的结合但非交换的代数。

若 Clifford 数 x 具有形式 $x = x_0 + \sum_{i=1}^{n} x_i e_i$,则 x 称为一个 Clifford 向量。对任意的 $x \in A^n$,x 的 Clifford 模定义为 $|x| = 2^{\frac{n}{2}}(\sum \lambda_A^2)^{\frac{1}{2}}$。特别地,Clifford 向量 x 的模是 $|x| = 2^{\frac{1}{2}}(\sum_{i=1}^{n} x_i^2)^{\frac{1}{2}}$。

2.4.2 Clifford 代数向量积定理

设 $x = \sum_{i=1}^{n} x_i e_i$ 和 $y = \sum_{i=1}^{n} y_i e_i$ 是两个单位化的非负的(x_i 和 y_i 非负)Clifford 向量,由 Clifford 代数的乘法规则,xy 可展开为

$$xy = \sum_{i=1}^{n} x_i e_i \sum_{i=1}^{n} y_i e_i = -\sum_{i=1}^{n} x_i y_i + \sum_{1 \leq i < j \leq n}(x_i y_j - x_j y_i) e_i e_j$$

从上式可得,一般情况下,两个 n 维 Clifford 向量的乘积不再是 n 维 Clifford 向量。换句话

说,有 n 维 Clifford 向量组成的线性子空间关于 Clifford 乘法不封闭。

如果记 $\sum_{1 \leq i < j \leq n}(x_i y_j - x_j y_i)e_i e_j$ 为 $\boldsymbol{x} \times \boldsymbol{y}$,并称之为向量 $\boldsymbol{x}$ 和 $\boldsymbol{y}$ 的叉积。那么,Clifford 积 $\boldsymbol{xy}$ 可表示 n 维向量的点积和叉乘之和,即

$$\boldsymbol{xy} = -\boldsymbol{x} \cdot \boldsymbol{y} + \boldsymbol{x} \times \boldsymbol{y}$$

注意到若 $\boldsymbol{x}=\boldsymbol{y}$,即 $x_i = y_i, i=1,\cdots,n$,那么有 $\boldsymbol{x} \times \boldsymbol{y} = 0$,从而 $\boldsymbol{xy} = -\boldsymbol{x} \cdot \boldsymbol{y} = -1$;若 $\boldsymbol{x} \neq \boldsymbol{y}$,则 $\boldsymbol{xy}$ 是一个虚部非零、实部不等于 -1 的 Clifford 数。公式 $\boldsymbol{xy} = -\boldsymbol{x} \cdot \boldsymbol{y} + \boldsymbol{x} \times \boldsymbol{y}$ 称为 Clifford 代数的向量积表示定理。

2.5 Stein-Weiss 解析函数

在高维的哈代(Hardy)空间中推广解析函数,E. M. Stein 和 G. Weiss 引进了 Stein-Weiss 解析函数。

2.5.1 Stein-Weiss 解析函数定义

设 $F = (\mu_1, \mu_2, \cdots, \mu_n)$ 是定义在 $\mathbf{R}^n$ 中某区域的向量函数,如果 F 是该区域上某个实调和函数的梯度,则称 F 是此区域的 Stein-Weiss 解析函数,亦称之为共轭调和函数系。

F 是 $D \subset \mathbf{R}^n$ 的 Stein-Weiss 解析函数,即 $F = (\mu_1, \mu_2, \cdots, \mu_n)$ 满足广义 Cauchy-Riemann 方程

$$\sum_{j=1}^{n} \frac{\partial u_j}{\partial x_j} = 0$$

$$\frac{\partial u_i}{\partial x_j} = \frac{\partial u_j}{\partial x_i}$$

特别地,当 $n=2$ 时,$F = u + iv$ 的解析充分必要条件是 (u, v) 是 Stein-Weiss 解析函数。

2.5.2 Stein-Weiss 解析函数相关定理

四元数解析函数和八元数解析函数与 Stein-Weiss 解析函数具有如下联系:

定理 1 设

$$D = \frac{\partial}{\partial x_0} + e_1 \frac{\partial}{\partial x_1} + e_2 \frac{\partial}{\partial x_2} + e_3 \frac{\partial}{\partial x_3}$$

$$f = f_0 + e_1 f_1 + e_2 f_2 + e_3 f_3$$

则 $fD = Df = 0 \Leftrightarrow \bar{f} = (f_0, -f_1, -f_2, -f_3)$ 是 Stein-Weiss 解析函数,即左右 H-解析函数恰为 Stein-Weiss 解析函数。

在八元数情形,有如下结果:

定理 2 若 $(f_0, f_1, \cdots, f_7)$ 是 Stein-Weiss 解析函数,则 $(f_0, -f_1, \cdots, -f_7)$ 是左右 O-解析函数,但反之不成立。

2.6 BP 网络

神经网络是人工神经网络(artificial neural networks, ANN)的简称,神经网络的研究与应用

也是当前的研究热点之一。目前,多个神经网络模型的理论基础、工作原理已经很清楚,可以更进一步研究它们在其他领域的应用,包括在边缘检测和图像压缩方面的应用。

神经网络基于对人脑神经网络的基本认识,从信息处理的角度利用数学方法对人脑神经网络进行抽象,并建立一定的模型。它是一种旨在模仿人脑结构和功能的信息处理系统。

神经网络是由大量简单处理单元连接起来的高度并行的非线性系统,信息存储并分布在网络的所有连接权重中。信息处理和存储过程在时间上是并行的,在空间上是分布的。这种结构使神经网络具有更快的处理速度和良好的容错性。此外,神经网络具有自学习、自组织和自适应的能力。适应性是指系统改变其性能以适应环境变化的能力,它包括自学习和自组织。

神经网络的发展一共分成四个阶段:

(1)启蒙阶段。1890 年,心理学家 William James 发表了《心理学原理》(*Principles of Psychology*),对学习和联想记忆的基本原理进行了开创性的研究;心理学家 W. S. McCulloch 和数理逻辑学家 W. Pitts 在 1943 年建立的 MP 模型开创了神经网络研究的时代;20 世纪 60 年代,提出了感知器和自适应线性元件等神经网络模型。

(2)在 1969 年至 1982 年期间,神经网络的研究处于低潮期;在此期间,一些研究人员仍致力于这项研究,并提出了自适应共振理论(ART 网络)、自组织映射和认知机器网络。

(3)在 1982 年的复兴时期,物理学家 J. J. Hopfield 提出了 Hopfield 神经网格模型,为神经网络用于联想记忆和优化计算创造了新的途径;这一时期的主要成就是玻尔兹曼模型(1985年)、并行分布处理理论(1986 年)、误差反向传播神经网络(1986 年)等。

(4)在 1987 年之后的高潮期,第一届国际神经网络学术会议召开,迅速在世界各地掀起了神经网络研究和应用的热潮。

2.6.1 BP 网络定义

采用误差反向传播算法的多层感知器称为反向传播(back propagation,BP)网络,它是迄今应用最广泛的人工神经网络之一。后续章节所介绍的边缘检测、掌纹识别、图像分割、图像压缩等都应用了 BP 网络。

1969 年,美国人工智能专家 Minsky 和 Papert 在著作 *Perceptron* 中指出,一个简单的感知器只能解决线性问题,而一个能解决非线性问题的网络应该有一个隐层,但隐层神经元的学习规则尚不清楚。直至 1986 年,Rinehart 和 McClelland 联合提出误差反向传播(eerror back propagation)算法,才实现了 Minsky 的多层网络思想。

误差反向传播算法的主要思想是将学习过程分为两个阶段:

(1)前向传播过程。通过输入层到隐层逐层处理输入信息,并计算每个单元的实际输出值,即信号的流向。

(2)相反的过程。如果在输出层无法获得预期输出值,则逐层递归计算实际输出和预期输出之间的差异(即误差),以便根据此差异调整权重,即错误信号的流向。重复调整权重,直到误差降低到可接受的水平或执行预设的学习次数。

BP 网络中最常见的模型是三层感知器,如图 2-2 所示。

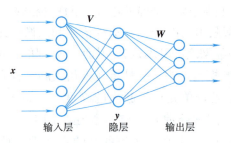

图 2-2　BP 网络的三层感知器模型

2.6.2　BP 网络学习训练的算法原理

采用误差反向传播算法的 BP 网络包括两个学习过程:第一个学习过程是信号的前向传播,输入信号,然后隐层作用于输出层的节点,经过非线性变换,生成输出层中每个节点的实际输出值;第二个学习过程是反向传播输出误差。如果在前一过程中获得的实际输出值与理想输出值不匹配,则隐层将通过输入层逐层反向传播,递归计算误差,并根据该误差循环调整权重。这也是神经网络学习和训练的循环过程。具体算法流程包括以下主要部分。

1. 模式顺传播过程

将 BP 网络定义为 BP_{net},样本输入向量 $\boldsymbol{a}_k = (a_1, a_2, \cdots, a_n)$,输出向量 $\boldsymbol{y}_k = (y_1, y_2, \cdots, y_q)$。在隐层进行输入的向量为 $\boldsymbol{s}_k = (s_1, s_2, \cdots, s_p)$,输出的向量为 $\boldsymbol{b}_k = (b_1, b_2, \cdots, b_p)$。在输出层进行输入的向量为 $\boldsymbol{l}_k = (l_1, l_2, \cdots, l_q)$,输出的向量为 $\boldsymbol{c}_k = (c_1, c_2, \cdots, c_q)$。其中,$k = 1, 2, \cdots, m$ 为样本数,输入层设置的节点数为 n,隐层设置的节点数为 p,输出层设置的节点数为 q。

从输入层到隐层的权值设为 $w_{ij}, i = 1, 2, \cdots n, j = 1, 2, \cdots, p$。从隐层到输出层的权值设为 $v_{jt}, j = 1, 2, \cdots, p, t = 1, 2, \cdots, q$。隐层阈值为 $\theta_j, j = 1, 2, \cdots, p$,输出层阈值为 $\gamma_t, t = 1, 2, \cdots, q$。下面分析各层信号之间的数学关系。

隐层输出

$$\boldsymbol{b}_j^k = f(\boldsymbol{s}_j^k) = \frac{1}{1+e^{-s_j^k}}, \quad j = 1, 2, \cdots, p$$

输出层输入

$$\boldsymbol{l}_t^k = \sum_{j=1}^{n} w_{jt} b_j - \gamma_t$$

输出层输出

$$\boldsymbol{c}_t^k = f(\boldsymbol{l}_t^k) = \frac{1}{1+e^{-l_t^k}}, \quad t = 1, 2, \cdots, q$$

2. 误差反传播过程

把输出误差通过隐层逐层反向传播到输入层,在这个过程中,误差沿梯度方向减小,并在反复训练和学习后确定与最小误差相对应的权重和阈值。

输出层权值调整量为

$$\Delta v_{jt} = -\alpha \left(\frac{\partial E_k}{\partial v_{jt}} \right) = \partial \delta_t^k C_t (1 - C_t) b_j = \alpha d_t^k b_j$$

其中，$\alpha \in (0,1)$，$t = 1,2,\cdots,q$；$j = 1,2,\cdots,p$。

输出层阈值调整量为

$$\Delta \gamma_t = -\alpha \left(\frac{\partial E_k}{\partial \gamma_t} \right) = -\alpha d_t^k$$

隐层到输入层连接权值调整量为

$$\Delta w_{ij} = -\beta \left(\frac{\partial E_k}{\partial w_{ij}} \right) = \beta e_j a_i$$

隐层阈值调整量为

$$\Delta \theta_j = -\beta \left(\frac{\partial E_k}{\partial \theta_j} \right) = -\beta e_j$$

每个节点的权值调整与每个学习样本的误差 E_k 成正比，这种思想即为标准误差反向传播算法。但是，如果把所有学习样本的全局误差全部输入网络后再统一进行连接权值的调整，则这种思想为累积误差反向传播算法。本书使用的就是全局误差，其计算公式为

$$E_k = \sum_{t=1}^m E_t$$

3. 记忆训练

输入一组样本到网络后，反复进行学习和训练，调整网络参数即权值和阈值，把实际输出值控制在指定的范围内。

4. 学习收敛

经过多次训练后，网络的全局误差趋于最小。在训练过程中，为了避免收敛到局部极小值，本书在每个权值中加入一个小的随机数，并适当改变隐层单元的数目。

小 结

本章详细叙述后续算法中使用到的超复数四元数 H、八元数 O、Clifford 代数以及 Stein-Weiss 解析函数的理论定义及相关定理，同时详细论述了 BP 网络的定义与算法原理，为后续利用这些高维数学工具进行数字图像处理，尤其是针对彩色图像，比如图像边缘检测、医学图像分割、掌纹识别、数字水印、遥感监测等算法运用奠定了数学理论基础。

本章的基本内容如图 2-3 所示。

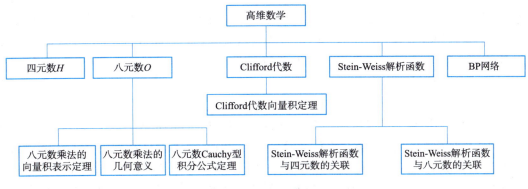

图 2-3 本章的基本内容

第 3 章
彩色图像边缘检测

> 图像是最直接的视觉信息,包含了最原始的海量数据,其中边缘是图像最基本的特征,代表了图像的大部分信息,包括有价值的目标边界信息。它在人工智能、模式识别与分类、故障检测等领域有着重要的应用。边缘是一组灰度变化或屋顶变化的像素。为了检测图像的边缘,必须首先描述图像的背景和边缘特征,然后根据这些特征进行提取。由于现实生活中图像的多样性和背景的复杂性,边缘检测方法必须与时俱进,因地制宜。

3.1 图像边缘检测技术

图像边缘检测是图像处理和分析中最基本的内容之一。同时,因为成像过程中的投影、混合、失真和噪声的影响,图像特征会模糊和变形。而图像边缘和噪声属于频域中的高频分量,这给边缘检测带来了困难。边缘检测的难点在于解决检测精度和抗噪声性能之间的矛盾。对于图像边缘检测,可以寻找一种算法,更好地解决边缘检测精度和抗噪性能之间的协调问题。通常有经典的基于微分、基于小波与小波包变换、基于数学形态学,以及近年来发展的基于模糊学、基于神经网络、基于遗传算法、基于多尺度等多种图像边缘检测方法。

3.1.1 微分边缘检测技术

传统的图像边缘检测方法大部分是图像高频分量的增强过程,而边缘检测和提取的主要手段是微分运算。人们首先提出一阶微分边缘算法,如罗伯茨(Roberts)算子、索贝尔(Sobel)算子、拉普拉斯(Laplace)算子、普鲁伊特(Prewitt)算子、基尔施(Kirsch)算子等,这些算子因为梯度或一阶微分算子通常在图像边缘检测附近的区域内产生较宽的响应,即使用一阶微分算子的方法多是在梯度值大于某一值时就认为此点是边缘点。然而,这种方法检测到的边缘点太多,影响了边缘定位的准确性。基于上述算子进行改进得到的算法有 LOG 算子和坎尼(Canny)边缘检测算子。

1. 经典算子

最早的边缘检测算子可以追溯到 20 世纪 60 年代,Roberts 提出了基于梯度的边缘检测。Roberts 算子根据相邻的两个像素位置计算像素的灰度梯度值,该算法在检测不同角度边缘的过程中会得到不同的检测结果。在垂直于算子方向的边缘检测的效果优于检测倾斜的边缘。但是,如果检测过程对噪声敏感,则在检测噪声点较多的图像时误检率较高。该算子利用局部差分算子寻找边缘,边缘定位精度较高,但容易丢失一部分边缘,不能抑制噪声,时常会出现孤立点。

20 世纪 70 年代,出现了 Prewitt 算子和 Sobel 算子。这两种算子是实际计算数字梯度最常用的方法。Sobel 运算符对图像执行差分和滤波操作。对于图像的检测点,在像素灰度计算过程中,考虑像素点 3×3 邻域上八个方向上的像素点,并考虑所有点。检测点的灰度值为加权差分,根据加权差分结果确定检测点的灰度值。它具有一定的抑制噪声的能力,但不能完全排除检测结果中的伪边缘。

Prewitt 算子的思想与 Sobel 算子的思想相同,在卷积模板的选择上,Prewitt 算子的计算结果是根据被检点的邻域点灰度值的最大值来判定,选取其邻域内点的最大灰度值作为被检点的灰度值。它对噪声有抑制作用,抑制噪声的原理是通过像素平均,但是像素平均相当于对图像的低通滤波,所以 Prewitt 算子对边缘的定位不如 Roberts 算子。

Kirsch 算子在确定像素点的灰度值过程中,增加了新的计算过程,针对被检测点的 3×3 邻域内的八个相邻点,该算子对每个方向的像素点灰度值进行运算,最后选取每个相邻点与其邻域内的像素点灰度值的运算结果作为被检点的灰度值。图像像素点经过 Kirsch 边缘检测算子处理之后,被处理的图像像素点的灰度值与自身的灰度值无关,而是取决于其邻域内的八个点的灰度值。该算法可用于优化边缘方向检测的结果,但是计算量较大,得到的图像边缘仍存在连续性较差的问题。

Laplace 算子是二阶微分算子。根据阶跃边缘和脊线边缘的不同特性,Laplace 算子根据这两个边缘像素的灰度分布选择两种边缘估计模板。该算子能准确定位图像中的阶梯形边缘点,具有旋转不变性,即无方向性,但容易丢失边缘的部分方向信息,导致边缘检测不连续,抗噪能力相对较差。

2. 最优算子

为了克服微分和差分算法对噪声敏感的缺点,LOG 算法引入了滤波处理,在 LOG 处理过程中,先用高斯滤波器对图像进行卷积运算,再采用 Laplace 二维函数对图像进行增强运算,在边缘点的判断上同时依据像素灰度值的二阶导数和灰度梯度值的大小,采用线性内插法,选取检测模板内部像素分辨率水平来估计边缘的位置。在实际应用中,常用算子模板大小是 5×5。该算子虽然克服了抗噪能力比较差的缺点,但它对参数的依赖性很高,不同的参数会导致不同程度的假边缘或丢失边缘的现象。

Canny 把边缘检测问题转换为检测单位函数极大值问题,根据边缘检测的有效性和定位的可靠性,研究了最优边缘检测器所需的特性,推导出最优边缘检测器的数学表达式。Canny 边缘检测算法是在对图像进行滤波计算之后,再从滤波后图像中,通过计算得到像素点的灰度幅值和方向,通过非极大值抑制将局部边缘点定位,最后利用双阈值区分边缘图像的真边缘与伪边缘,并将强边缘进行边缘连接。Canny 算子不容易受噪声干扰,能够检测到真正的弱边缘。它的优点在于,使用两种不同的阈值分别检测强边缘和弱边缘,并且当弱边缘和强边缘相连时,才将弱边缘包含在输出图像中;它的缺点是,图像中的边缘只能标识一次,并且可能存在的图像噪声不应该标识为边缘的情况。

各个边缘检测算子的检测效果各有优缺点,这和它们各自采用的算法原理是一致的。为了正确地得到图像的边缘信息,现代边缘检测技术还对小波、数学形态学、遗传算法、基于视觉机制等多种方法进行了研究。寻求算法较为简单、能较好地解决检测精度与抗噪声性能协调问题的边缘检测算法是当前图像处理与分析领域中的一个研究热点。

3.1.2　基于小波和小波包变换的边缘检测技术

1. 小波变换

小波分析是当前应用数学和工程中的一个迅速发展的领域。随着小波理论和分析理论的广泛应用,20 世纪 90 年代初期出现了基于小波理论的边缘检测方法和基于分形特征的边缘检测与提取方法。因为小波理论时频分析的优越性,基于小波理论的边缘检测方法优于一般传统的图像边缘检测方法,它可以在不同尺度下检测出图像的边缘特征。

在时域和频域中小波变换都具有良好的局部化特性,它可以将信号或图像分解为各种交织的尺度分量,并对不同大小的尺度分量使用相应的时域或空域采样步长。长期以来,高频信号被精细地处理,低频信号被粗略地处理,因此它可以持续地聚焦在物体的微小细节上。边缘检测就是找出信号突变部分的位置,常表现为不连续点、尖点等。在图像信号上,这些奇异点就是图像的边缘点。由于实际图像的空间频率分量非常复杂,直接用普通的方法提取边缘往往效果不佳,但是,可以通过小波变换将图像分解成不同频率分量的小波分量,然后从这些不同层次的小波分量中找出信号本身的特征,从而更有效地提取边缘像素。作为多尺度分析工具,小波变换为不同尺度的信号分析和研究提供了准确统一的框架。从图像处理的角度看,小波变换具有以下优点:

(1) 它具有良好的重构能力,在小波分解过程中没有冗余信息和信息丢失,小波分解可以覆盖整个频域。

(2) 小波变换可以通过选择合适的滤波器,大大降低或去除不同提取特征之间的相关性。

(3) 经过小波变换后,可以提取原始图像的任何信息,包括细节信息和结构信息。

(4) 小波变换具有"变焦"特征。

(5) 小波变换在实现上有一个快速算法,它的函数等价于傅里叶变换中快速傅里叶变换的函数,这为小波变换的应用提供了必要的手段。

(6) 二维小波分析为图像提供了与人类视觉系统方向相匹配的选择方向。

虽然小波正交基用途广泛,但也存在着不足,尤其是小波正交基的结构复杂。

2. 小波包变换

小波包的边缘检测原理是利用小波函数对图像进行分解。小波包变换不仅分解图像的低频子带,而且分解图像的高频子带。选择的小波包尺度越大,对应于小波系数的空间分辨率越低。因此,小波包分解是一种更精细的分解方法,可以在不同分辨率下对局部细节进行边缘提取。特别是对于含噪图像,在提取图像边缘时,噪声抑制效果更好。

3.1.3　基于数学形态学的边缘检测技术

数学形态学是由法国的 Serra 和德国的 Matheron 在 20 世纪 60 年代提出的,理论论证于 20 世纪 70 年代中期完成。数学形态学是一种分析集合的形状和结构的数学方法。它以几何代数为基础,用集合论的方法定量描述几何结构。数学形态学由一组形态代数算子组成。最常用的基本变换有七种:膨胀、腐蚀、开、闭、击中、薄化、厚化。其中,膨胀和腐蚀是两种最基本、最重要的变换,其他变换由这两种变换的组合定义。

基于数学形态学的边缘检测技术利用这些算子及其组合对图像的形状和结构进行分析和

处理，包括图像分割、特征提取、边缘检测等。因此，它不同于其他图像处理理论（如空间域和频域的变换方法），是一种新的图像处理理论和方法。

与其他基于空间域和频域的图形分析算法相比，基于数学形态学的图形图像算法的研究具有突出的优势。例如，在数学形态学算法中利用基本结构元素的先验特征信息，可以有效地滤除噪声，很好地保留原始图像中的各种有用信息，很好地恢复原始图像。此外，数学形态学是一种易于硬件实现的算法，能够满足并行实时处理的需要。数学形态学在边缘提取领域的应用优于许多基于微分处理的边缘提取方法，因为它对噪声的敏感度低于微分处理，因此可以保持边缘信息的平滑和稳定。从最终的处理效果可以看出，基于数学形态学的边缘提取算法的处理效果对边缘连通性等方面有显著影响，断点少，骨架清晰，便于后续的信息处理和应用。

形态学在边缘检测领域的应用是一个经过大量实验验证的科学过程。由于形态学在图形和图像处理领域的优势，它可以充分应用于边界提取、像素连通性和骨架区域确定。同时，形态学还可以应用于与这些操作相关的前处理和后处理领域，例如图像填充，边缘细化、粗化和边缘剪裁。边界提取和区域填充是两个相反的过程。在使用形态学知识进行边界提取时，由于形态学结构元素的先验性，可以很好地"剔除"图像内部，只保留边缘像素。不同的结构元素可以从原始数字图像中提取不同的前景边缘，这也是形态学算法的个性化表现。然而，正是由于结构元素的个性化，结构元素的确定显得尤为重要。如果选择不仔细，会导致检测结果不理想。然而，这是一种缺陷和优势并存、相互矛盾的情况。区域填充的必要性也是一个不容忽视的操作。在图像边缘检测过程中，如果只需要获取前景图像的边缘像素，但前景图像中存在一些"镂空"，这将导致内部空洞边缘或边缘干涉，对后续的图像处理非常不利。因此，有必要在提取前景边缘之前进行区域填充。其具体操作与结构元素有关。当结构元素大于内部"镂空"时，形态学算法可以填充它。不同结构元素的区域填充效果不同，这要求算法提出者在图形图像处理前进行严格细致的分析，同时保证了边缘检测算法的高精度。骨架区域是前景图像的整体边缘表示。除了与结构元素相关外，骨架区域的分割精度还需要对形态学算法进行智能剪裁，以便可以清晰地隔离最终骨架，并在以后分析边缘。上述三种基于形态学的应用在边缘检测领域充分发挥了形态学的优势，将形态学集合论中的膨胀运算和腐蚀运算，以及二者结合形成的开闭运算结合起来，从而得到最终完整图像及锐利的边缘像素。

目前，比较成熟的基于数学形态学的边缘检测法有：基于多尺度形态学的边缘检测、基于数学形态学多极平均的图像边缘检测、基于偏微分方程的形态学的边缘检测、基于均衡化和数学形态学的组合边缘检测、基于坐标逻辑的多结构元图像边缘检测方法等。

3.1.4 基于模糊学的边缘检测技术

基于人类知识的边缘检测算法（如知识库系统）显示了其灵活性。由于人类的一些知识可以用语言规则来表示，因此用模糊逻辑来表示是合适的。一种基于模糊理论的方法是将模糊逻辑应用于专家系统的概念，在专家系统中，人类知识由 if…then 规则表示。基于模糊理论的模糊边缘检测方法是一个非常有前途的领域。

模糊理论由美国柏克莱加州大学电气工程系教授 Zadeh 在模糊焦合理论的基础上提出，其特点是不对事物进行简单的肯定和否定，而是用隶属度来反映某一事物属于某一范畴的程度。其中较有代表性的为 Pal 和 King 提出的模糊边缘检测算法。

利用模糊理论进行边缘检测时,首先把一幅图像看作一个模糊集,集内的每一个元素均具有相对于某个特定灰度级的隶属函数,从而将待处理的图像映射为一个模糊特征矩阵,这样待处理图像就映射成了模糊隶属度矩阵。接着,Pal 和 King 在模糊空间中对图像进行模糊增强处理。模糊增强的过程是降低图像的模糊性,经过模糊增强后,图像的各区域之间层次比较清楚,而且边缘两侧的灰度对比增强,其提取的边缘信息也会更加精细。最后,利用 G-1 变换将增强后的图像重新变回数据空间,用 min 或 max 算子提取边缘。

图像处理过程实际上是对图像灰度矩阵的处理过程。图像像素的灰度值都是一些确定值,图像的模糊化就是将图像灰度值转换到模糊集中,用一个模糊值来代表图像的明暗程度。模糊梯度算法是基于图像灰度梯度变化的原理而产生的。利用模糊理论的不确定性来反映图像灰度梯度变化过程的模糊性,并根据像素的隶属度来确定边缘穿越的位置,可使边缘检测更加准确,但由于其算法的复杂性,实现很困难。

3.1.5　基于神经网络的边缘检测技术

神经网络所具有的自组织性、自学习性以及自适应性决定了神经网络用于边缘检测的可行性。由于神经网络是通过样本进行学习的,样本选择的合理与否极大程度地决定了神经网络性能的好坏。近年来,人工神经网络正被广泛用于模式识别、信号与图像处理、人工智能及自动控制等领域。神经网络的主要问题是输入层与输出层的设计问题、网络数据的准备问题、网络权值的准备及确定问题、隐层数及节点的问题、网络的训练问题。

图像边缘检测本质上属于模式识别问题,而神经网络能很好地解决模式识别问题。图像边缘检测神经网络的训练样本可以分为两种:边缘模式和非边缘模式。非边缘模式不包含边界信息却作为样本训练,使神经网络的训练非常耗时。针对这个问题,参考图像锐化的基本原理,一种基于邻域灰度变化极值和神经网络的图像边缘检测方法。该方法首先基于邻域灰度极值提取边界候选图像;然后,以边界候选像素及其邻域像素的二值模式作为样本集,输入边缘检测神经网络进行训练。边缘检测神经网络采用 BP 网络,为加快网络的训练速度,采用滚动训练和权值随机扰动的方法。实验表明,该方法提高了神经网络的学习效率,获得的边缘图像封闭性好,边缘描述真实。

用样本图像对神经网络进行训练,将训练后的网络再进行实测图像的边缘检测。在网络训练中,所提取的特征要考虑噪声点和实际边缘的差异,同时去除噪声点形成的虚假边缘,因此该方法有较强的抗噪性能。在学习算法的设计中,常规的对图像进行混合的结构训练样本对于神经网络性能具有重要影响。使用神经网络的方法得到的边缘图像边界连续性较好,边界封闭性好,而且对于任何灰度的检测可以得到很好的结果。

3.1.6　基于遗传算法的边缘检测技术

1975 年,J. Holland 受生物进化论的启发提出遗传算法(genetic algorithms,GA)。GA 是基于"适者生存"的一种高度并行、随机和自适应优化算法,它将问题的解用染色体进行描述,通过染色体模拟自然界的进化,最终找到合适的染色体,从而求得问题的最优解或近似最优解。GA 的提出在一定程度上解决了传统的基于符号处理机制的人工智能方法在知识表示、信息处理和解决组合爆炸等方面所遇到的困难,其自组织、自适应、自学习和群体进化能力使其适合于大规模复杂的优化问题。

随着技术的不断进步与发展,遗传算法的研究不断深入,无论在理论研究方面,还是在实际应用方面都有了长足的进展。遗传算法是一类基于自然选择和遗传学原理的有效搜索方法,许多领域成功地应用遗传算法得到了问题的满意解。通常 GAs(genetic algorithms)是在并行计算机上实现,而大规模并行计算机的日益普及,又为并行 GAs 奠定了物质基础。对于图像的边缘提取,采用二阶的边缘检测算子处理后要进行过零点检测,其计算量很大,而且硬件实时资源占用空间大且速度慢,所以学术界提出一种二次搜索寻优的阈值选取策略。通过遗传算法进行边缘提取阈值的自动选取,能够显著地提高阈值选取的速度,可以对视觉系统所产生的边缘图像进行阈值的实时自动选取,增强了整个视觉系统的实时性。

将遗传算法应用于图像处理领域是一个新的研究方向,人们还在不断地探索如何将图像处理与遗传算法有机联系起来,使遗传算法在图像处理领域发挥更大的效力。遗传算法在图像边缘检测中的应用就是其中的一个较新的研究方向。

3.1.7 基于多尺度的边缘检测技术

通过检测二维小波变换的模极大值可以确定图像的边缘点。由于小波变换在各尺度上都提供了图像的边缘信息,所以称为多尺度边缘检测。沿着边界方向将任意尺度下的边缘连接起来,可形成该尺度下沿着边界的模极大值。小波变换能够把图像分解成多种尺度成分,并对大小不同的尺度成分采用相应的时域或空域取样步长,从而能够不断地聚焦到对象的任意微小细节。小波变换具有的多尺度特性,可以用于图像的边缘检测。

轮廓波(Contourlet)变换是用类似于轮廓段的基结构来逼近图像。在算法中,Contourlet 变换具有多分辨率、局部定位性、多方向、各向异性的特点。在基于 Contourlet 变换的带噪图像自适应阈值去噪方法能够更有效地在去除噪声基础上,保留图像的细节和纹理,具有更好的视觉效果和较优的 SNR。

基于拉普拉斯金字塔(Laplacian pyramid,LP)分解的多尺度边缘检测方法,是一种无方向的边缘检测算法。该方法利用改进的拉普拉斯金字塔分解捕获各个尺度下边缘的奇异性,获得多尺度带通图像,由分析得出此分解方法得到的带通图像在阶跃边缘点处表现为零交叉点,边缘定位更加准确。通过构造统计量提取零交叉点,能去除虚假边缘。再根据任务需要选择合适的尺度,经过多尺度边缘融合算法,得到的图像边缘在有效抑制噪声的同时,能够保留更多的图像细节。

综上所述,在图像边缘检领域有多种基于不同理论的方法,它们都不具有绝对优势:有的方法边缘检测精度高,但抗噪性能较差;有的方法解决了抗噪性能差的问题,但精确度又不够;有些算法在一定程度上较好地解决了两者的协调问题,但算法复杂,实现困难,运算时间长。可见,无论哪一种边缘检测算法在解决一定问题的同时,都存在不同类型的缺陷。实质上,边缘检测作为视觉的初级阶段,通常被认为是一个非良态的问题,很难从根本上解决。因而,寻求算法较简单、能较好地解决边缘检测精度与抗噪声性能协调问题的边缘检测算法,将一直是图像处理与分析中研究的主要问题之一,还有很多工作需要进一步研究。

3.2 RGB 和 HSI 颜色空间

颜色空间按照基本结构可以分两大类：基色颜色空间和色、亮分离颜色空间。本书讨论的大部分算法是基于 RGB（red/green/blue，红/绿/蓝）颜色空间和 HSI（hue/saturation/intensity，色调/饱和度/强度）颜色空间，它们分别属于基色颜色空间和色、亮分离颜色空间。以下介绍这两种颜色空间以及两者之间的转换。

3.2.1 RGB 颜色空间

根据三基色原理：自然界中任何一种色光都可由 R、G、B 三基色按不同的比例相加混合而成，即可用基色光单位来表示光的量。特别地，当三基色分量都为最弱时混合为黑色光，当三基色分量都为最强时混合为白色光。因此，任意色光 C 都可以用 R、G、B 三色不同分量的相加混合而成，即

$$C = xR + yG + zB$$

以 R、G、B 分量作为为变量直角坐标的空间称为 RGB 颜色空间。RGB 颜色空间可以由图 3-1 所示立方体表示。

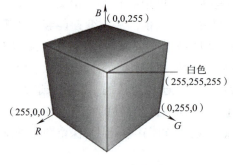

图 3-1　RGB 颜色空间

任意一个颜色 C 是这个立方体坐标中的一点，调整 R、G、B 中的任一分量都会改变 C 的坐标值，也即改变了 C 的色值。

RGB 颜色空间是最常见的颜色空间，它采用物理三基色表示，因而物理意义很清楚，适合彩色显像管工作。由于 RGB 空间所具有的设备独立性，它被广泛应用于计算机图形、电视系统中。在数字图像处理中，最常用的就是说 RGB 颜色空间，如 BMP 彩色图像就采用分别存储红、绿、蓝三个颜色分量的方法来表示真彩色图像。然而，RGB 空间并不是一个感觉均匀的颜色空间，这一体制也不适应人的视觉特点，基于 RGB 空间设计的彩色边缘检测方法容易产生颜色失调或丢失色度边缘。

3.2.2 HSI 颜色空间

HSI 也是一种常见的颜色模型。采用色调和饱和度来描述颜色，是从人类的色视觉机理出发提出的。

色调(H)表示颜色,颜色与彩色光的波长有关,将颜色按红、橙、黄、绿、蓝、靛、紫顺序排列定义色调值,并且用角度值(0°~360°)来表示。例如,红、黄、绿、青、蓝、洋红的角度值分别为0°、60°、120°、180°、240°和300°。

饱和度(S)表示色的纯度,也就是彩色光中掺杂白光的程度。白光越多饱和度越低,白光越少饱和度越高且颜色越纯。饱和度的取值采用百分数(0%~100%),0%表示灰色光或白光,100%表示纯色光。

强度(I)表示人眼感受到彩色光的颜色的强弱程度,它与彩色光的能量大小(或彩色光的亮度)有关,因此有时也用亮度(brightness)来表示。

通常把色调和饱和度统称为色度,用来表示颜色的类别与深浅程度。

计算机默认的颜色模型是 RGB 颜色模型,为了得到彩色图像的 HSI 描述,必须将 RGB 模型转换为 HSI 模型。RGB 颜色空间转换到 HSI 颜色空间的转换公式为

$$H = \begin{cases} \theta, & B \leq G \\ 360° - \theta, & B > G \end{cases}$$

$$S = 1 - \frac{\min(R,G,B)}{I}$$

$$I = \frac{R+G+B}{3}$$

其中

$$\theta = \arccos\left\{ \frac{\frac{1}{2}[(R-G)+(R-B)]}{[(R-G)^2+(R-G)(R-B)]^{\frac{1}{2}}} \right\}$$

转换后,HSI 颜色空间的圆锥模型如图 3-2 所示(左图中 C 代表青色 cyan,M 代表洋红色 magenta,Y 代表黄色 yellow)。

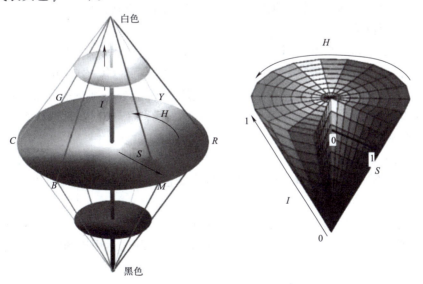

图 3-2 HSI 颜色空间的圆锥模型

如图 3-2 所示,HSI 颜色空间是一个圆锥形空间模型。圆锥模型可以将色调、强度以及饱

和度的关系变化清楚地表现出来。圆锥形空间的竖直轴表示光强 I,顶部最亮表示白色,底部最暗表示黑色,中间是在最亮和最暗之间过渡的灰度。圆锥形空间中部的水平面圆周是表示色调 H 的角度坐标。

HSI 具有如下两个方面的优点:一是由于人类的视觉系统对亮度的敏感程度远强于对颜色浓淡的敏感程度,对比 RGB 颜色空间,HSI 彩色描述对人来说是自然的、直观的,符合人的视觉特性;二是色度(即色调和饱和度)与亮度的不相关性使得 HSI 模型对于开发基于彩色描述的图像处理方法也是一个较为理想的工具,采用 HSI 颜色空间有时可以减少彩色图像处理的复杂性,提高处理的快速性,同时更接近人对彩色的认识和解释。因此,基于 HSI 颜色空间的边缘检测算法可对色度与亮度分别独立地进行操作,从而具有对彩色信息更为敏感的优点。

3.3　四元数在边缘检测中的应用

彩色图像的边缘通常被定义为颜色信息或者亮度信息的不连续跳变,经典的彩色图像边缘检测方法中有相当一部分是对灰度图像边缘检测方法的扩展,即用灰度图像边缘检测方法分别独立检测 R、G、B 三幅分量图像的边缘,再合成这三幅边缘作为原图像的边缘。然而,简单地将一幅彩色图像的边缘视作由三幅原色图像边缘的合成是不合适的。

随着计算机成本的日益降低和性能的日益增强,开发一种基于高维可除代数(如四元数 H)的彩色图像边缘检测新算法成为可能。自 1992 年以来,由 Ell 和 Sangwine 等人提出基于四元数的彩色图像边缘检测算法引起了人们广泛的兴趣。这种算法的优点是可以同时考虑 R、G、B 三个分量突变程度,是一种优秀的彩色图像边缘检测算法。

1998 年,Sangwine 等提出一种基于四元数乘法几何意义的彩色图像边缘检测方法,该方法是将颜色向量(R,G,B)对应一个纯四元数,从而将 RGB 空间自然地嵌入四元数 H 中,根据单位四元数与三维空间向量旋转变换的对应关系和空间解析几何的相关知识,构造相应的四元数滤波器实现彩色边缘检测。

另一方面,Sangwine 和 Ell 等根据四元数代数乘法的向量积表示性质,基于四元数乘法向量积表示性质,构造了一类颜色敏感(color-sensitive)和非颜色敏感(non-color-sensitive)滤波器。将其应用于彩色图像边缘检测和彩色图像分割,取得了令人满意的效果。该方法还将颜色向量(R,G,B)对应于一个纯四元数,将两个四元数相乘后,根据实部和虚部的值设置一个阈值,以确定像素点是否为边缘点。

使用四元数表示彩色图像的(R,G,B)向量是非常自然的。同时,与独立考虑 R、G、B 分量相比,这种类型的算法统一考虑卷积过程中的每个颜色分量。边缘检测和图像分割算法具有很大优势。

四元数在彩色图像处理中的应用导致了用高维数学等工具处理数字图像的热潮。本章旨在将八元数分析和 Clifford 分析以及 Stein-Weiss 解析函数理论运用于图像边缘检测中。

3.4　复型 Sobel 的彩色图像边缘检测

四元数滤波器是基于彩色图像的 RGB 颜色空间进行描述的。Euler 公式表明,复数对应于平面向量的旋转变换,因此,可尝试将此属性应用于彩色图像边缘检测中。另外,基于 HSI 空间的边缘检测算法可以更好地检测由色度信息变化引起的边缘。本节构造了一个基于 HSI 颜色空间的复型 Sobel 边缘检测算子。

首先,对 RGB 空间做非线性变换可获得 HSI 空间,具体过程见 3.2.2 节。根据 HSI 空间分量的不相关性,利用复数乘法代表平面向量的旋转伸缩的几何意义,对 H 和 S 分量建立了复单位圆盘模型,同时构造多方向的复型 Sobel 算子,独立提取色度边缘;其次,采用经典的差分边缘检测算法独立提取 I 分量的边缘(亮度边缘);最后,融合色度边缘和亮度边缘得到原图像的边缘。该方法的优点是:对 HS 平面建立复平面上的单位圆盘直观而自然;独立检测色度与亮度边缘,便于分析彩色图像的彩色信息和亮度信息;边缘检测充分利用了彩色信息,对色度边缘敏感,算法简单有效。

3.4.1 复型 Sobel 算子

观察图 3-2 容易发现,实际上可以将 H 分量和 S 分量所构成的圆锥底面视作复平面上的单位圆盘。由复数的 Euler 公式得到启发,将 H 分量和 S 分量分别作为一个复数的模与幅角,HS 平面很自然地构成了复单位圆盘。这样 HS 平面中的一个色度 (H,S) 可用一个复数表示 $z = Se^{iH}$。两个复数 $z_1 = S_1 e^{iH_1}$ 和 $z_2 = S_2 e^{iH_2}$ 相乘可表示为

$$z_1 z_2 = S_1 S_2 e^{i(H_1 + H_2)}$$

上式表明,一个复数 $z = Se^{iH}$ 乘上一个模为 1 的复数 $e^{i\theta}$ 相当于将复平面上向量 z 保持模不变逆时针旋转角度 θ。另外,由平面解析几何的知识可知,若复平面上两向量相等,那么将其中一个绕原点逆时针旋转 90°,将另一个顺时针旋转 90°后,两者相加结果是零向量;若复平面上两向量不等,则按照上面方式旋转后相加,结果是一复数。因此,如果彩色图像中两个像素属于局部同质区域(色度信息完全相同),那么它们在复平面中由同一向量表示(即复数的模与幅角分别相等),其中一向量顺时针旋转 90°,另一向量逆时针旋转 90°,两向量之和为零;如果两个像素的色度信息不完全相同,那么旋转之后作和结果是一复数。由此得到启发,沿用经典的差分边缘检测方法的思想,可构造如下滤波器实现色度边缘的检测(以水平方向为例)。由于该滤波器在形式上和经典的实值 Sobel 边缘检测滤波器十分相似,因此称之为复型 Sobel 边缘检测算子,记作 $\boldsymbol{M}_{\text{sobel}}$,即

$$\boldsymbol{M}_{\text{sobel}} = \begin{pmatrix} e^{i\frac{\pi}{2}} & 2e^{i\frac{\pi}{2}} & e^{i\frac{\pi}{2}} \\ 0 & 0 & 0 \\ e^{i(-\frac{\pi}{2})} & 2e^{i(-\frac{\pi}{2})} & e^{i(-\frac{\pi}{2})} \end{pmatrix}$$

将彩色图像待检测的 3×3 区域记作 $\boldsymbol{M}$,即

$$\boldsymbol{M} = \begin{pmatrix} S_1 e^{iH_1} & S_2 e^{iH_2} & S_3 e^{iH_3} \\ S_4 e^{iH_4} & S_5 e^{iH_5} & S_6 e^{iH_6} \\ S_7 e^{iH_7} & S_8 e^{iH_8} & S_9 e^{iH_9} \end{pmatrix}$$

将 $\boldsymbol{M}_{\text{sobel}}$ 和 $\boldsymbol{M}$ 做卷积,其结果为

$$\boldsymbol{M}_{\text{sobel}} * \boldsymbol{M} = \left(S_1 e^{i\left(H_1 + \frac{\pi}{2}\right)} + S_7 e^{i\left(H_7 - \frac{\pi}{2}\right)} \right) + 2 \left(S_2 e^{i\left(H_2 + \frac{\pi}{2}\right)} + S_8 e^{i\left(H_8 - \frac{\pi}{2}\right)} \right) + \left(S_3 e^{i\left(H_3 + \frac{\pi}{2}\right)} + S_9 e^{i\left(H_9 - \frac{\pi}{2}\right)} \right)$$

基于以上讨论：若 3×3 区域中复数 $S_1\mathrm{e}^{\mathrm{i}H_1}$、$S_2\mathrm{e}^{\mathrm{i}H_2}$、$S_3\mathrm{e}^{\mathrm{i}H_3}$ 分别同复数 $S_7\mathrm{e}^{\mathrm{i}H_7}$、$S_8\mathrm{e}^{\mathrm{i}H_8}$、$S_9\mathrm{e}^{\mathrm{i}H_9}$ 相等，则 $\boldsymbol{M}_{\mathrm{sobel}}*\boldsymbol{M}=0$，否则 $\boldsymbol{M}_{\mathrm{sobel}}*\boldsymbol{M}\neq 0$。也即，若 $S_5\mathrm{e}^{\mathrm{i}H_5}$ 处于局部同质区域的中心，则 $\boldsymbol{M}_{\mathrm{sobel}}*\boldsymbol{M}=0$；若 3×3 区域 $\boldsymbol{M}$ 的中心像素点 $S_5\mathrm{e}^{\mathrm{i}H_5}$ 是水平方向上的色度边缘点，则 $\boldsymbol{M}_{\mathrm{sobel}}*\boldsymbol{M}\neq 0$。由此，可对 $|\boldsymbol{M}_{\mathrm{sobel}}*\boldsymbol{M}|$ 设定阈值，判断模板中心点是否为水平色度边缘点。

同理，可以通过改变 Sobel 算子中各复数的位置，检测其他方向的边缘，如以下 $\mathrm{Sobel}_{\mathrm{vertical}}$ 算子可检测垂直方向的色度边缘。至于角度方向为 $45°$ 和 $-45°$ 的色度边缘检测，机理是相似的。

$$\mathrm{Sobel}_{\mathrm{vertical}}=\begin{pmatrix}\mathrm{e}^{\mathrm{i}\frac{\pi}{2}} & 0 & \mathrm{e}^{\mathrm{i}(-\frac{\pi}{2})}\\ 2\mathrm{e}^{\mathrm{i}\frac{\pi}{2}} & 0 & 2\mathrm{e}^{\mathrm{i}(-\frac{\pi}{2})}\\ \mathrm{e}^{\mathrm{i}\frac{\pi}{2}} & 0 & \mathrm{e}^{\mathrm{i}(-\frac{\pi}{2})}\end{pmatrix}$$

综合各个方向的色度边缘（如取各方向模板在某点处反应的最大值），就可以得到原彩色图像的色度边缘。下一步可以用经典的 Sobel 算子对彩色图像的亮度分量作独立处理。最后，综合色度边缘和亮度边缘（如取最值法），即可得到彩色图像的边缘。

3.4.2 实验结果与分析

首先，为了检验文中提出的边缘检测算法对色度信息的敏感性，选用一张彩色信息丰富的图片，该图片既包含不同亮度的区域，又包含亮度相同但色度不同的区域。

图 3-3（a）所示是原彩色图像，图 3-3（b）所示是采用本节提出的边缘检测算法从原图像中提取的色度边缘，图 3-3（c）所示是原图像的亮度边缘，图 3-3（d）所示是综合色度边缘和亮度边缘得到的边缘。图 3-3（b）与图 3-3（c）最明显的区别在于图 3-3（b）在背景区域有三条明显的垂直边缘，这是因为图片的背景包含四个亮度相同但色度不同的条状区域。在这种情况下，亮度分量边缘检测算法无法提取出这三条色度边缘。然而，色度边缘在复型 Sobel 算子边缘检测过程中能被很好地提取出来，这说明该边缘检测算法确实能够独立提取色度边缘和亮度边缘，且该方法对彩色信息较为敏感。同时，图 3-3（b）中的细节比图 3-3（c）中的细节信息丰富且清晰，这是因为选用的实验图片中具有丰富的彩色信息，大量的边缘信息存在于彩色图像的 H 与 S 分量中。图 3-3（d）融合了色度边缘与亮度边缘，边缘效果最好。

（a）原图像　　　　（b）HS 分量边缘　　　　（c）亮度边缘　　　　（d）综合色度和亮度边缘

图 3-3　复型 Sobel 彩色边缘检测算子实验结果

其次,选取一张自然图像作为实验图片。如图 3-4 所示,该方法可获得较良好的检测效果。然而,基于 RGB-HSI 空间的八元数和 Clifford 边缘检测算法的检测效果比此更为优越。

(a)原自然图像　　　　　　　　　(b)复型Sobel算子的边缘检测效果

图 3-4　复型 Sobel 彩色对自然图像的边缘检测算子实验结果

3.5　八元数在边缘检测中的应用

3.5.1　彩色图像的八元数表示

在彩色图像中,边缘大概可分为两类:亮度边缘和色度边缘。亮度边缘是指由像素亮度值发生突变而引起的边缘;色度边缘则是指由色调和饱和度发生变化而产生的边缘。RGB 颜色空间是一个不均匀的颜色空间,它适合机器显示,但并不适合描述人眼对颜色的感知。基于 RGB 颜色空间的边缘检测器难免对于色度边缘不敏感,从而在边缘检测的过程中会丢失一定的色度边缘。通过对 RGB 颜色空间进行非线性变换得到 HSI 颜色空间,此模型将亮度信息与彩色信息分开,因此,基于 HSI 模型开发的彩色图像处理算法可较好地利用色度信息。在边缘检测中综合考虑彩色像素的 RGB 和 HSI 描述,将两种模型的特点结合起来,从而充分利用像素的各种颜色信息,是值得考虑的想法。然而,在高于四维的情况下,四元数滤波器必然失效。由此,需要寻求更高维的代数,使其乘法可由高维向量的点积与叉积表示。此时,自然考虑比四元数维数更高的可除代数,故八元数成为首选工具。本节首先通过对 RGB 颜色空间作非线性变换得到 HSI 颜色空间,从而得到彩色像素的 R、G、B、H、S、I 分量,具体见 3.2.2 节。接下来,建立 RGB 联合 HSI 颜色空间的八元数描述模型。

将每个彩色像素的 R、G、B、H、S、I 六个分量对应于八元数的任意六个虚部(实际上,取哪六个虚部都是等价的),本节用 RGB-HSI 各个分量作为 e_1,e_2,e_3,e_4,e_5,e_6 这六个基的系数并让 e_0,e_7 系数为 0。从而,每个彩色像素 P 对应于一个纯八元数 q,即

$$q = Re_1 + Ge_2 + Be_3 + He_4 + Se_5 + Ie_6$$

这样 RGB-HSI 空间被自然地嵌入八元数 O 中,$\mathbf{R}^6$ 向量 (R,G,B,H,S,I) 被赋予了八元数的代数运算。至此,称原彩色图像为八元数图像,并记作 O_{Image}。

3.5.2 基于八元数乘法几何意义的边缘检测

1. 算法原理

不妨设像素 P_1, P_2 分别对应非零纯八元数 q_1, q_2，其中

$$q_1 = R_1 e_1 + G_1 e_2 + B_1 e_3 + H_1 e_4 + S_1 e_5 + I_1 e_6$$

$$q_2 = R_2 e_1 + G_2 e_2 + B_2 e_3 + H_2 e_4 + S_2 e_5 + I_2 e_6$$

取定 $q = \cos\varphi + \boldsymbol{\xi}\sin\varphi$ 为一单位八元数，其中令 $\varphi = \dfrac{\pi}{2}$，$\boldsymbol{\xi}$ 为一纯单位八元数，则基于 2.3.2 节中的讨论：若 $q_1 = q_2$，则有向量 $q_1 + q q_2 q^{-1}$ 与向量 $\boldsymbol{\xi}$ 线性相关。将向量 $q_1 + q q_2 q^{-1}$ 单位化，记 $\dfrac{(q_1 + (q q_2) q^{-1})}{|(q_1 + (q q_2) q^{-1})|} = \boldsymbol{\alpha}$。因此，对于任意两个向量 q_1 和 q_2，可将向量 $\boldsymbol{\alpha}$ 与 $\boldsymbol{\xi}$ 作差求模，若模为 0，则表明向量 q_1 和 q_2 相等，即像素 P_1, P_2 具有相同的信息；若模不为 0，则 q_1 和 q_2 两向量不等，即两像素 P_1 和 P_2 在 RGB-HSI 某些分量上存在差异。根据以上讨论，可构造八元数左右双模板滤波器 L 和 R 检测水平方向的边缘，即

$$L = \begin{pmatrix} q & q & q \\ 0 & 0 & 0 \\ 1 & 1 & 1 \end{pmatrix}, \quad R = \begin{pmatrix} q^{-1} & q^{-1} & q^{-1} \\ 0 & 0 & 0 \\ 1 & 1 & 1 \end{pmatrix}$$

其中 $q = \cos\varphi + \boldsymbol{\xi}\sin\varphi$，$q^{-1} = \cos\varphi - \boldsymbol{\xi}\sin\varphi$。由于选定 $\boldsymbol{\xi} = \dfrac{1}{\sqrt{6}}e_1 + \dfrac{1}{\sqrt{6}}e_2 + \dfrac{1}{\sqrt{6}}e_3 + \dfrac{1}{\sqrt{6}}e_4 + \dfrac{1}{\sqrt{6}}e_5 + \dfrac{1}{\sqrt{6}}e_6$，$\varphi = \dfrac{\pi}{2}$。$q$ 实际上就是单位纯八元数 $\boldsymbol{\xi}$，$q^{-1} = -q$。

若将八元数图像中被模板覆盖的 3×3 区域表示为

$$M = \begin{pmatrix} C_1 & C_2 & C_3 \\ C_4 & C_5 & C_6 \\ C_7 & C_8 & C_9 \end{pmatrix}$$

则用左右双模板滤波器 L 和 R 对八元数图像 O_{Image} 做卷积得到的结果 K 为

$$K = (q C_1 q^{-1} + C_4) + (q C_2 q^{-1} + C_8) + (q C_3 q^{-1} + C_9)$$

根据 2.3.2 节中的性质，上式中向量 K 相当于将像素 C_1、C_2、C_3 绕 $\boldsymbol{\xi}$ 轴旋转 $180°$，然后与 C_7、C_8、C_9 相加得到。通过判断向量 K 是否与 $\boldsymbol{\xi}$ 同向即可判断出 C_5 上方的像素是否与 C_5 下方的像素具有相同的信息，从而判断 C_5 是否为边缘像素点。可以记 $r = \dfrac{K}{|K|} - \boldsymbol{\xi}$，若 $|r| = 0$，则 K 与 $\boldsymbol{\xi}$ 同向，从而 C_5 不是边缘像素点；否则两边像素在 RGB-HSI 某些分量上存在差异，C_5 是边缘点。

同样，可以对 r 设定精确值，通过判断 r 接近 $\mathbf{0}$ 的程度来判断中心像素是否为水平边缘点。实际上，八元数在提高自身边缘提取能力的同时，降低了自身的抗噪能力。

同理，可构造相应滤波器检测其他方向上的边缘点。

2. 实验结果与分析

首先，给出基于 RGB-HSI 空间的八元数滤波器的实验结果。为验证八元数滤波器的多分

量特征，挑选一幅合成图像，先用经典的 Sobel 算子独立提取 R、G、B、H、S、I 各个分量的边缘，再用八元数滤波器提取原图像的边缘。对图 3-5 每幅边缘图像进行比较可以看出，八元数滤波器确实同时检测出各个分量的边缘。

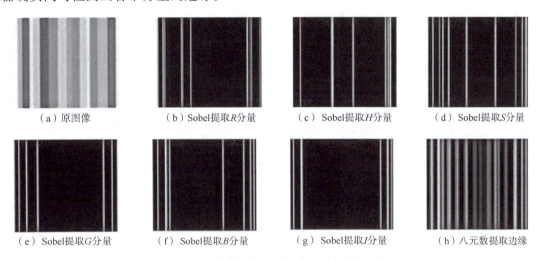

图 3-5　八元数滤波器对合成图像检测效果

接着，将八元数滤波器应用于自然图像的边缘检测，并将其与四元数滤波器进行比较。从图 3-6 与图 3-4 对比可看出，由于综合考虑了 RGB 和 HSI 空间的所有分量，八元数检测的边缘图像更为细腻，包含更多的细节信息。

图 3-6　四元数与八元数滤波器分别对自然图像检测效果

由于四元数是八元数的子集，八元数滤波器可视作四元数滤波器的高维推广。另外，多分量图像是高维图像（或高维信号）中普遍而重要的一种类型，在某些情况下，不仅需要考虑图像或者场景的颜色信息，还要考虑其他方面的信息（如温度或其他物理量）。而八元数滤波器具有多分量同时处理的优点，因此在这些方面八元数滤波器可能是理想的工具。

3.5.3　基于八元数乘法向量积的边缘检测

Sangwine 和 Ell 等利用四元数乘法的向量积表示性质构造了颜色敏感和非颜色敏感边缘检测滤波器，分别检测出普通的图像边缘和特殊颜色区域之间的边缘。在本节中，将八元数乘法的向量积表示性质应用于边缘检测和区域分割中，构造出相应的八元数颜色敏感和非颜色敏感滤波器。这类滤波器是有别于上节中所讨论的基于代数乘法几何意义的边缘检测滤波器,从而是高维图像边缘检测和区域分割的一种新思路。

1. 非颜色敏感边缘检测

首先,考虑将八元数乘法的向量积表示性质用于一般的彩色图像边缘检测滤波器中,即非颜色敏感滤波器。

设像素 P_1 和 P_2 分别对应纯八元数 q_1 和 q_2,其中

$$q_1 = R_1 e_1 + G_1 e_2 + B_1 e_3 + H_1 e_4 + S_1 e_5 + I_1 e_6$$

$$q_2 = R_2 e_1 + G_2 e_2 + B_2 e_3 + H_2 e_4 + S_2 e_5 + I_2 e_6$$

根据 2.3.1 节中性质,若 $q_1 = q_2$,即像素 P_1, P_2 具有相同的信息,则 q_1, q_2 向量部分为 0,从而是一实数,且 $q_1 q_2 = -|q_1|^2 = -|q_2|^2$;若 $q_1 \neq q_2$,即两像素 P_1, P_2 在 RGB 或 HSI 颜色空间某些分量上存在差异,则 $q_1 q_2$ 具有非零的向量部分,且 $q_1 q_2 \neq -|q_1|^2 \neq -|q_2|^2$。若将八元数图像中待检测的 3×3 区域表示为

$$M = \begin{pmatrix} C_1 & C_2 & C_3 \\ C_4 & C_5 & C_6 \\ C_7 & C_8 & C_9 \end{pmatrix}$$

为判断中心像素 C_5 是否为图像边缘点,可动态构造以下 3×3 八元数模板从左边与图像做卷积,称之为非颜色敏感边缘检测滤波器,简记为 $F_{N\text{-}C\text{-}S}$。下面给出滤波器 $F_{N\text{-}C\text{-}S}$ 和卷积结果,即

$$F_{N\text{-}C\text{-}S} = \frac{1}{9} \begin{pmatrix} C_5 & C_5 & C_5 \\ C_5 & C_5 & C_5 \\ C_5 & C_5 & C_5 \end{pmatrix}$$

$$F_{N\text{-}C\text{-}S} * M = \frac{1}{9} \sum_{i=1}^{9} C_5 C_i$$

该卷积的结果是一个八元数 $q_{N\text{-}C\text{-}S}$,将其实部与向量部分分别记作 $R_{N\text{-}C\text{-}S}$ 与 $v_{N\text{-}C\text{-}S}$,则 $q_{N\text{-}C\text{-}S} = (R_{N\text{-}C\text{-}S}, v_{N\text{-}C\text{-}S})$。以 $q_{N\text{-}C\text{-}S}$ 作为模板在中心像素 C_5 处的响应,若 C_5 为局部同质区域的中心,则有 $R_{N\text{-}C\text{-}S} = -|C_5|$ 且 $v_{N\text{-}C\text{-}S}$ 为零向量,即 $q_{N\text{-}C\text{-}S} = (-|C_5|, 0)$;若模板覆盖的某些像素之间存在亮度或者色度上的差异,则 $q_{N\text{-}C\text{-}S}$ 异于 $(-|C_5|, 0)$,此时模板中心像素 C_5 可能为一边缘像素。

注意到,如果先将八元数图像 O_{Image} 作单位化处理,即将每个像素对应的纯八元数都除以自身的八元数模,那么若被检测像素 C_5 处于局部同质区域的中心,则模板的响应是 $(-1, 0)$;否则,模板在 C_5 的响应不等于 $(-1, 0)$。故可设定统一的阈值对像素进行检验判断,这样可避免对每一个被检验像素动态设定阈值。

与 3.5.2 节中的构造的滤波器相比,$F_{N\text{-}C\text{-}S}$ 对边缘的方向具有普遍的适应性,即只需构造一个 3×3 模板,就可以检测各个方向的边缘点。同时,分析该滤波器的卷积过程,会发现该滤波器对 3×3 区域 M 中任何位置的颜色信息都十分敏感,因此检测出的边缘会较为粗糙和毛躁,需要进行后续处理。下面举例说明这一点。假设被检测区域 M 各个位置的颜色信息为

$$M = \begin{pmatrix} C_1 & C_5 & C_5 \\ C_5 & C_5 & C_5 \\ C_5 & C_5 & C_5 \end{pmatrix}$$

此时,根据上述讨论,算法很可能将判断模板中心像素为边缘点。然而,可认为中心像素应该是位于局部同质区域的中心,即模板中左上角像素与 C_5 的不匹配不足以判断中心像素是边缘点。实际上,边缘检测的准确性和算法的抗噪性是边缘检测技术中永恒的矛盾,因此,合理地选择阈值就显得尤为重要。

2. 颜色敏感边缘检测

本节考虑基于 RGB 联合 HSI 空间的特定颜色区域的分割问题,目的是找出特定颜色的区域之间的边缘。注意到由于彩色图像的边缘点被有区别地对待,故不能运用上一节中的滤波器进行边缘检测,而应该构造一类对颜色信息敏感的边缘检测滤波器。仍然记归一化了的八元数图像为 O_{Image},设局部同质区域 R_1 中的像素具有相同的颜色信息 $\boldsymbol{q}_1$,局部同质区域 R_2 中的像素具有相同的颜色信息 $\boldsymbol{q}_2$,这里 $\boldsymbol{q}_1$ 与 $\boldsymbol{q}_2$ 均为单位纯八元数。下面构造八元数颜色敏感滤波器检测从 R_1 到 R_2 的边缘。

将八元数图像中待检测的 3×3 区域 $\boldsymbol{M}$ 表示为

$$\boldsymbol{M} = \begin{pmatrix} C_1 & C_2 & C_3 \\ C_4 & C_5 & C_6 \\ C_7 & C_8 & C_9 \end{pmatrix}$$

可构造如下 3×3 滤波器 $\boldsymbol{F}_{\text{horizon}}$ 检测从 R_1 到 R_2 的水平边缘点,即

$$\boldsymbol{F}_{\text{horizon}} = \frac{1}{6} \begin{pmatrix} \boldsymbol{q}_1 & \boldsymbol{q}_1 & \boldsymbol{q}_1 \\ 0 & 0 & 0 \\ \boldsymbol{q}_2 & \boldsymbol{q}_2 & \boldsymbol{q}_2 \end{pmatrix}$$

滤波器 $\boldsymbol{F}_{\text{horizon}}$ 与 3×3 区域 $\boldsymbol{M}$ 的卷积结果为

$$\boldsymbol{F}_{\text{horizon}} * \boldsymbol{M} = \frac{1}{6}(\boldsymbol{q}_1 C_1 + \boldsymbol{q}_1 C_2 + \boldsymbol{q}_1 C_3 + \boldsymbol{q}_2 C_7 + \boldsymbol{q}_2 C_8 + \boldsymbol{q}_2 C_9)$$

若模板覆盖的 3×3 像素领域的第一行像素和第三行像素的颜色分别与 $\boldsymbol{q}_1$ 和 $\boldsymbol{q}_2$ 匹配,即

$$C_1 = C_2 = C_3 = \boldsymbol{q}_1, \quad C_7 = C_8 = C_9 = \boldsymbol{q}_2$$

那么根据 2.3 节中的讨论,易得 $\boldsymbol{F}_{\text{horizon}} * \boldsymbol{M} = -1$。此时可直接判断领域中心像素 C_5 为从区域 R_1 到 R_2 的水平边缘点;若模板覆盖的 3×3 邻域中第一行和第三行像素未能分别同时与 $\boldsymbol{q}_1$ 和 $\boldsymbol{q}_2$ 匹配,则有 $\boldsymbol{F}_{\text{horizon}} * \boldsymbol{M}$ 是具有非零向量部分的八元数,且其实部不等于 -1,从而可对 $\boldsymbol{F}_{\text{horizon}} * \boldsymbol{M}$ 的实部与向量部分设定适当的阈值,判断模板中心像素 C_5 是否为从 R_1 到 R_2 的边缘点。

易见,若交换滤波器中 $\boldsymbol{F}_{\text{horizon}}$ 中 $\boldsymbol{q}_1$ 和 $\boldsymbol{q}_2$ 的位置,则可检测彩色图像中从区域 R_1 到 R_2 的水平边缘点。类似地,通过改变滤波器 $\boldsymbol{F}_{\text{horizon}}$ 中 $\boldsymbol{q}_1$ 和 $\boldsymbol{q}_2$ 的相对位置,可以检测区域 R_1 与区域 R_2 间垂直方向或者其他方向的边缘点,例如可以构造模板检测从区域 R_1 到 R_2 间垂直边缘

$$\boldsymbol{F}_{\text{vertical}} = \frac{1}{6} \begin{pmatrix} \boldsymbol{q}_1 & 0 & \boldsymbol{q}_2 \\ \boldsymbol{q}_1 & 0 & \boldsymbol{q}_2 \\ \boldsymbol{q}_1 & 0 & \boldsymbol{q}_2 \end{pmatrix}$$

综合各个方向的边缘,便可得到区域 R_1 与区域 R_2 间所有边缘点,从而完成颜色敏感边缘检测。

3. 图像目标检测

本节构造新的八元数颜色敏感滤波器检测图像中特定颜色物体,目标是检测图像中特定颜色物体的所有边界点。首先仍对八元数图像作归一化处理,并记作 O_{Image}。将八元数图像中待检测的 3×3 区域 M 表示为

$$M = \begin{pmatrix} C_1 & C_2 & C_3 \\ C_4 & C_5 & C_6 \\ C_7 & C_8 & C_9 \end{pmatrix}$$

假定欲检测目标的颜色信息由单位纯八元数 q_t 表示,由上节中滤波器得到启发,可构造八元数滤波器 F_{target} 检测图像中颜色为 q_t 的所有像素点,即

$$F_{\text{target}} = \frac{1}{6}\begin{pmatrix} q_t & q_t & q_t \\ q_t & q_t & q_t \\ q_t & q_t & q_t \end{pmatrix}$$

那么,该滤波器与图像的卷积结果在中心像素 C_5 处的响应为

$$F_{\text{target}} * M = \frac{1}{9}\sum_{i=1}^{9} q_t C_i$$

若 $F_{\text{target}} * M = -1$,则可直接判断 3×3 像素领域 M 中的所有像素颜色与 q_t 相同,从而模板中心像素 C_5 位于目标区域的中心;若 $F_{\text{target}} * M$ 是一个具有非零向量部分的八元数,且其实部不等于 -1,则可判断模板覆盖像素邻域中存在某些像素的颜色信息与 q_t 不匹配,此时 C_5 可能是目标区域的边界,也有可能远离目标区域,则可通过判断 C_5 与目标区域像素的邻接关系判断其是否为目标区域的边界。因此,为了找出目标区域的边界点,只需找出使得 $F_{\text{target}} * M \neq -1$,且与目标区域中心像素八邻接的像素点。

4. 实验结果与分析

首先,将八元数非颜色敏感滤波器应用于自然图像的边缘检测,并同四元数滤波器进行比较。从图 3-7 可看出,由于综合考虑了 RGB 和 HSI 空间,八元数检测的边缘图像更为细腻,包含更多的细节信息,这可从蜜蜂的双翼部分的细节看出。但该八元数滤波器在提高边缘检测的准确性的同时,也降低了其自身的抗噪能力。

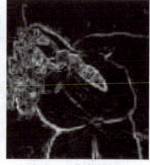
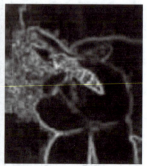

(a)原图像　　　　　(b)四元数滤波效果　　　　　(c)八元数滤波效果

图 3-7　四元数与八元数滤波器分别对自然图像检测效果

其次,将八元数颜色敏感滤波器应用于彩色图像特定颜色区域的分割中,以找出不同颜色区域之间的边缘。从一幅自然彩色图像中找出红色区域与黄色区域的边缘,图 3-8 中分别给出原图像和分割效果。实验结果表明,文中构造的滤波器能准确找到不同特定颜色区域的边界。

(a) 原彩色图像　　　　　　　(b) 八元数滤波效果检测到的红黄颜色区域边缘

图 3-8　八元数颜色敏感滤波器检测到的红黄颜色区域边缘

接下来,将八元数滤波器运用于彩色图像特定颜色区域检测和多光谱图像区域检测实验中。在彩色图像特定颜色区域检测的实验中,利用所构造的滤波器检测一幅彩色图像中的红色区域,得到较为满意的结果,如图 3-9 所示;在多光谱图像的区域检测实验中,选取多光谱图像的六个波段图像作为实验图像,如图 3-10(a)～(f)所示,选取适当的阈值检测每个波段图像中灰度级接近 230 的区域(即各个波段图像中较亮区域),图 3-10(g)为检测出的区域,效果较为满意。

(a) 原图像　　　　　　(b) 红色区域　　　　　　(c) 红色区域的边界

图 3-9　八元数颜色敏感滤波器用于颜色区域目标检测

(a) 波段1　　　　　　　(b) 波段2　　　　　　　(c) 波段3

图 3-10　八元数颜色敏感滤波器用于多光谱图像指定波段区域检测

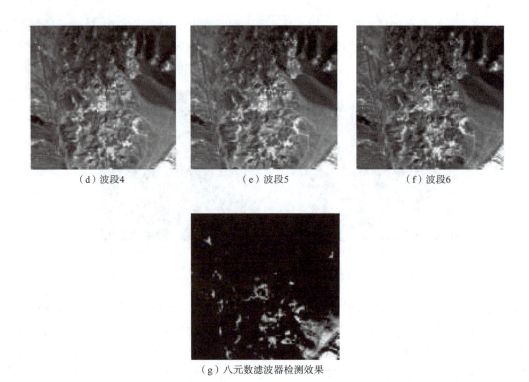

(d) 波段4　　　　　　　(e) 波段5　　　　　　　(f) 波段6

(g) 八元数滤波器检测效果

图 3-10　八元数颜色敏感滤波器用于多光谱图像指定波段区域检测(续)

3.5.4　基于八元数 Cauchy 积分公式的边缘检测

　　Cauchy 积分公式在复分析、四元数分析、八元数分析、Clifford 分析中占据着非常重要的作用。均值定理是 Cauchy 积分公式的推论,复变函数中的均值定理可粗略地介绍如下:若函数 $f(z)$ 在复平面上某个区域是解析的,那么,该函数在区域中任意一点的取值等于函数在以该点为中心的圆周上取值的平均。该定理的物理意义在于:当平面上的区域的某种物理性质具有良好的光滑性时(函数在区域上解析),则可由边界上的物理性质来表示中心点的属性。四元数分析、八元数分析、Clifford 分析中的 Cauchy 积分公式也有类似的物理意义。

　　本节将探讨高维 Cauchy 积分公式在数字图像处理中的应用,主要讨论了八元数分析中 Cauchy 积分公式在多分量图像边缘检测中的应用(八元数 Cauchy 积分公式和平均值定理已在 2.3.3 节中给出),四元数分析、Clifford 分析中的 Cauchy 积分公式在数字图像处理中的应用,与八元数中的情形类似。

　　首先,对多分量图像建立 O 值函数的模型。记 (x,y) 为图像像素的坐标,选取多分量图像中的八个分量,它们分别是 $f_0(x,y), f_1(x,y), \cdots, f_7(x,y)$,那么可将其表示为 O 值函数的形式,即

$$f(x,y) = f_0(x,y)e_0 + f_1(x,y)e_1 + \cdots + f_7(x,y)e_7$$

　　在图像的局部同质区域处,函数 $f(x,y)$ 是解析的,从而均值定理成立,那么局部同质区域中像素点的函数值应等于以其为中心的区域边界上函数值的均值;在图像的边缘处,函数 $f(x,y)$ 不解析,从而函数 $f(x,y)$ 在边缘点处的取值不等于以之为中心的区域边界上取值的平

均。这里,近似地以图像中的 3×3 区域为讨论对象,通过验证均值定理在该区域成立与否来判断区域中心点是否为边缘点。为此,构造滤波器 $\boldsymbol{F}_{\text{Cauchy}}$ 并记其在像素 p_{ij} 处响应为 R_{ij},则 $\boldsymbol{F}_{\text{Cauchy}}$ 与 R_{ij} 为

$$\boldsymbol{F}_{\text{Cauchy}} = \frac{1}{8}\begin{pmatrix} 1 & 1 & 1 \\ 1 & 0 & 1 \\ 1 & 1 & 1 \end{pmatrix}$$

$$R_{ij} = \frac{1}{8}\sum_{x\neq i,y\neq j} f(x,y)$$

注意到,R_{ij} 是一个八元数,代表函数 $f(x,y)$ 在 3×3 区域边界上的均值。将 R_{ij} 与函数 $f(x,y)$ 在 3×3 区域中心 p_{ij} 处的取值 $f(i,j)$ 比较,若两者相等或近似相等,则认为中心像素 p_{ij} 不是边缘点;若两者相差过大,则认为中心像素 p_{ij} 是所求的边缘点。本节中,选取适当阈值,以 $R_{ij}-f(i,j)$ 的八元数模 $|R_{ij}-f(i,j)|$ 作为衡量标准。实际上,若用以下模板对图像进行卷积,则可直接得到 $R_{ij}-f(i,j)$,记该模板为 $\boldsymbol{F}_{\text{Cauchy1}}$,即

$$\boldsymbol{F}_{\text{Cauchy1}} = \frac{1}{8}\begin{pmatrix} 1 & 1 & 1 \\ 1 & -8 & 1 \\ 1 & 1 & 1 \end{pmatrix}$$

值得一提的是,$\boldsymbol{F}_{\text{Cauchy1}}$ 在形式上与 Laplace 滤波器是统一的。实际上,一维形式的 $\boldsymbol{F}_{\text{Cauchy1}}$ 滤波器正是 Laplace 滤波器。因此,从这一角度上讲,$\boldsymbol{F}_{\text{Cauchy}}$ 可视作 Laplace 滤波器的高维推广。或者,可称 $\boldsymbol{F}_{\text{Cauchy}}$ 为高维数的 Laplace 滤波器。

下面给出实验结果。基于 RGB 联合 HSI 空间,构造六维的滤波器 $\boldsymbol{F}_{\text{Cauchy1}}$ 的滤波对 Lena 图像进行边缘检测,如图 3-11 所示。由图 3-11(c)可看出,该滤波器对边缘较为敏感,图片中包含有丰富的细节。同时,该滤波器对噪声也较为敏感,即其自身的抗噪性能较差,因为 Laplace 滤波器在对边缘信息敏感的同时,也降低了自身的抗噪性能。

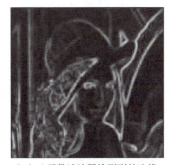

(a)原图像　　　　　　(b)八元数滤波器检测到的边缘　　　　　(c)八元数Cauchy积分检测到的边缘

图 3-11　根据 Cauchy 积分公式构造滤波器的边缘提取效果

3.5.3 节中构造的滤波器都是以八元数乘法的向量积表示性质为根据的,3.5.4 节中构造的滤波器是以八元数 Cauchy 积分公式为根据的,它们都可以看作四元数滤波器的高维推广。更进一步地,若考虑一般的多分量图像的边缘检测或者区域分割,就需要构造更高维的滤波器,此时就需要诉诸更高维的代数。实际上,Clifford 代数也具有向量积表示性质,这就为构造一般的 n 维滤波器提供了工具。下一节将研究基于 Clifford 代数的 n 维滤波器。

3.6　Clifford 代数在边缘检测中的应用

本节将基于四元数的向量积表示的图像边缘检测与分割方法推广到更一般的 n 维情况，讨论 Clifford 代数在一般的多分量图像边缘检测中的应用。

记多分量图像为 n 个分量，分别是 $\lambda_1, \lambda_2, \cdots, \lambda_n$，且图像的边缘定义为其 n 个分量的不连续跳变处，将每个像素表示为 Clifford 向量 $\boldsymbol{x} = \sum_{1}^{n} \lambda_i e_i$，这时可将图像视作 Clifford 代数的 n 维线性子空间。为了后续讨论的需要，首先将整幅图像作归一化处理，使得 $|x|=1$，记归一化了的图像为 C_{image}。在下面 3.6.1、3.6.2、3.6.3 节中分别构造与 3.5.3 节中的八元数滤波器所对应的 Clifford 滤波器。

3.6.1　非信息敏感的图像边缘检测

首先，考虑多分量图像普通边缘的检测。

将 C_{image} 中待检测的 3×3 区域 M 表示为

$$\boldsymbol{M} = \begin{pmatrix} x_1 & x_2 & x_3 \\ x_4 & x_5 & x_6 \\ x_7 & x_8 & x_9 \end{pmatrix}$$

为了判断模板中心像素的边缘点 x_5 是否为边缘点，可动态构造 3×3 非信息敏感 (non-information-sensitive) 的 Clifford 滤波器对图像进行卷积，将滤波器记为 $\boldsymbol{F}_{N\text{-}I\text{-}S}$，表示为

$$\boldsymbol{F}_{N\text{-}I\text{-}S} = \frac{1}{9} \begin{pmatrix} x_5 & x_5 & x_5 \\ x_5 & x_5 & x_5 \\ x_5 & x_5 & x_5 \end{pmatrix}$$

用该模板与图像 C_{image} 的 3×3 区域 C 做卷积，结果为

$$\boldsymbol{F}_{N\text{-}I\text{-}S} * \boldsymbol{M} = \frac{1}{9} \sum_{i=1}^{9} x_5 x_i$$

该卷积的结果是一个 Clifford 数，以此作为滤波器在模板中心像素 x_5 处的响应。根据 2.3.1 节中的性质，若 C 中所有像素的各个分量信息都相同，即像素 x_5 位于某个局部同质区域的中心，则 $\boldsymbol{F}_{N\text{-}I\text{-}S} * \boldsymbol{M} = -1$；若该像素邻域中存在某些分量上的不连续突变，则卷积得到的结果必定具有非零虚部 Clifford 数，且其实部不等于 -1。因此，可设定适当的阈值，检验模板在像素 x_5 的响应，判断 x_5 是否为边缘点。

作为应用实例，将滤波器 $\boldsymbol{F}_{N\text{-}I\text{-}S}$ 应用于彩色图像边缘检测中。选取一张具有明显的色度变化的自然图像作为实验图像，如图 3-12(a) 所示，首先采用基于四元数乘法向量积表示性质的滤波器检测原图像的边缘，得到的边缘图像如图 3-12(b) 所示。

其次，利用本节构造的 Clifford 多分量边缘检测滤波器检测原图像的边缘，这里仍然采用彩色图像的 R、G、B、H、S、I 六个分量，即构造六维 Clifford 向量滤波器 $\boldsymbol{F}_{N\text{-}I\text{-}S}$ 对图像进行边缘检测，如图 3-12(c) 所示。

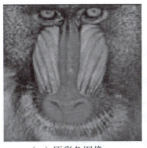 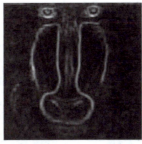 

（a）原彩色图像　　　　　　（b）四元数的RGB滤波效果　　　　　　（c）Clifford滤波效果

图 3-12　四元数与 Clifford 数滤波器分别对彩色图像检测效果

比较两幅边缘图像可以发现，在原图像色度突变的地方，Clifford 滤波器的响应较为强烈，这是因为 Clifford 滤波器同时利用了 R、G、B、H、S、I 六个分量，从而对色度边缘较为敏感。

3.6.2　信息敏感的图像边缘检测

本节考虑如何有针对性地检测两个具有指定分量信息的局部同质区域之间的边缘的问题。由 3.5.3 节中的八元数颜色敏感滤波器受到启发，下面构造相应的对分量信息敏感的 Clifford 滤波器。

不妨设局部同质区域 R_1 中的像素具有相同分量信息 X_1，局部同质区域 R_2 中的像素具有相同分量信息 X_2，这里 X_1 与 X_2 均为单位化的 Clifford 向量。

仍将 C_{image} 中待检测的 3×3 区域 M 表示为

$$M = \begin{pmatrix} x_1 & x_2 & x_3 \\ x_4 & x_5 & x_6 \\ x_7 & x_8 & x_9 \end{pmatrix}$$

可构造 3×3 滤波器 F_{horizon} 判断模板中心像素 x_5 是否为从 R_1 到 R_2 的水平边缘点，即

$$F_{\text{horizon}} = \frac{1}{6}\begin{pmatrix} X_1 & X_1 & X_1 \\ 0 & 0 & 0 \\ X_2 & X_2 & X_2 \end{pmatrix}$$

则该滤波器与图像的卷积结果在模板中心像素处的响应为

$$F_{\text{horizon}} * M = \frac{1}{6}\left[X_1 x_1 + X_1 x_2 + X_1 x_3 + X_2 x_7 + X_2 x_8 + X_2 x_9 \right]$$

根据 2.4.2 节中的讨论，易得 $F_{\text{horizon}} * M = -1$。此时可直接判断领域中心像素 x_5 为从区域 R_1 到 R_2 的水平边缘点；若模板覆盖的 3×3 邻域中第一行和第三行像素未能分别同时与 x_1 和 x_2 匹配，则有 $F_{\text{horizon}} * M$ 是具有非零向量部分的 Clifford 数，且其实部不等于 -1，从而可对 $F_{\text{horizon}} * M$ 的实部与向量部分设定适当的阈值，判断模板中心像素 x_5 是否为从 R_1 到 R_2 边缘点。

作为应用实例，将信息敏感滤波器应用于彩色图像处理中，检测感兴趣的特定颜色区域之间的边缘。仍采用彩色图像的 R、G、B、H、S、I 六个分量，即构造六维 Clifford 向量的滤波器对

图像进行边缘检测。构造滤波器检测原图像中红黄区域之间的边缘,实验结果如图 3-13 所示。

（a）原彩色图像

（b）Clifford 滤波检测到的红黄区域的边界

图 3-13 　 Clifford 数颜色敏感滤波器检测到的红黄区域边缘

3.6.3　图像目标检测

本节构造相应的 Clifford 滤波器检测多分量图像中具有特定分量信息的物体,目标是检测多分量图像中特定颜色物体的所有边界点。仍将 C_{image} 中待检测的 3×3 区域 M 表示为

$$M = \begin{pmatrix} x_1 & x_2 & x_3 \\ x_4 & x_5 & x_6 \\ x_7 & x_8 & x_9 \end{pmatrix}$$

假定欲检测目标的颜色信息由单位 Clifford 向量 x 表示,由 3.5.3 节中八元数滤波器得到启发,可构造 Clifford 滤波器 F_{target} 检测图像中分量信息为 x 的所有像素点,即

$$F_{\text{target}} = \frac{1}{6}\begin{pmatrix} x & x & x \\ x & x & x \\ x & x & x \end{pmatrix}$$

那么,该滤波器与图像的卷积结果在模板中心像素 x_5 处的响应为

$$F_{\text{target}} * M = \frac{1}{9}\sum_{i=1}^{9} xx_i$$

若 $F_{\text{target}} * M = -1$,根据 2.4.2 节中的讨论,可直接判断模板所覆盖的 3×3 像素领域中的所有像素多分量信息与 x 匹配,从而模板中心像素 x_5 位于目标区域的中心;若 $F_{\text{target}} * M$ 是一具有非零向量部分的 Clifford 数,且其实部不等于 -1,则可判断模板覆盖像素邻域中存在某些像素的多分量信息与 x 不匹配,此时 x_5 可能是目标区域的边界,也可能远离目标区域,可通过判断 x_5 与目标区域像素的邻接关系判断其是否为目标区域的边界。因此,为了找出目标区域的边界点,只需找出使得 $F_{\text{target}} * M \neq -1$ 且与目标区域中心像素八邻接的像素点。

下面给出该 Clifford 滤波器的实验结果,以彩色图像的目标检测为例来说明。

采用彩色图像的 R、G、B、H、S、I 六个分量,构造六维 Clifford 向量的滤波器找出图中的黄色区域。图 3-14 表明,该滤波器能准确地找到感兴趣的区域。

（a）原彩色图像　　　　　　　（b）Clifford滤波检测到的黄色区域

图 3-14　Clifford 数颜色敏感滤波器用于颜色区域目标检测

接下来，将 Clifford 目标检测滤波器用于多光谱图像的区域检测试验中，并选取一多光谱图像的十个波段图像作为实验图像。由于同一场景的不同波段图像在灰度级上的反映是不同的，区域检测时需要考虑同一场景在不同波段图像中的灰度级变化，因此需诉诸能同时综合多个分量图像的滤波器。这时，Clifford 滤波器的多分量同时处理能力就派上了用场。在该实验中，目标是检测出每个波段图像中较亮的地理位置，选取每个波段图像中灰度级为 230 的区域，即 $\lambda_i = 230, i = 1, 2, \cdots, 10$。图 3-15(a)~(j)为十个波段图像的灰度图，图 3-15(k)为检测出的区域，其中使用的阈值与 3.5.3 节中的多光谱图实验是一致的，对比图 3-10 可见，由于利用的光谱信息更为丰富，检测出的区域更为精确。

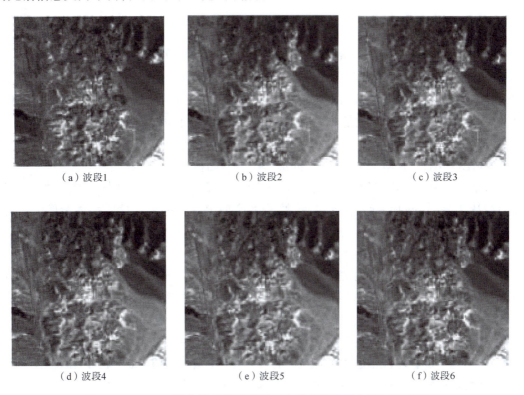

（a）波段1　　　　　　　（b）波段2　　　　　　　（c）波段3

（d）波段4　　　　　　　（e）波段5　　　　　　　（f）波段6

图 3-15　Clifford 颜色敏感滤波器用于多光谱图像指定波段区域检测

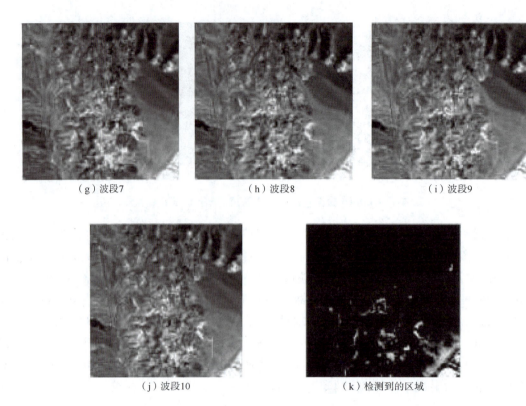

图 3-15　Clifford 颜色敏感滤波器用于多光谱图像指定波段区域检测(续)

实际上，本节中构造的 Clifford 滤波器都具有多分量同时处理的特点，可适用于一般的 n 维多分量图像处理的需要。因此，该类滤波器对于多光谱图像之类的多分量图像处理是个较为理想的工具。另外，该类滤波器的构造和应用原理，对信息融合领域的应用可能有所启发。所以，进一步研究 Clifford 滤波器在多光谱图像和信息融合领域的应用，也将是后续工作的重点。

图像边缘检测，即从具有复杂背景和强烈噪声的图像中提取具有边缘特征的目标图像。定义中蕴涵了实现边缘检测的两个过程：第一，图像边缘的描述，在处理灰度图像时，一般地把图像边缘认为是突变的而背景是平坦的，可用实空间上函数的差分性质描述图像边缘特征。本章的前面几节都是将图像边缘描述置于高维的向量空间中利用相应的性质进行考虑。如四元数、八元数、Clifford 代数等处理方法。

第二个过程，即图像边缘的提取，必须把输入图像区域划分为边缘点和非边缘点，图像边缘检测本质上属于分类问题。目前采用数学工具描述图像边缘特征再直接进行边缘提取的方法，几乎都不能避免人为地给定阈值来划分为边缘点和非边缘点。阈值的大小决定着图像边缘提取质量的高低，人为地给定难以达到最优值，而神经网络是一个大规模非线性动力系统的分类器，对于处理那些环境信息十分复杂、背景知识不很清楚、推理规则不明确的分类问题，具有明显的优越性，它允许样本有较大的缺损和畸变，通过对训练样本的学习，建立起记忆，然后将未知的模式判断为其最接近的记忆类别。利用神经网络的分类优势进行图像边缘检测，将是一个很好的选择。

因此，本章以下几节提出改进基于向量空间中函数的性质并结合 BP 网络的图像边缘提取方法。由于 BP 网络计算量庞大，运算复杂，应尽可能避免大量地输入数据。在高维的向量空间中用四元数解析、八元数解析与 Stein-Weiss 解析的性质来刻画彩色图像的边缘特征，可以避免大量地输入数据，有效地结合 BP 网络进行边缘点和非边缘点的分类，实现提取图像边缘。

3.7 基于四元数解析性质的 BP 网络边缘检测

3.7.1 图像解析性质特征的描述

常见的彩色图像模型有 RGB 模型、HSI 模型、CMY 模型(cyan/magenta/yellow，青/洋红/黄)和 CMYK 模型(cyan/magenta/yellow/black，青/洋红/黄/黑)，主要模型都是三个分量的。如果在某一模型下把其分量视作独立的、分开的区域进行边缘提取，效果不理想，甚至出现与图像边缘本身较大不符的情况。

因为上述模型的分量个数(三个)刚好与四元数虚部个数一致，所以，在纯虚部四元数的向量空间中建立各分量的联系，利用四元数的解析性质刻画彩色图像的边缘特征。充分光滑的满足四元数的解析性质的点认为是背景点，与之相反的，即不满足四元数的解析性质的点就认为是边缘点。以此判决分类从而实现边缘提取。

平面彩色图像是二维的，本节采用如下的方式建立起四维向量空间，如图 3-16 所示。

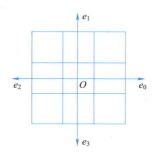

图 3-16 四维向量空间

定义纯虚部四元数向量空间的坐标轴：像素点水平向右方向为四元数虚部的 e_0 方向，像素点垂直向上方向为四元数虚部的 e_1 方向，像素点水平向左方向为四元数虚部的 e_2 方向，像素点垂直向下方向为四元数虚部的 e_3 方向。

接着，定义纯虚部四元数向量空间的函数：令四元数虚部 e_0 上的数值为 0，像素点的 R 分量值作为四元数虚部 e_1 上的值，像素点的 G 分量值作为四元数虚部 e_2 上的值，像素点的 B 分量值作为四元数虚部 e_3 上的值，即

$$f(x) = 0e_0 + f_1 e_1 + f_2 e_2 + f_3 e_3$$

其中，$x = x_0 e_0 + x_1 e_1 + x_2 e_2 + x_3 e_3$，$(x_0, x_1, x_2, x_3)$ 为像素点的坐标；f_1, f_2, f_3 分别为像素点的 R 分量值、G 分量值、B 分量值。

下面，将四元数函数 $f(x)$ 对 (x_0, x_1, x_2, x_3) 的偏导代入左 H-解析函数，并应用差分形式，得

到对图像解析性质特征的描述方程为

$$\frac{\Delta f_0}{\Delta x_0} - \frac{\Delta f_1}{\Delta x_1} - \frac{\Delta f_2}{\Delta x_2} - \frac{\Delta f_3}{\Delta x_3} = 0$$

$$\frac{\Delta f_0}{\Delta x_1} + \frac{\Delta f_1}{\Delta x_0} - \frac{\Delta f_2}{\Delta x_3} + \frac{\Delta f_3}{\Delta x_2} = 0$$

$$\frac{\Delta f_0}{\Delta x_2} + \frac{\Delta f_1}{\Delta x_3} + \frac{\Delta f_2}{\Delta x_0} - \frac{\Delta f_3}{\Delta x_1} = 0$$

$$\frac{\Delta f_0}{\Delta x_3} - \frac{\Delta f_1}{\Delta x_2} + \frac{\Delta f_2}{\Delta x_1} + \frac{\Delta f_3}{\Delta x_0} = 0$$

3.7.2 BP 网络

上一节得出的四元数图像解析性质描述方程式是建立在理想化情况下的推导,现实中图像的解析性质不会那么好。本节通过阈值方法来考察图像点是否满足解析性质的条件,其中阈值是由 BP 网络训练过程中网络运算自行确定的。把上面公式改写成

$$a_1 = \frac{\Delta f_0}{\Delta x_0} - \frac{\Delta f_1}{\Delta x_1} - \frac{\Delta f_2}{\Delta x_2} - \frac{\Delta f_3}{\Delta x_3}$$

$$a_2 = \frac{\Delta f_0}{\Delta x_1} + \frac{\Delta f_1}{\Delta x_0} - \frac{\Delta f_2}{\Delta x_3} + \frac{\Delta f_3}{\Delta x_2}$$

$$a_3 = \frac{\Delta f_0}{\Delta x_2} + \frac{\Delta f_1}{\Delta x_3} + \frac{\Delta f_2}{\Delta x_0} - \frac{\Delta f_3}{\Delta x_1}$$

$$a_4 = \frac{\Delta f_0}{\Delta x_3} - \frac{\Delta f_1}{\Delta x_2} + \frac{\Delta f_2}{\Delta x_1} + \frac{\Delta f_3}{\Delta x_0}$$

a_1, a_2, a_3, a_4 这四个数量值便是描述图像解析性质特征的数量值,它们也是 BP 网络的输入数据。BP 网络输出层设两个单元。在训练网络时,两个单元只用 0 和 1 这两个数值标记,若像素点为目标图像的边缘点则单元Ⅰ标记为 1,同时单元Ⅱ标记为 0;若为非边缘点则单元Ⅰ标记为 0,同时单元Ⅱ标记为 1。BP 网络训练完成后,在测试过程中若单元Ⅰ中的数值大于单元Ⅱ中的数值,将其像素点就判断为图像边缘点;否则,将其判断为非图像边缘点。BP 网络的隐层数目在一定程度上也作为了区分类别的个数,隐层数目越大则区分类别的能力越强,但会增加运算的复杂程度,延长运行时间。本节隐层的数目设置为 8。其网络结构如图 3-17 所示。

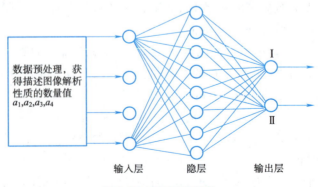

图 3-17 BP 网络结构

3.7.3　算法实现效果

由前面的讨论,获得图像解析性质特征的描述方法并构造了相应提取图像边缘的 BP 网络。下面针对两幅测试图(动物图和人物图)介绍其边缘检测的方法。

观察图 3-18,发现这两幅图相对地属于色彩鲜艳、轮廓清晰的,可选取与它们相当的训练样本图,如图 3-19 所示。

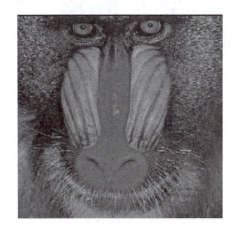

图 3-18　测试图像

（a）训练图像　　　　　　　　　　　　（b）图像边缘

图 3-19　训练样本图像对

首先,将训练样本对[见图 3-19(a)与图 3-19(b)]里的目标图像[见图 3-19(b)]转化为二值化图像,即将边缘点用白色(1)表示,非边缘点用黑色(0)表示。根据法则,"若像素点为目标图像的边缘点则单元Ⅰ标记为 1,同时单元Ⅱ标记为 0;若为非边缘点则单元Ⅰ标记为 0,同时单元Ⅱ标记为 1",把数据作为 BP 网络的期望输出。训练完成后,就可用该网络测试图 3-18中的动物图和人物图了。

基于四元数解析性质的 BP 网络的边缘检测的实验结果如图 3-20 所示。

图 3-20 基于四元数解析性质的 BP 网络的边缘检测结果

3.8 基于八元数解析性质的 BP 网络边缘检测

3.8.1 图像解析性质特征的描述

本节将继续应用上面提出的理论和方法在八元数中考察,将上述图像的四元数解析性质变更为图像的八元数解析性质,即满足左 O-解析函数。八元数函数的解析性质对函数提出了较严格的条件,把自然界中事物具有高度光滑性和连续性的变化(如表面的变化、色泽的变化等)点当作满足八元数解析性质的,其边缘点认为是不满足八元数解析性质的。

本节采用如下的方式定义八维向量空间和八维向量函数:在平面的彩色图像定义八维向量空间的坐标轴 $e_0,e_1,e_2,e_3,e_4,e_5,e_6,e_7$,建立八维向量空间,如图 3-21 所示。

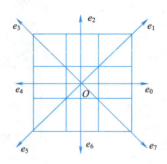

图 3-21 八维向量空间

定义八维向量空间中的向量函数 $f(x)$,分别把图像中各像素点的 R,G,B,H,S,I 分量值作为向量函数虚部 e_2,e_3,e_4,e_5,e_6,e_7 上对应的数值,而向量函数虚部 e_0,e_1,对应数值为 0,即

$$f(x) = 0e_0 + 0e_1 + f_2 e_2 + f_3 e_3 + f_4 e_4 + f_5 e_5 + f_6 e_6 + f_7 e_7$$

其中,$x = x_0 e_0 + x_1 e_1 + x_2 e_2 + x_3 e_3 + x_4 e_4 + x_5 e_5 + x_6 e_6 + x_7 e_7$,$(x_0,x_1,x_2,x_3,x_4,x_5,x_6,x_7)$ 为像素点的坐标;f_2,f_3,f_4,f_5,f_6,f_7 分别为像素点的 R 分量值、G 分量值、B 分量值、H 分量值、S 分量值、I 分量值。

下面,将向量函数 $f(x)$ 对 $(x_0,x_1,x_2,x_3,x_4,x_5,x_6,x_7)$ 的偏导代入左 O-解析函数式,并应用

差分形式,得

$$\frac{\Delta f_0}{\Delta x_0} - \frac{\Delta f_1}{\Delta x_1} - \frac{\Delta f_2}{\Delta x_2} - \frac{\Delta f_3}{\Delta x_3} - \frac{\Delta f_4}{\Delta x_4} - \frac{\Delta f_5}{\Delta x_5} - \frac{\Delta f_6}{\Delta x_6} - \frac{\Delta f_7}{\Delta x_7} = 0$$

$$\frac{\Delta f_0}{\Delta x_1} + \frac{\Delta f_1}{\Delta x_0} - \frac{\Delta f_2}{\Delta x_3} + \frac{\Delta f_3}{\Delta x_2} - \frac{\Delta f_4}{\Delta x_5} + \frac{\Delta f_5}{\Delta x_4} + \frac{\Delta f_6}{\Delta x_7} - \frac{\Delta f_7}{\Delta x_6} = 0$$

$$\frac{\Delta f_0}{\Delta x_2} + \frac{\Delta f_1}{\Delta x_3} + \frac{\Delta f_2}{\Delta x_0} - \frac{\Delta f_3}{\Delta x_1} - \frac{\Delta f_4}{\Delta x_6} - \frac{\Delta f_5}{\Delta x_7} + \frac{\Delta f_6}{\Delta x_4} + \frac{\Delta f_7}{\Delta x_5} = 0$$

$$\frac{\Delta f_0}{\Delta x_3} - \frac{\Delta f_1}{\Delta x_2} + \frac{\Delta f_2}{\Delta x_1} + \frac{\Delta f_3}{\Delta x_0} - \frac{\Delta f_4}{\Delta x_7} + \frac{\Delta f_5}{\Delta x_6} - \frac{\Delta f_6}{\Delta x_5} + \frac{\Delta f_7}{\Delta x_4} = 0$$

$$\frac{\Delta f_0}{\Delta x_4} + \frac{\Delta f_1}{\Delta x_5} + \frac{\Delta f_2}{\Delta x_6} + \frac{\Delta f_3}{\Delta x_7} + \frac{\Delta f_4}{\Delta x_0} - \frac{\Delta f_5}{\Delta x_1} - \frac{\Delta f_6}{\Delta x_2} - \frac{\Delta f_7}{\Delta x_3} = 0$$

$$\frac{\Delta f_0}{\Delta x_5} - \frac{\Delta f_1}{\Delta x_4} + \frac{\Delta f_2}{\Delta x_7} - \frac{\Delta f_3}{\Delta x_6} + \frac{\Delta f_4}{\Delta x_1} + \frac{\Delta f_5}{\Delta x_0} + \frac{\Delta f_6}{\Delta x_3} - \frac{\Delta f_7}{\Delta x_2} = 0$$

$$\frac{\Delta f_0}{\Delta x_6} - \frac{\Delta f_1}{\Delta x_7} - \frac{\Delta f_2}{\Delta x_4} + \frac{\Delta f_3}{\Delta x_5} + \frac{\Delta f_4}{\Delta x_2} - \frac{\Delta f_5}{\Delta x_3} + \frac{\Delta f_6}{\Delta x_0} + \frac{\Delta f_7}{\Delta x_1} = 0$$

$$\frac{\Delta f_0}{\Delta x_7} + \frac{\Delta f_1}{\Delta x_6} - \frac{\Delta f_2}{\Delta x_5} - \frac{\Delta f_3}{\Delta x_4} + \frac{\Delta f_4}{\Delta x_3} + \frac{\Delta f_5}{\Delta x_2} - \frac{\Delta f_6}{\Delta x_1} + \frac{\Delta f_7}{\Delta x_0} = 0$$

3.8.2 BP 网络

上一节得出的八元数图像解析性质描述方程式是建立在理想化情况下的推导,现实中图像的解析性质不会那么好。本节通过阈值方法来考察图像点是否满足解析性质的条件,其中阈值是由 BP 网络训练过程中网络运算自行确定的。把上面公式改写成

$$a_1 = \frac{\Delta f_0}{\Delta x_0} - \frac{\Delta f_1}{\Delta x_1} - \frac{\Delta f_2}{\Delta x_2} - \frac{\Delta f_3}{\Delta x_3} - \frac{\Delta f_4}{\Delta x_4} - \frac{\Delta f_5}{\Delta x_5} - \frac{\Delta f_6}{\Delta x_6} - \frac{\Delta f_7}{\Delta x_7}$$

$$a_2 = \frac{\Delta f_0}{\Delta x_1} + \frac{\Delta f_1}{\Delta x_0} - \frac{\Delta f_2}{\Delta x_3} + \frac{\Delta f_3}{\Delta x_2} - \frac{\Delta f_4}{\Delta x_5} + \frac{\Delta f_5}{\Delta x_4} + \frac{\Delta f_6}{\Delta x_7} - \frac{\Delta f_7}{\Delta x_6}$$

$$a_3 = \frac{\Delta f_0}{\Delta x_2} + \frac{\Delta f_1}{\Delta x_3} + \frac{\Delta f_2}{\Delta x_0} - \frac{\Delta f_3}{\Delta x_1} - \frac{\Delta f_4}{\Delta x_6} - \frac{\Delta f_5}{\Delta x_7} + \frac{\Delta f_6}{\Delta x_4} + \frac{\Delta f_7}{\Delta x_5}$$

$$a_4 = \frac{\Delta f_0}{\Delta x_3} - \frac{\Delta f_1}{\Delta x_2} + \frac{\Delta f_2}{\Delta x_1} + \frac{\Delta f_3}{\Delta x_0} - \frac{\Delta f_4}{\Delta x_7} + \frac{\Delta f_5}{\Delta x_6} - \frac{\Delta f_6}{\Delta x_5} + \frac{\Delta f_7}{\Delta x_4}$$

$$a_5 = \frac{\Delta f_0}{\Delta x_4} + \frac{\Delta f_1}{\Delta x_5} + \frac{\Delta f_2}{\Delta x_6} + \frac{\Delta f_3}{\Delta x_7} + \frac{\Delta f_4}{\Delta x_0} - \frac{\Delta f_5}{\Delta x_1} - \frac{\Delta f_6}{\Delta x_2} - \frac{\Delta f_7}{\Delta x_3}$$

$$a_6 = \frac{\Delta f_0}{\Delta x_5} - \frac{\Delta f_1}{\Delta x_4} + \frac{\Delta f_2}{\Delta x_7} - \frac{\Delta f_3}{\Delta x_6} + \frac{\Delta f_4}{\Delta x_1} + \frac{\Delta f_5}{\Delta x_0} + \frac{\Delta f_6}{\Delta x_3} - \frac{\Delta f_7}{\Delta x_2}$$

$$a_7 = \frac{\Delta f_0}{\Delta x_6} - \frac{\Delta f_1}{\Delta x_7} - \frac{\Delta f_2}{\Delta x_4} + \frac{\Delta f_3}{\Delta x_5} + \frac{\Delta f_4}{\Delta x_2} - \frac{\Delta f_5}{\Delta x_3} + \frac{\Delta f_6}{\Delta x_0} + \frac{\Delta f_7}{\Delta x_1}$$

$$a_8 = \frac{\Delta f_0}{\Delta x_7} + \frac{\Delta f_1}{\Delta x_6} - \frac{\Delta f_2}{\Delta x_5} - \frac{\Delta f_3}{\Delta x_4} + \frac{\Delta f_4}{\Delta x_3} + \frac{\Delta f_5}{\Delta x_2} - \frac{\Delta f_6}{\Delta x_1} + \frac{\Delta f_7}{\Delta x_0}$$

$a_1, a_2, a_3, a_4, a_5, a_6, a_7, a_8$ 便是描述图像解析性质特征的数量值，它们也是作为 BP 网络的输入数据。BP 网络输出层设两个单元。在训练网络时，两个单元只用 0 和 1 这两个数值标记，若像素点为目标图像的边缘点则单元 I 标记为 1，同时单元 II 标记为 0；若为非边缘点则单元 I 标记为 0，同时单元 II 标记为 1。BP 网络训练完成后，在测试过程中若单元中的数值大于单元 II 中的数值，就将其像素点判断为图像边缘点；否则，将其判断为非图像边缘点。BP 网络的隐层数目在一定程度上也作为了区分类别的个数，隐层数目越大则区分类别的能力越强，但会增加运算的复杂程度，延长运行时间。本节隐层的数目设置为 8。

3.8.3 算法实现效果

由前面的讨论，获得图像解析性质特征的描述方法并构造了相应提取图像边缘的 BP 网络。下面仍然针对图 3-18 所示的两幅测试图进行边缘检测。

首先，将训练样本对[见图 3-19(a)与图 3-19(b)]里的目标图像[见图 3-19(b)]转化为二值化图像，即将边缘点用白色(1)表示，非边缘点用黑色(0)表示。根据法则，"若像素点为目标图像的边缘点则单元 I 标记为 1，同时单元 II 标记为 0；若为非边缘点则单元 I 标记为 0，同时单元 II 标记为 1"，把数据作为 BP 网络的期望输出。训练完成后，就可用该网络测试图 3-18 中的动物图和人物图了。

基于八元数解析性质的 BP 网络的边缘检测的实验结果如图 3-22 所示。

图 3-22 基于八元数解析性质的 BP 网络的边缘检测结果

观察图 3-22，由于 RGB 模型与 HSI 模型是采用不同的技术方法去描述同一个彩色图像，而基于八元数解析性质的 BP 网络把 RGB 与 HSI 综合起来进行考虑，因而它们提取的边缘细节比基于四元数解析性质的 BP 网络提取的图像边缘相对丰富一些。

3.9 基于 Stein-Weiss 解析性质的 BP 网络边缘检测

3.9.1 图像解析性质特征的描述

为在更高的任意维数的向量空间中应用上面提出的理论和方法，本节将上述图像的解析性质变更为图像的 Stein-Weiss 解析性质，即满足 2.5.1 节中的广义 Cauchy-Riemann 式。这样处理可建立任意维数的向量空间,并在其空间上描述图像边缘性质的特征,进行边缘提取。

本节采用如下的方式定义六维向量空间和六维向量函数:

在平面的彩色图像定义六维向量空间的坐标轴 e_1,e_2,e_3,e_4,e_5,e_6,建立六维向量空间,如图 3-23 所示。

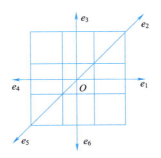

图 3-23 六维向量空间

定义六维向量空间中的向量函数 $f(x)$,分别把图像中各像素点的 R,G,B,H,S,I 分量值作为向量函数虚部 e_1,e_2,e_3,e_4,e_5,e_6 上对应的数值,即

$$f(x) = f_1 e_1 + f_2 e_2 + f_3 e_3 + f_4 e_4 + f_5 e_5 + f_6 e_6$$

其中,$x_1 e_1 + x_2 e_2 + x_3 e_3 + x_4 e_4 + x_5 e_5 + x_6 e_6$,$(x_1,x_2,x_3,x_4,x_5,x_6)$ 为像素点的坐标;f_1,f_2,f_3,f_4,f_5,f_6 分别为像素点的 R 分量值、G 分量值、B 分量值、H 分量值、S 分量值、I 分量值。

下面,将向量函数 $f(x)$ 对 $(x_1,x_2,x_3,x_4,x_5,x_6)$ 的偏导代入 2.5.2 节的广义 Cauchy-Riemann 式,并应用差分形式,得

$$\sum_{j=1}^{6} \frac{\Delta f_j}{\Delta x_j} = 0,$$

$$\frac{\Delta f_i}{\Delta x_j} = \frac{\Delta f_j}{\Delta x_i}$$

其中,$i \neq j, i,j = 1,\cdots,6$。

3.9.2 BP 网络

上一节得出的 Stein-Weiss 图像解析性质描述方程式是建立在理想化情况下的推导,现实中图像的解析性质不会那么好。本节通过阈值方法来考察图像点是否满足解析性质的条件,其中阈值是由 BP 网络训练过程中网络运算自行确定的。把上面公式改写成

$$a - \sum_{j=1}^{6} \frac{\partial f_j}{\partial x_j} = 0,$$

$$b_{ij} = \frac{\partial f_i}{\partial x_j} - \frac{\partial f_j}{\partial x_i},$$

其中 $i,j = 1,\cdots,6, i<j$。

把上面的公式展开得到的 a 和 b_{ij},这 16 个数量值便是描述图像解析性质特征的数量值,它们也是 BP 网络的输入数据。BP 网络输出层设两个单元。在训练网络时,两个单元只用 0 和 1 这两个数值标记,若像素点为目标图像的边缘点则单元Ⅰ标记为1,同时单元Ⅱ标记为0;

若为非边缘点则单元Ⅰ标记为0,同时单元Ⅱ标记为1。BP网络训练完成后,在测试过程中若单元中的数值大于单元Ⅱ中的数值,就将其像素点判断为图像边缘点;否则,将其判断为非图像边缘点。BP网络的隐层数目在一定程度上也作为了区分类别的个数,隐层数目越大则区分类别的能力越强,但会增加运算的复杂程度,延长运行时间。本节隐层的数目设置为8。

3.9.3 算法实现效果

由前面的讨论,获得图像解析性质特征的描述方法并构造了相应提取图像边缘的BP网络。下面仍然针对图3-18的两幅测试图进行边缘检测。

首先,将训练样本对[见图3-19(a)与图3-19(b)]里的目标图像[见图3-19(b)]转化为二值化图像,即将边缘点用白色(1)表示,非边缘点用黑色(0)表示。根据法则,"若像素点为目标图像的边缘点则单元Ⅰ标记为1,同时单元Ⅱ标记为0;若为非边缘点则单元Ⅰ标记为0,同时单元Ⅱ标记为1",把数据作为BP网络的期望输出。训练完成后,就可用该网络测试图3-18中的动物图和人物图了。

基于Stein-Weiss解析性质的BP网络的边缘检测的实验结果如图3-24所示。

图3-24 基于Stein-Weiss解析性质的BP网络的边缘检测结果

观察比较上面三节的实验结果图,一方面,由于RGB模型与HSI模型是采用不同的技术方法去描述同一个彩色图像,而基于八元数解析性质和Stein-Weiss解析性质的BP网络把RGB与HSI综合起来进行考虑,因而它们提取的边缘细节比基于四元数解析性质的BP网络提取的图像边缘相对丰富一些。另一方面,八元数解析不一定是Stein-Weiss解析的,而Stein-Weiss解析一定是八元数解析,所以,Stein-Weiss解析函数是更好的解析函数,因此效果好一些。

本章后面三节对图像描述运用了四元数解析、八元数解析和Stein-Weiss解析性质来描述,其中Stein-Weiss解析的性质可以适合任意维数,再结合BP网络提取边缘,运行速度快。如果直接运用BP网络,首先要用很长的时间训练的神经网络,而且其识别效果在一定程度上依赖于网络的训练程度,耗时长且识别率不高。所以,运用基于解析性质的BP网络提取的图像边缘是一种简洁有效的方法。

传统的边缘检测方法中,绝大多数滤波器都将被判断的像素点与其周围的像素点的关系处理成1个数值,仅仅通过考察该数值是否超过阈值来判断该点是否边缘点。而本章运用的方法中,被判断的像素点与其周围的像素点的关系处理成4、8、16甚至任意数目,运用多个数目的数值对每个被判断的像素点进行解析性质特征的刻画;再在训练阶段通过 BP 网络的自学习能力对该系列数值的分类进行学习;最后通过 BP 网络的泛化能力获取测试图像的边缘。因此,基于解析性质的 BP 网络提取的图像边缘识别率高、封闭性好、连续且边缘细节丰富。

本章所提出的边缘检测方法可以视作高维图像处理的一个理论框架,发展了在高维向量空间中利用函数性质处理彩色图像的边缘检测方法。但是,实验使用的图像数据是二维的平面彩色图像,而不是真正意义上的高维图像。因此,在实验数据选取上存在瑕疵,将文中的方法直接应用高维图像,是今后需努力的工作方向之一。

小 结

本章首先针对常见的图像边缘检测技术进行了综述,并介绍了彩色图像中经常使用的 RGB 和 HSI 两种颜色空间,之后重点论述各类高维数学工具在图像边缘检测中的运用。主要包括以下几个方面:

首先,对彩色图像的四元数边缘检测和区域分割算法进行了高维拓展,探讨了八元数分析和 Clifford 分析在数字图像边缘检测和区域分割中的若干应用,提出了一类新的基于八元数和 Clifford 代数的高维图像边缘和区域分割检测算法。

其次,将八元数分析中的 Cauchy 积分公式应用于数字图像处理中,并构造出基于八元数 Cauchy 积分公式的边缘检测滤波器,获得良好的检测效果。类似地,可将 Clifford 分析中的 Cauchy 积分公式应用于具有一般维数的多分量图像处理中。

最后,本章研究和考虑将具有各类高维解析函数特征融合到结合了 BP 网络的边缘检测中,建立了基于各类解析函数特征的 BP 网络。利用各类高维解析函数特征将图像的各分量联系的、系统的综合起来进行考虑和处理,较之与将图像各分量视作是独立的、分开的,更适合提高计算机视觉和获得良好效果。本章利用四元数分析、八元数分析及 Stein-Weiss 解析函数的性质将图像各分量综合起来的刻画边缘特征,再结合 BP 网络进行图像边缘提取。实验结果表明,基于解析性质的 BP 网络提取的图像边缘有如下优点:泛化能力强,识别率高,对边缘轮廓较明显和不太明显的图像均能获得较满意的结果;获取的边缘图像其边缘封闭性好、连续且细节丰富,效果好;运行速度快,是一种简洁有效的方法。

可以说,将八元数、Clifford 代数等高维代数上的分析理论应用于多分量图像处理领域中是一个初步的尝试。本章仅仅将四元数分析、八元数分析、Clifford 分析和 Stein-Weiss 解析函数理论应用于边缘检测中,可以断定,八元数分析和 Clifford 分析理论和 Stein-Weiss 解析函数在图像处理的其他领域将会有重要的应用。因此,探索高维代数上的分析理论在图像处理乃至其他学科领域的进一步应用,是后续研究重点之一。

另外,本章中提出的基于八元数和 Clifford 代数的方法可视作为多分量图像处理提供一个理论框架。众所周知,高维图像特别是多光谱遥感图像在现实中有着广泛应用,文中提出的边缘检测算法应该具有很好的应用前景。更好地将八元数和 Clifford 分析理论应用于多光谱遥感图像中,也是需要今后努力的另一个方向。

本章的基本内容如图 3-25 所示。

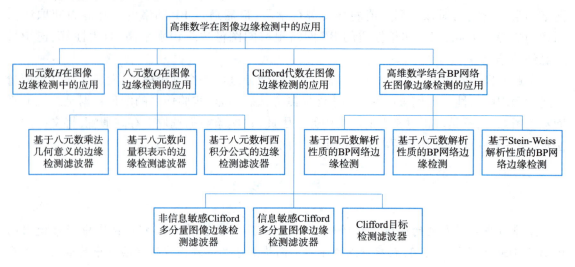

图 3-25　本章的基本内容

第 4 章
掌纹提取与识别

随着信息系统的广泛普及,海量的个人信息通过互联网进行传播,人们对私密信息的保护、系统加密技术的安全性以及身份识别的准确性提出了更高的要求。生物特征识别是指利用人类独特的物理或行为特征,如指纹、人脸、虹膜、语音、步态等鉴别或认证用户身份。生物特征识别具有普适性,不随年龄变化而变化,具备很强的独一性、不变性。当今种类繁多的人体特征识别技术中,掌纹识别技术相比于其他生物特征识别拥有更多优势。

掌纹拥有包括乳突纹、褶皱纹、屈肌线等丰富的可辨识信息,而且这种纹理具有独特性、稳定性以及先天性。与指纹特征比,掌纹信息量明显更丰富、采集面积更大、更不易磨损;与虹膜纹理特征比,掌纹信息的提取更便捷,对采集设备精度要求更低;与人脸特征比,掌纹主要纹线趋势不会随年龄增长发生明显变化,且算法复杂度和时间复杂度相对较低;与静脉纹理特征相比,掌纹信息对图像质量要求相对较低,不需要特殊的成像分析仪,因此综合比较,本章选择掌纹提取与识别技术作为主要研究方向。

随着计算机处理与人工智能技术的飞速发展,掌纹提取与识别技术成为越来越重要的研究课题,有着非常广阔的应用前景。掌纹提取与识别技术的商业应用包括:关键网络、关键数据库及重要文件的登录访问,计算机登录认证、银行 ATM 设备用户认证、POS 终端设备安全认证等,在这些场景中,大多在密码的基础上附加掌纹识别方式共同构成多因素认证。掌纹提取与识别技术在政府部门的应用包括:身份证、护照、签证等证件安全认证,这些应用可以利用掌纹、人脸等的方式进行身份识别。掌纹提取与识别技术在司法领域的应用包括:传统的警用掌纹识别技术主要借助从犯罪现场收集的潜在掌纹对罪犯或受害人进行身份甄别;随着移动通信技术的发展,在线掌纹识别的应用场景由高约束的室内环境向低约束的非限定环境转变;在刑侦领域,除了潜在掌纹,智能手机和民用相机拍摄的掌纹数字图像也可以作为证据用于身份识别,具有重要的理论意义和应用价值。掌纹提取与识别技术在医疗诊断的应用包括:实现身体健康状况的自动判断,对人们及早诊治疾病、避免病情恶化具有重要意义。

因此,研究并找出一种实时性强、准确率高、自适应学习性和抗干扰能力强的掌纹识别算法,可加强身份认证的安全性、便利性和快捷性,并且对于医疗诊断也有一定的临床研究意义。

4.1 掌纹提取技术

作为掌纹提取与识别的核心步骤,特征提取是一个对预处理后的图像进行分析、去芜存菁的过程,这个过程直接关系到识别的结果。常用掌纹特征提取方法包括基于结构的特征提取、基于统计的特征提取、基于子空间的特征提取、基于时频分析的特征提取、基于编码的特征提取、基于模板的特征提取和基于光谱的特征提取。

4.1.1 基于结构的特征提取方法

基于结构的特征提取方法是利用掌纹线和乳突纹等基本部件进行提取的方法。这些结构信息对于不同掌纹图像的区分具有重要的作用。

Funda 提出一种从高分辨率的墨迹掌纹图像中提取乳突纹的方法,但该方法不能适用于低分辨率的图像。Zhang 和 Shu 用掌纹线特征进行了脱机掌纹验证。他们用 12 个模板来提取这些掌纹线特征,并用若干直线段近似描述不规则的掌纹线。虽然这可以起到简化掌纹线的描述,但会丢失很多掌纹的细节信息。于是,很难区分在主线结构中相似的掌纹,同时提取出来的掌纹线的连接情况直接近似于直线段。Shu 等和张泽等提出根据手掌上乳突纹的方向特征对掌纹进行分类。但这种方法只适合于高分辨率的掌纹图像,不适合低分辨率的联机掌纹图像。

Li 等改进希尔迪奇(Hilditch)算法并应用边缘检测方法消除图像分叉,获得单像素掌纹主线的图像。Parihar 等测试三种特征点提取方法:尺度不变特征变换(scale invariant feature transform,SIFT)、哈里斯(Harris)角点检测器和与加博尔(Gabor)滤波器相结合的梯度直方图(histogram of gradient,HOG),并分别应用于接触式和非接触式的掌纹识别。

由于边缘检测算法是识别结果的主要决定因素之一,Bruno 等和 Ali 等提出边缘检测算法的最新综述,详细讨论几种常用方法的发展状况,即 Sobel、Prewitt、Roberts、高斯拉普拉斯和 Canny。但是,他们没有明确提取掌纹线,这类"类线特征"只能在一定程度上反映掌纹图像在手掌各个位置上的强度信息,不能反映方向信息,故没有很好地描述掌纹线的结构。

基于点、线特征的识别算法是掌纹识别中最直接的方法。点特征可以精确地描述掌纹图像,且鲁棒性较强、鉴别能力高。但是,点特征需要在高分辨率的图像中提取。若点的数量较多,则匹配时需要大量的计算消耗。线特征明显稳定,表示方法简单,特征空间小。但是,点特征和线特征无法表示掌纹纹线的深浅和力度,并且受噪声的干扰较大。

4.1.2 基于统计的特征提取方法

基于统计的方法是指用统计特征(常见的有均值、方差、偏离度、灰度直方图等)组成随机模型来重新定义和衡量原始图像的方法,可以根据是否分块这一特性分为局部统计变量方法和全局统计量方法。基于局部统计量的方法通过将图像分成若干小块,分别统计每个小块的统计信息,然后将这些统计信息组合表示为整个掌纹的统计特征向量,如采用傅里叶变换、小波变换等方式获得掌纹图像的每个分块统计信息并进行识别。而基于全局统计量的方法则计算整个完整图像的统计信息来作为掌纹的特征,如高阶 Zernike 矩等。

Li 用傅里叶变换将掌纹图像从空域变到频域,然后在频域中提取能反映掌纹线强度的 R

特征和反映掌纹线方向的O特征,并用这两种特征实现了联机掌纹识别。这些特征可以从一定程度上反映手掌掌纹线的强弱和方向信息,但不能反映掌纹线的空间位置信息,所以在描述掌纹线特征方面不是很好。

Zhang首先对掌纹图像进行小波变换,对变换后的每一个子图进行方向性的上下文建模,然后定义和计算能反映主线和皱褶强度的特征,包括重心、密度、空间分散度和能量,并以这些特征对掌纹图形进行分类识别,取得了较好的效果。

非变换的统计方法一般基于泽尼克(Zernike)矩。由于计算的不变矩的序数或维度较低,不能包含足够的掌纹结构信息,因此,Gayathri等设计使用高阶Zernike矩的鲁棒掌纹识别系统,因其识别正交性和旋转不变的特性几乎不受图像旋转和遮挡的影响。

总而言之,基于统计量的特征和基于结构的特征更容易提化,受噪声影响较小,匹配速度快,但是,由于统计的特征维数少,几乎不包含结构信息,容易丢失判别信息,识别能力较差。

4.1.3 基于子空间的特征提取方法

基于子空间的特征提取方法是将原始掌纹图像看作高维矩阵,通过投影映射或复杂的矩阵运算,实现从n维欧几里得空间到m维欧几里得特征子空间的转换的方法。根据投影变换的实现方式,分为线性子空间法和非线性子空间法。常用的子空间特征提取法有主成分分析法(PCA)、特征掌(eigen palm)方法、Fisher线性判别算法等。

主成分分析法是最为经典的子空间方法之一,实质上是一种降维技术。该方法能将任意一幅图像分解为一系列向量和系数的线性组合,并且这些系数彼此互不相关,服从高斯分布。具体过程是将待处理的掌纹图像看作矩阵,按行展开成一个n维的一维向量,通过K-L变换获得n个基底,取前m(m不为0且不大于n)个最大特征值对应的基底向量构成的子空间为特征空间,将原始的掌纹图像投影到该特征空间以降低维数,减少了运算量。二维主成分分析(2DPCA)方法无须将二维图像转换成一维向量,将图像看作二维矩阵直接进行变换。

Wu等定义的"Fisher掌"(Fisher palm)是从高维特征空间里获取的有判别能力的低维特征,这些低维特征会让样本数据类之间离散度和样本离散度的比值最大,即类间差异最大且类内差异最小。

Fisher线性判别算法的主要思想是找某一个或一些投影方向,使得掌纹图像在该方向上的投影满足类间差异最大且类内差异最小的标准。

总之,子空间法提取法计算代价小,易于操作实现,提取的特征表述性强,用较少的特征向量维数就能取得较高的识别率,但是,对训练样本的选取依赖性很强。

4.1.4 基于时频分析的特征提取方法

基于时频分析的特征提取方法是将原始掌纹图像从空域变换到频域,在频域空间内定义并计算特征向量,也被称为谱分析法。在空间域内掌纹图像的抗噪性较差,而变换到频域后,掌纹纹理的频率波动范围并不大,因此提取频域的特征能够有效增强识别的鲁棒性。与传统的识别算法相比,计算消耗减少了很多。常见的方法有傅里叶变换、Gabor变换、小波变换、离散正余弦变换、拉东变换、尺度不变特征变换和Contourlet变换等。近年来出现性能更好的变换方法,如力场变换、里斯变换和数字剪切变换。

4.1.5 基于编码的特征提取方法

基于编码的方法也称基于纹理的方法,其将掌纹图像看作纹理图像,根据某些规则对纹理图像进行编码。

Li 用方向模板的方法定义并提取一个四维的全局纹理能量特征。这种全局纹理能量特征易于计算,有较强的抗噪性和平移不变性,能反映全局信息,但不能反映掌纹的局部信息。

为了研究 Gabor 滤波器的数量及其方向的影响,研究者提出许多算法。Yue 等提出优化的模糊 C 均值聚类算法,确定每个 Gabor 滤波器的方向。Shen 等使用与掌纹图像卷积的 Gabor 小波改进 Palm Code,采用局部二值模式(local binary pattern,LBP)对中心像素处的小波响应幅度与其临近像素的响应幅度之间的关系进行编码。

4.1.6 基于模板的特征提取方法

基于模板的方法是通过为每个用户单独创建模板来获得单一个体的掌纹信息的方法,只需要从单一用户提取数据,之后使用模板匹配即可。该方法可以最大限度地减少类内相似性,最大化类间差异,并且能够有效解决图像模糊问题。

4.1.7 基于光谱的特征提取方法

Hao 等设计出自由接触式的多谱段掌纹采集的传感器,对每个掌纹采集六幅图像,经实验证明其中两幅性能较低,将其舍弃,并对剩下的四幅图像特征融合,然后进行识别。Zhang 等提出一种基于光谱图像的掌纹特征融合算法,融合时考虑各个特征相互覆盖的区域,并减少其对最终分类结果的影响,提高了验证精度,并将识别时间保持在 1 s 以内。其中,光谱图像的采集主要来自红、绿、蓝、近红外四个光谱段。

基于光谱图像的掌纹特征提取是一种新近兴起的方法,还有很大的研究空间,但是由于光谱掌纹库大小是原始库的 4 倍,因此在特征抽取上耗费的时间比较多。

4.2 掌纹识别技术

掌纹特征的识别是对测试样本进行特征匹配,并根据匹配结果分类。通常是在训练样本注册且建立了特征数据库的基础上确定判决规则,并按照判决规则对测试样本进行特征匹配,如果满足识别需要,则输出匹配结果。

常见的掌纹匹配识别算法主要包括最近邻分类算法(K-nearest neighbor,KNN)、支持向量机分类算法(support vector machine,SVM)、基于 Logistic 回归的分类算法和 SoftMax 分类算法等。

最近邻分类算法的优势在于其算法结构简单、易实现。算法核心思想是:通过测量不同特征之间的距离,对距离最近的进行归并,若测试目标在建立的特征空间中对应的 K 个最近似样本中的最多数属于某一类别,则该测试样本也属于这个类别。当 K 值为 1 时,可以认为测试样本与该唯一值距离最近,属于该类别。

支持向量机分类算法是典型的二维分类模型算法,它在特征信息空间中构造分类间隔最大的线性分类,最终将二分类问题转为一个凸型二次规划求最优解问题。

Logistic 分类算法和 SoftMax 分类算法常在神经网络结构中使用。Logistic 回归模型常用于二分类。Logistic 回归模型在多分类问题上推广得到 SoftMax 回归模型。SoftMax 分类常常以多项式分布(multinomial distribution)为标准模型建模,可分多种互斥类,在神经网络中主要用于最终的多类别分类。Logistic 回归实质上是用事件发生概率除以事件未发生概率再取对数,利用这种变换关系,可以改变特征取值区间矛盾和变量之间的非线性关系。通过回归变换,可以使得因变量与自变量之间呈现线性分类关系。SoftMax 分类算法利用的是 SoftMax 回归计算出某个样本特征属于某一类的似然概率,依据概率值最大的进行分类。

以上的掌纹提取与识别算法大部分是基于灰度的掌纹图像。然而,彩色掌纹图像比灰度图像所包含的信息更丰富,所以直接对彩色掌纹图像进行特征提取,获取到的个人信息会更多,更有利于生物识别工作。近些年发展起来的高维数学理论,为直接提取彩色图像的特征提供了有利的工具。下面的章节重点介绍高维数学工具在彩色掌纹提取与识别中的应用。

4.3 基于八元数的掌纹边缘提取

对于颜色丰富、边缘变化明显的彩色图像,可以以彩色图像的 RGB 空间描述为基础,通过三维向量的旋转和四元数的几何意义,结合 Sangwine 在 1998 年提出的一种基于四元数运算的彩色图像边缘检测滤波器,来获得彩色图像的边缘。简单地将一幅彩色图像视作由三幅原色图像合成是不合适的,因为这样将丢失大量的由色度变化引起的边缘信息。而对于 RGB 值变化不明显的掌纹图像而言,单单构造四元数彩色图像边缘检测滤波器,提取的效果不丰富。掌纹图像与其他彩色图像相似,边缘大致可分为亮度边缘和色度边缘。色度边缘是指由色调饱和度发生变化而产生的边缘。基于 RGB 颜色空间的边缘检测器难免对于色度边缘不敏感,从而在边缘检测的过程中可能会丢失部分色度边缘。在掌纹图像边缘提取中,综合考虑像素的 RGB 和 HSI 描述,从而充分利用像素的各种颜色信息,使边缘信息提取得更为丰富。下面首先通过对 RGB 颜色空间做非线性变换得到 HSI 颜色空间,从而得到彩色像素的 R、G、B、H、S、I 分量,建立 RGB 联合 HSI 空间的八元数描述模型。

4.3.1 基于八元数旋转算法的掌纹边缘提取

令彩色掌纹图像的每个像素的 R、G、B、H、S、I 六个分量对应于八元数的任意六个虚部,本次实验用 RGB-HSI 各个分量作为这六个基的系数,并令 e_0,e_7 系数为 0。从而,每个像素 Q 对应一个纯八元数 $\boldsymbol{q} = Re_1 + Ge_2 + Be_3 + He_4 + Se_5 + Ie_6$,相当于把 RGB-HSI 嵌入八元数 O 中。

不妨设像素 T_1,T_2 分别对应非零纯八元数 $\boldsymbol{q}_1$,$\boldsymbol{q}_2$,其中

$$\boldsymbol{q}_1 = R_1e_1 + G_1e_2 + B_1e_3 + H_1e_4 + S_1e_5 + I_1e_6$$

$$\boldsymbol{q}_2 = R_2e_1 + G_2e_2 + B_2e_3 + H_2e_4 + S_2e_5 + I_2e_6$$

取定 $q = \cos\varphi + \boldsymbol{\xi}\sin\varphi$ 为一单位八元数,其中令 $\varphi = \dfrac{\pi}{2}$,$\boldsymbol{\xi}$ 为一纯单位八元数,则基于 2.3.2 节中的讨论,若 $\boldsymbol{q}_1 = \boldsymbol{q}_2$,则有向量 $\boldsymbol{q}_1 + q\boldsymbol{q}_2q^{-1}$ 与向量 $\boldsymbol{\xi}$ 线性相关。将向量 $\boldsymbol{q}_1 + q\boldsymbol{q}_2q^{-1}$ 单

位化,记 $\dfrac{(\boldsymbol{q}_1 + (q\boldsymbol{q}_2)q^{-1})}{|(\boldsymbol{q}_1 + (q\boldsymbol{q}_2)q^{-1})|} = \boldsymbol{\alpha}$。因此,对于任意两个向量 $\boldsymbol{q}_1$ 和 $\boldsymbol{q}_2$,可将向量 $\boldsymbol{\alpha}$ 与 $\boldsymbol{\xi}$ 作差求模,若模为 0,则表明向量 $\boldsymbol{q}_1$ 和 $\boldsymbol{q}_2$ 相等,即像素 T_1 和 T_2 具有相同的信息;若模不为 0,则 $\boldsymbol{q}_1$ 和 $\boldsymbol{q}_2$ 两向量不等,即两像素 T_1 和 T_2 在 RGB-HSI 某些分量上存在差异。根据以上讨论,可构造八元数左右双模板滤波器 $\boldsymbol{L}$ 和 $\boldsymbol{R}$ 检测水平方向的边缘,即

$$\boldsymbol{L} = \begin{pmatrix} q & q & q \\ 0 & 0 & 0 \\ 1 & 1 & 1 \end{pmatrix}, \quad \boldsymbol{R} = \begin{pmatrix} q^{-1} & q^{-1} & q^{-1} \\ 0 & 0 & 0 \\ 1 & 1 & 1 \end{pmatrix}$$

其中 $q = \cos\varphi + \boldsymbol{\xi}\sin\varphi$, $q^{-1} = \cos\varphi - \boldsymbol{\xi}\sin\varphi$。由于选定 $\boldsymbol{\xi} = \dfrac{1}{\sqrt{6}}e_1 + \dfrac{1}{\sqrt{6}}e_2 + \dfrac{1}{\sqrt{6}}e_3 + \dfrac{1}{\sqrt{6}}e_4 + \dfrac{1}{\sqrt{6}}e_5 + \dfrac{1}{\sqrt{6}}e_6$, $\varphi = \dfrac{\pi}{2}$。q 实际上就是单位纯八元数 $\boldsymbol{\xi}$, $q^{-1} = -q$。

若将掌纹图像中被模板覆盖的 3×3 区域表示为

$$\boldsymbol{M} = \begin{pmatrix} C_1 & C_2 & C_3 \\ C_4 & C_5 & C_6 \\ C_7 & C_8 & C_9 \end{pmatrix}$$

则用左右双模板滤波器 $\boldsymbol{L}$ 和 $\boldsymbol{R}$ 对掌纹图像 O_{Image} 做卷积得到的结果 $\boldsymbol{K}$ 为

$$\boldsymbol{K} = (qC_1 q^{-1} + C_4) + (qC_2 q^{-1} + C_8) + (qC_3 q^{-1} + C_9)$$

根据 2.3.2 节中的性质,上式中向量 $\boldsymbol{K}$ 相当于将像素 C_1、C_2、C_3 绕 $\boldsymbol{\xi}$ 轴按照右手法则旋转 $180°$,然后与 C_7、C_8、C_9 相加,最后求总和得到。为了判断 3×3 区域的中心像素 C_5 是否是水平方向上的边缘,只需判断向量 $\boldsymbol{k}$ 是否与旋转轴 $\boldsymbol{\xi}$ 同向即可。记 $\boldsymbol{r} = \dfrac{\boldsymbol{k}}{|\boldsymbol{k}|} - \boldsymbol{\xi}$,若 $|\boldsymbol{r}| = 0$,则表明 $\boldsymbol{k}$ 与 $\boldsymbol{\xi}$ 同向,可见位于 C_5 上方的像素与位于 C_5 下方的像素有着相同的颜色信息,从而断定 C_5 不是边缘像素点。若 $|\boldsymbol{r}| \neq 0$,则表明 $\boldsymbol{k}$ 与 $\boldsymbol{\xi}$ 不同向,可见以 C_5 为中心的 3×3 领域在垂直方向上有颜色信息的突变,从而 C_5 是水平边缘点。因此,可认为对 $\boldsymbol{r}$ 的值设定阈值,根据其接近 0 的程度判断中心像素是否为水平边缘点。

同理,可构造相应滤波器检测其他方向上的边缘点。

4.3.2 基于八元数 BP 神经网络的掌纹边缘提取

定义八维向量空间中的向量函数 $f(x)$,分别把掌纹图像中各像素点的 R,G,B,H,S,I 分量值作为向量函数虚部 e_2,e_3,e_4,e_5,e_6,e_7 上对应的数值,而向量函数虚部 e_0,e_1 对应数值为 0,即

$$f(x) = 0e_0 + 0e_1 + f_2 e_2 + f_3 e_3 + f_4 e_4 + f_5 e_5 + f_6 e_6 + f_7 e_7$$

其中,$x = x_0 e_0 + x_1 e_1 + x_2 e_2 + x_3 e_3 + x_4 e_4 + x_5 e_5 + x_6 e_6 + x_7 e_7$, $(x_0, x_1, x_2, x_3, x_4, x_5, x_6, x_7)$ 为像素点的坐标;$f_2, f_3, f_4, f_5, f_6, f_7$ 分别为像素点的 R 分量值、G 分量值、B 分量值、H 分量值、S 分量值、I 分量值。

将向量函数 $f(x)$ 对 $(x_0, x_1, x_2, x_3, x_4, x_5, x_6, x_7)$ 的偏导代入左 O-解析函数式,并应用差分形式,同时通过阈值方法来考察掌纹图像点是否满足解析性质的条件,其中阈值是由 BP 网络训练过程中网络运算自行确定的。得

$$a_1 = \frac{\Delta f_0}{\Delta x_0} - \frac{\Delta f_1}{\Delta x_1} - \frac{\Delta f_2}{\Delta x_2} - \frac{\Delta f_3}{\Delta x_3} - \frac{\Delta f_4}{\Delta x_4} - \frac{\Delta f_5}{\Delta x_5} - \frac{\Delta f_6}{\Delta x_6} - \frac{\Delta f_7}{\Delta x_7}$$

$$a_2 = \frac{\Delta f_0}{\Delta x_1} + \frac{\Delta f_1}{\Delta x_0} - \frac{\Delta f_2}{\Delta x_3} + \frac{\Delta f_3}{\Delta x_2} - \frac{\Delta f_4}{\Delta x_5} + \frac{\Delta f_5}{\Delta x_4} + \frac{\Delta f_6}{\Delta x_7} - \frac{\Delta f_7}{\Delta x_6}$$

$$a_3 = \frac{\Delta f_0}{\Delta x_2} + \frac{\Delta f_1}{\Delta x_3} + \frac{\Delta f_2}{\Delta x_0} - \frac{\Delta f_3}{\Delta x_1} - \frac{\Delta f_4}{\Delta x_6} - \frac{\Delta f_5}{\Delta x_7} + \frac{\Delta f_6}{\Delta x_4} + \frac{\Delta f_7}{\Delta x_5}$$

$$a_4 = \frac{\Delta f_0}{\Delta x_3} - \frac{\Delta f_1}{\Delta x_2} + \frac{\Delta f_2}{\Delta x_1} + \frac{\Delta f_3}{\Delta x_0} - \frac{\Delta f_4}{\Delta x_7} + \frac{\Delta f_5}{\Delta x_6} - \frac{\Delta f_6}{\Delta x_5} + \frac{\Delta f_7}{\Delta x_4}$$

$$a_5 = \frac{\Delta f_0}{\Delta x_4} + \frac{\Delta f_1}{\Delta x_5} + \frac{\Delta f_2}{\Delta x_6} + \frac{\Delta f_3}{\Delta x_7} + \frac{\Delta f_4}{\Delta x_0} - \frac{\Delta f_5}{\Delta x_1} - \frac{\Delta f_6}{\Delta x_2} - \frac{\Delta f_7}{\Delta x_3}$$

$$a_6 = \frac{\Delta f_0}{\Delta x_5} - \frac{\Delta f_1}{\Delta x_4} + \frac{\Delta f_2}{\Delta x_7} - \frac{\Delta f_3}{\Delta x_6} + \frac{\Delta f_4}{\Delta x_1} + \frac{\Delta f_5}{\Delta x_0} + \frac{\Delta f_6}{\Delta x_3} - \frac{\Delta f_7}{\Delta x_2}$$

$$a_7 = \frac{\Delta f_0}{\Delta x_6} - \frac{\Delta f_1}{\Delta x_7} - \frac{\Delta f_2}{\Delta x_4} + \frac{\Delta f_3}{\Delta x_5} + \frac{\Delta f_4}{\Delta x_2} - \frac{\Delta f_5}{\Delta x_3} + \frac{\Delta f_6}{\Delta x_0} + \frac{\Delta f_7}{\Delta x_1}$$

$$a_8 = \frac{\Delta f_0}{\Delta x_7} + \frac{\Delta f_1}{\Delta x_6} - \frac{\Delta f_2}{\Delta x_5} - \frac{\Delta f_3}{\Delta x_4} + \frac{\Delta f_4}{\Delta x_3} - \frac{\Delta f_5}{\Delta x_2} - \frac{\Delta f_6}{\Delta x_1} + \frac{\Delta f_7}{\Delta x_0}$$

$a_1,a_2,a_3,a_4,a_5,a_6,a_7,a_8$ 这八个数量值便是描述掌纹图像解析性质特征的数量值,它们也是作为BP网络的输入数据。BP网络输出层设两个单元。在训练网络时,两个单元只用0和1这两个数值标记,若像素点为目标图像的边缘点则单元Ⅰ标记为1,同时单元Ⅱ标记为0;若为非边缘点则单元Ⅰ标记为0,同时单元Ⅱ标记为1。BP网络训练完成后,在测试过程中若单元中的数值大于单元Ⅱ中的数值,将其像素点就判断为图像边缘点;否则,将其判断为非图像边缘点。BP网络的隐层数目在一定程度上也作为了区分类别的个数,隐层数目越大则区分类别的能力越强,但会增加运算的复杂程度,延长运行时间。本节隐层的数目设置为8。

4.3.3 实验结果及分析

(1)为验证八元数旋转算法滤波器的多分量特征,选取一张彩色掌纹图像,先用Sobel算子分别提取R、G、B、H、S、I各个分量的边缘,然后利用上述八元数旋转算法滤波器提取原图像的边缘,如图4-1所示。

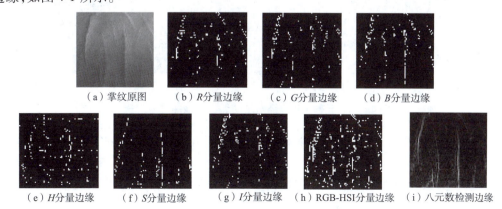

(a)掌纹原图　　(b)R分量边缘　　(c)G分量边缘　　(d)B分量边缘

(e)H分量边缘　(f)S分量边缘　(g)I分量边缘　(h)RGB-HSI分量边缘　(i)八元数检测边缘

图4-1　八元数旋转算法滤波器对掌纹图像检测效果

通过图 4-1 可以发现，单纯通过 Sobel 算子来分别提取掌纹图像的 R、G、B、H、S、I 分量，得到的掌纹线出现断裂，没有形成直线，只有断断续续的点，而且掌纹信息不够丰富，不够精确。从图 4-1(i)可以看出，综合考虑 RGB-HSI 多种分量，用八元数旋转算法滤波器进行掌纹边缘提取，一次性提取多个分量的掌纹线，效果清晰丰富，细节信息明显。

（2）将四元数滤波器和八元数旋转算法滤波器进行比较，再对比关于八元数 BP 神经网络的边缘提取算法。四元数滤波器只考虑彩色像素的 R、G、B 三个分量，不考虑色度边缘。实验效果如图 4-2 所示。八元数 BP 神经网络的边缘提取算法所使用的训练图像和目标图像如图 4-3 所示。

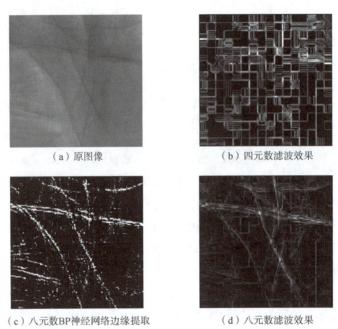

图 4-2　掌纹图像对应各种方法的效果

图 4-3　八元数 BP 神经网络的训练图像和目标图像

从图 4-2 可以看出，四元数滤波效果难以令人满意，出现非掌纹线的边缘信息，得不到准确的掌纹线。而由于综合考虑了 RGB 颜色农药间和 HSI 颜色空间的所有分量，八元数旋转算法检测的掌纹边缘要比四元数滤波器提取的掌纹图像更为准确，更为丰富，包含更多的细节信息。

对比基于八元数 BP 神经网络的图像边缘提取方法,八元数旋转算法滤波在某些掌纹图像上的效果要好些,而对于部分掌纹图像效果要差些。经分析,由于彩色图像的点与周围的其他点有着密切的联系,而八元数旋转算法滤波只考虑 3×3 区域的中心点的 RGB-HSI 的特征,只能适合部分掌纹图像,对有些彩色掌纹图像,不一定都能提取到令人满意的效果。因此,综合考虑中心点的周围的点的特征,下一节提出了基于八元数和 Clifford 代数向量积的掌纹边缘提取方法。

4.4 基于八元数向量积的掌纹边缘提取

掌纹和普通图像比较,它的特点和人体脏器血管一样,具有多方向性。现行的方法大多分别在不同方向:即 0°、45°、90°、135°、180°、225°、270°、315°提取掌纹,再进行合并,但精度不高。本节利用八元数向量积的性质,选取掌纹图像的种子点,将种子点周围不同方向的点的特征视为一个向量的分量,一次完成掌纹的提取。

4.4.1 种子点特征向量构造

将 2.3.1 节定理运用于掌纹线的提取算法中。考虑到每个点都与周围的像素点有一定的联系,这里用其四个邻域的点作为中心点的特征。对于任意两个点 A 与 B,其特征向量分别为 t_A 和 t_B(t_A 和 t_B 都是八元数向量)。根据八元数向量积表示定理,若 $t_A = t_B$,即 A 点与 B 点相同,则必定有 $t_A t_B = -1$,此时 $t_A \cdot t_B = 1$。于是,假设如果 A 和 B 两个点越相似,则 $t_A \cdot t_B$ 的值就越接近于 1。本节以此为依据设定阈值,与 $t_A \cdot t_B$ 的值进行比较,来判断点 A 是否与点 B 相等。若选取点 A 为掌纹线上的点,可以判断其他点是否与点 A 相等,从而提取掌纹边缘点。

对于掌纹图像,需要提取掌纹边缘,即掌纹线,因此选择种子点时,应选掌纹线上的点作为种子点,并以种子点周围的点的特征作为特征向量。由于八元数可以处理八维以下的特征数据,所以以种子点的上、下、左、右四个方向的点的灰度值作为特征,构造四维特征向量进行提取。种子点可以通过设定阈值自动选取,也可以手工选取。本节采用手工选取种子点的方法,用户可通过自己选取种子点,并设定阈值,进行掌纹边缘提取。

4.4.2 基于八元数向量积的掌纹边缘提取

基于八元数向量积的掌纹边缘提取的具体流程过程如下:
(1)对彩色掌纹图像进行灰度化,得到掌纹图像的灰度图像。考虑到接下来选取种子点的四邻域的四个点分别作为一维的特征,先对图像进行灰度化,使每个点可以用 0~255 的任一值来表示。
(2)在掌纹图像上选取掌纹线上的一个种子点,其四邻域的四个点灰度值作为该种子点的特征,对四个特征值进行归一化。
(3)利用归一化后的特征向量对图像进行遍历。基于八元数向量积表示定理的掌纹提取技术,判断每个点是否为掌纹线上的点,从而提取掌纹线,得到一幅掌纹线图像。
(4)选取其他种子点,本节选取三个种子点,即循环执行(3)、(4)共三次,得到三幅不同的掌纹线图像。叠加三幅图像，得到更加丰富的掌纹线图像。

基于八元数向量积的掌纹边缘提取算法流程图如图4-4所示。

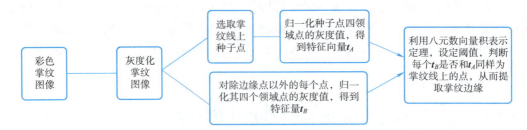

图4-4　基于八元数向量积的掌纹边缘提取算法流程图

对于掌纹图像，将图像进行灰度化后，手动选择灰度图像中的任何一个掌纹线的点(x,y)作为种子点。种子点(x,y)的四个邻域$(x-1,y),(x,y-1),(x,y+1),(x+1,y)$的灰度值可构成四元数向量$a$，则$a$向量为

$$a=((x-1,y),(x,y-1),(x,y+1),(x+1,y))$$

将a向量归一化，得到新的a向量，假设$a=(p_1,p_2,p_3,p_4)$，对于掌纹图像的所有像素点（第一行，第一列，最后一行，最后一列的点除外）都取其四个邻域的灰度值，作为向量b，将b向量归一化，得到新的b向量，假设$b=(q_1,q_2,q_3,q_4)$。根据八元数的乘法运算，如果a向量和b向量完全一样，即$a=b$，那么

$$(a,b)=p_1\times q_1+p_2\times q_2+p_3\times q_3+p_4\times q_4=1$$

当a向量和b向量不一样时，(a,b)的值小于1。由此，可对$a\times b$的结果设定阈值，判断b向量是不是接近a向量，进而判断该点是不是掌纹线上的点，从而提取掌纹边缘点。分别对两幅图像进行实验，实验效果如图4-5和图4-6所示。

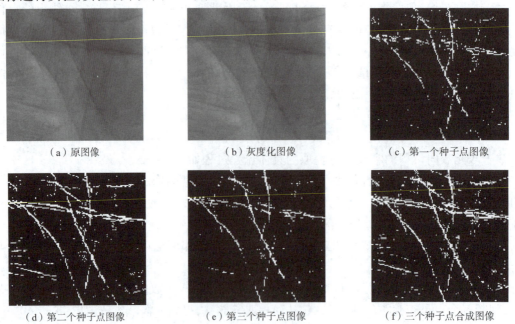

图4-5　四邻域灰度图像1的边缘点检测

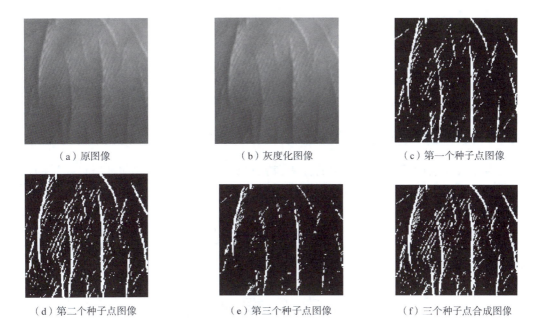

(a) 原图像　　　　　　　　(b) 灰度化图像　　　　　　　(c) 第一个种子点图像

(d) 第二个种子点图像　　　(e) 第三个种子点图像　　　(f) 三个种子点合成图像

图 4-6　四邻域灰度图像 2 的边缘点检测

本节选取三个种子点做实验,可以得到三个掌纹线图像,再对其进行融合,得到比较丰富的掌纹线图像,如图 4-5(f) 和图 4-6(f) 所示,对比上节中八元数旋转算法滤波得到的效果更加丰富,更加精细,更加清晰。

4.5　基于 Clifford 代数向量积的掌纹边缘提取

本节利用 Clifford 代数向量积的性质,选取掌纹图像的种子点,将种子点周围不同方向的点的特征视为一个向量的分量,一次完成掌纹的提取。

4.5.1　种子点特征向量构造

下面将 2.4.2 节定理运用于掌纹线的提取算法中。考虑到每个点都与周围的像素点有一定的联系,这里用其八个邻域的点作为中心点的特征。对于任意两个点 A 与 B,其特征向量分别为 t_A 和 t_B(t_A 和 t_B 都是八元数向量)。根据 Clifford 代数的向量积表示定理,若 $t_A = t_B$,即 A 点与 B 点相同,则必定有 $t_A t_B = -1$,此时 $t_A \cdot t_B = 1$。于是,假设如果 A 和 B 两个点越相似,则 $t_A \cdot t_B$ 的值就越接近于 1。本节以此为依据,设定阈值,与 $t_A \cdot t_B$ 的值进行比较,来判断点 A 是否点 B 相等。若选取点 A 为掌纹线上的点,可以判断其他点是否与点 A 相等,从而提取掌纹边缘点。

对于掌纹图像,由于 Clifford 代数可以处理任意高维的特征数据,因此可以尝试以下几个不同的方案来进行提取。

(1) 以种子点的上、下、左、右、左上、右上、左下、右下八个方向的点的灰度值作为特征,构造八维特征向量进行提取。

(2) 以种子点的上、下、左、右四个方向的点的 R、G、B 值作为特征,构造十二维特征向量进行提取。

（3）以种子点的上、下、左、右、左上、右上、左下、右下八个方向的点的 RGB 值作为特征，构造二十四维特征向量进行提取。

本节采用手工选取种子点的方法，用户通过自己选取种子点，并设定阈值，进行掌纹边缘提取。

4.5.2　八维特征向量的掌纹边缘提取

类似基于八元数向量积表示定理的方法，基于 Clifford 代数向量积和种子点向量的八维特征向量的掌纹边缘提取算法流程如图 4-7 所示。

图 4-7　基于 Clifford 代数向量积和种子点向量的八维特征向量的掌纹边缘提取算法流程图

与 4.4 节实验不同的是，该实验选取的是种子点的八个邻域上的点的灰度值作为特征，构造向量，设定相同的阈值。具体的操作过程与 4.4 节相同，这里不再赘述。实验所用掌纹图片与 4.4 节相同，实验结果方便做比较。实验结果如图 4-8 和图 4-9 所示。

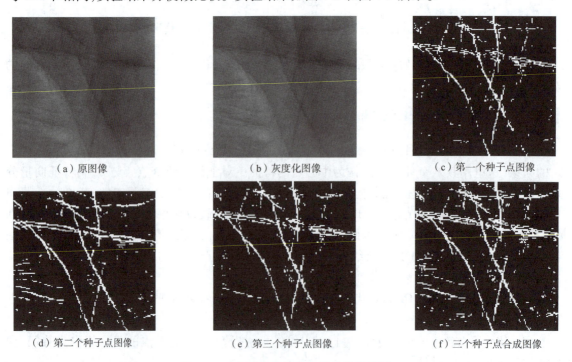

图 4-8　八邻域灰度图像 1 的边缘点检测

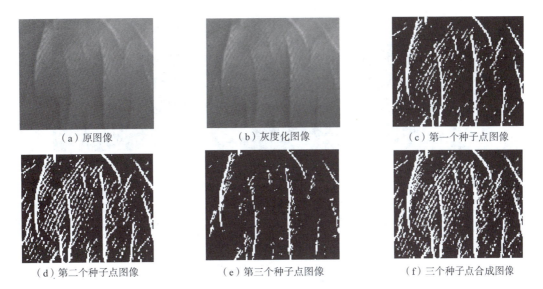

图 4-9 八邻域灰度图像 2 的边缘点检测

将 4.4 节的四邻域检测效果和 4.5.2 节的八邻域的检测效果进行比较,实验结果如图 4-10 和图 4-11 所示。

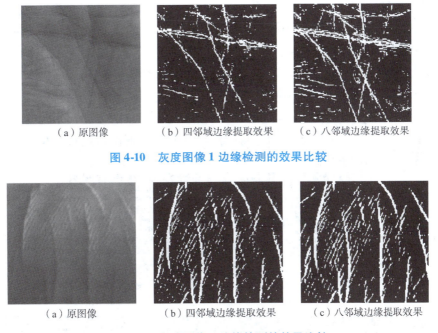

图 4-10 灰度图像 1 边缘检测的效果比较

图 4-11 灰度图像 2 边缘检测的效果比较

同时,将 4.3.2 节中的八元数 BP 网络边缘提取的实验结果和本节八邻域的结果进行比较,如图 4-12 所示。

通过图 4-10 和图 4-11 可以得到以下结论:对于掌纹图像,选取三个相同位置的种子点,设定相同大小的阈值来提取掌纹边缘,使用八邻域的特征值作为向量,提取的效果要比使用四邻域的特征值作为向量好,掌纹信息要更加丰富。

（a）原图像　　　　　（b）八元数BP神经网络边缘提取　　　（c）八邻域边缘提取效果

图 4-12　八元数 BP 神经网络与八邻域边缘点检测效果比较

那么,是否越多维的特征值作为向量,其效果会越好呢?下面通过以下两节的实验来得出相应结论。

4.5.3　十二维特征向量的掌纹边缘提取

与 4.5.2 节不同的是,本节实验直接对彩色掌纹图像进行操作,选取种子点的四个邻域上的点的 R、G、B 值(共 12 个值)作为特征,构造向量,设定阈值。为方便进行比较,实验所用掌纹图片与 4.5.2 节相同,阈值大小根据实验效果进行调节。具体的操作流程与 4.5.2 节实验相同,这里不再赘述。

其中,三个种子点的选取和阈值的设定,都是经过多次试验,取边缘信息最精确的效果作为结果。通过图 4-13 可以看出,为了获得部分清晰的边缘信息,引入了部分非掌纹边缘的信息,使得结果不能令人满意。通过本节实验,我们猜想,边缘信息的提取不单单是和维数有关,也与种子点、阈值有关,并不是使用越高维的特征值作为向量,效果就会越好,将图像的 R、G、B 三个分量划分开始进行运算是不合适的,反而会使得种子点的特征向量与非掌纹边缘点的特征向量变得接近了,凸显不了掌纹边缘特殊的特征向量。下面再通过一个二十四维的特征向量做实验,证实我们的想法。

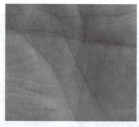

（a）原图像　　　　　　　　（b）第一个种子点图像

（c）第二个种子点图像　　（d）第三个种子点图像　　（e）三个种子点合成图像

图 4-13　十二邻域彩色图像的边缘点检测

4.5.4 二十四维特征向量的掌纹边缘提取

本次实验直接对彩色掌纹图像进行操作,选取种子点的八个邻域上的点的 R、G、B 值(共 24 个值)作为特征,构造向量,设定阈值。为方便进行比较,实验所用掌纹图片与 4.5.2 节相同,阈值大小根据实验效果进行调节。实验结果如图 4-14 所示。

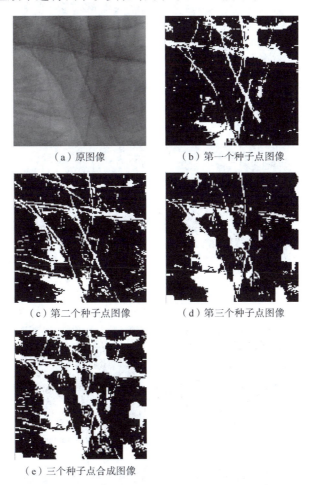

(a)原图像　　　　(b)第一个种子点图像

(c)第二个种子点图像　　　(d)第三个种子点图像

(e)三个种子点合成图像

图 4-14　二十四邻域彩色图像的边缘点检测

通过 4.4 节和 4.5 节所有的实验,可以得到如下的结论:基于八元数和 Clifford 代数向量积的性质提取掌纹边缘,当选取种子点的四邻域、八邻域的特征值作为种子点向量时,都能够提取到掌纹边缘信息。相对而言,选取八领域的效果要比四邻域的效果好些,边缘信息更加丰富,而又不会引入大量的非边缘信息,因此可通过该方法来提取掌纹线边缘,再进行病理纹的识别。而选择种子点的十二邻域、二十四邻域,虽然特征值向量维数变高了,但是效果并没有四邻域和八邻域的好,反而引入了大量非边缘信息。经分析,这是由于过分多的特征值,而且将图像的 R、G、B 分量划分开来进行运算,反而会使得种子点的特征向量与非掌纹边缘点的特征向量变得接近了,凸显不了掌纹边缘特殊的特征向量,许多非边缘信息被误认为边缘信息,因此效果不能令人满意。

4.5.5 八邻域对比其他经典算子掌纹图像边缘提取

为了验证基于八邻域的方法能提取掌纹边缘信息，下面再选择其他几个掌纹图像进行实验，并与经典算子 Sobel、Roberts 做比较，如图 4-15 和图 4-16 所示。

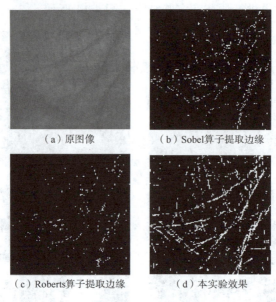

图 4-15 掌纹图像 1 边缘点检测效果比较

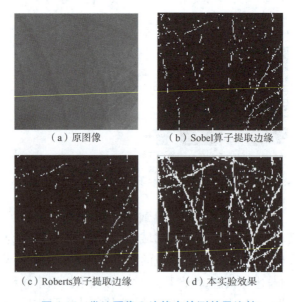

图 4-16 掌纹图像 2 边缘点检测效果比较

由于使用八邻域提取的掌纹边缘信息较为丰富，掌纹信息比较精确细致，若对边缘特征的描述和提取严格，其边缘检测精度高，但抗噪性能较差；反之，则抗噪性能好，但精确度又不够。因此该算法在提取的掌纹边缘信息的同时，难免会引入一部分噪声。所以，利用中值滤波对以上的掌纹效果图像进行去噪,将部分零散的非掌纹边缘的点去掉,使掌纹边缘更加精确和清晰,如图4-17~图4-20所示。

(a)原图像　　　　(b)掌纹图像的八邻域边缘提取效果　　　(c)中值滤波后的图像

图4-17　中值滤波后的掌纹边缘图像1

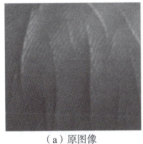 

(a)原图像　　　　(b)掌纹图像的八邻域边缘提取效果　　　(c)中值滤波后的图像

图4-18　中值滤波后的掌纹边缘图像2

(a)原图像　　　　(b)掌纹图像的八邻域边缘提取效果　　　(c)中值滤波后的图像

图4-19　中值滤波后的掌纹边缘图像3

(a)原图像　　　　(b)掌纹图像的八邻域边缘提取效果　　　(c)中值滤波后的图像

图4-20　中值滤波后的掌纹边缘图像4

4.6 基于 Stein-Weiss 解析性质的 BP 网络掌纹边缘提取

定义六维向量空间中的向量函数 $f(x)$，分别把掌纹图像中各像素点的 R,G,B,H,S,I 分量值作为向量函数虚部 e_1,e_2,e_3,e_4,e_5,e_6 上对应的数值，即

$$f(x) = f_1 e_1 + f_2 e_2 + f_3 e_3 + f_4 e_4 + f_5 e_5 + f_6 e_6$$

其中，$x_1 e_1 + x_2 e_2 + x_3 e_3 + x_4 e_4 + x_5 e_5 + x_6 e_6$，$(x_1,x_2,x_3,x_4,x_5,x_6)$ 为像素点的坐标；f_1,f_2,f_3,f_4,f_5,f_6 分别为像素点的 R 分量值、G 分量值、B 分量值、H 分量值、S 分量值、I 分量值。

下面，将向量函数 $f(x)$ 对 $(x_1,x_2,x_3,x_4,x_5,x_6)$ 的偏导代入 2.5.2 节的广义 Cauchy-Riemann 式，并应用差分形式，通过阈值方法来考察图像点是否满足解析性质的条件，其中阈值是由 BP 网络训练过程中网络运算自行确定的。得到公式

$$a - \sum_{j=1}^{6} \frac{\partial f_j}{\partial x_j} = 0$$

$$b_{ij} = \frac{\partial f_i}{\partial x_j} - \frac{\partial f_j}{\partial x_i}$$

其中 $i,j = 1,\cdots,6, i<j$。

把上面的公式展开得到的 a 和 b_{ij}，这 16 个数量值便是描述掌纹图像解析性质特征的数量值，它们也是作为 BP 网络的输入数据。BP 网络输出层设两个单元。在训练网络时，两个单元只用 0 和 1 这两个数值标记，若像素点为目标图像的边缘点则单元 I 标记为 1，同时单元 II 标记为 0；若为非边缘点则单元 I 标记为 0，同时单元 II 标记为 1。BP 网络训练完成后，在测试过程中若单元中的数值大于单元 II 中的数值，将其像素点就判断为掌纹图像边缘点；否则，将其判断为非掌纹图像边缘点。BP 网络的隐层数目在一定程度上也作为了区分类别的个数，隐层数目越大则区分类别的能力越强，但会增加运算的复杂程度，延长运行时间。本节隐层的数目设置为 8。实验结果如图 4-21 所示。

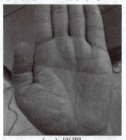
（a）原图

（b）Stein-Weiss的BP网络边缘检测结果

（c）四元数的BP网络边缘检测结果

（d）八元数的BP网络边缘检测结果

图 4-21　基于 Stein-Weiss 解析性质的 BP 网络掌纹边缘检测

观察比较上面的实验结果图,基于八元数解析性质和 Stein-Weiss 解析性质的 BP 网络把 RGB 与 HSI 综合起来进行考虑,因而它们提取的边缘细节比基于四元数解析性质的 BP 网络提取的图像边缘相对丰富一些。另外,八元数解析不一定是 Stein-Weiss 解析的,而 Stein-Weiss 解析一定是八元数解析,所以,Stein-Weiss 解析函数是更好的解析函数,效果好一些。

4.7 基于八元数的彩色掌纹识别算法

现有的掌纹识别算法都只适用于灰度掌纹图像。实际上,彩色掌纹图像含有的信息量比灰度掌纹图像要大很多。过去,掌纹识别的研究一直缺乏能有效地自动提取彩色掌纹图像的掌纹线的方法,Canny 算子以及微分算子等经典算法均不能找到丰富的掌纹线。本章前面的几节提出了几种利用高维数学提取掌纹边缘的算法,比如基于八元数旋转的边缘提取新算法,能够对彩色图像提取出丰富的边缘,但对彩色掌纹图像提取掌纹线效果并不理想。基于八元数 BP 网络提取彩色掌纹图像的掌纹线,能够提取丰富的掌纹线,但其训练样本须通过人工获得,不是一种自动的算法,因此不适用于掌纹识别。为此,本节提出一种全自动的八元数 BP 网络掌纹线提取算法。通过对得到的掌纹线图像作二维小波变换,构造出原掌纹图像的小波能量特征向量,采用基于八元数向量积乘法的识别算法,对掌纹进行匹配。

4.7.1 八元数神经网络掌纹线提取

八元数 BP 网络算法没有给出获得八元数 BP 网络训练样本的方法,其训练样本须通过人工获得,不能达到自动提取掌纹线的目的。基于 4.3.2 节提出的八元数 BP 网络的缺陷,本节提出一种算法,能自动得到八元数 BP 神经网络所需的训练样本。以自制彩色掌纹库中其中一幅原图如图 4-22(a)为例,算法步骤如下:

(1)用 Canny、Roberts、Sobel 和 Prewitt 算子分别提取图 4-22(a)的边缘,得到四张边缘图像,如图 4-22(b)~(e)所示。

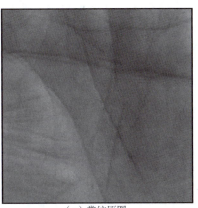

(a)掌纹原图

图 4-22 掌纹原图及四种分割结果

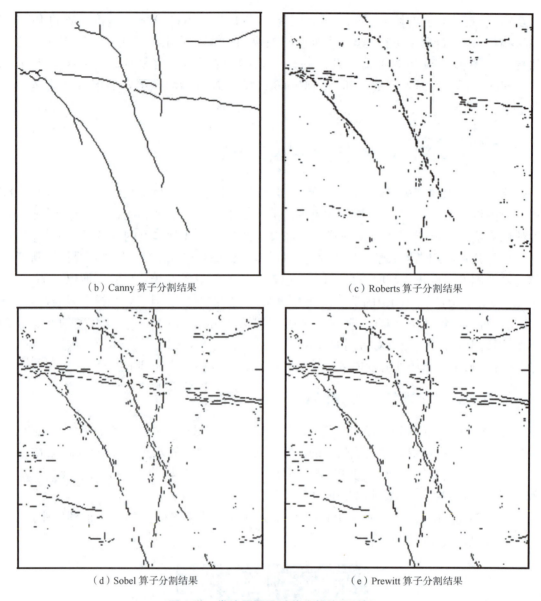

图 4-22 掌纹原图及四种分割结果(续)

(2)将以上四张边缘图像通过"或"运算融合,并成为初步掌纹线图像;对上一步融合所得的图像作半径为 1 的"钻石"型膨胀后作为八元数 BP 网络的训练样本,结果如图 4-23(a)和图 4-23(b)所示。

(3)将步骤(2)得到的结果作为八元数 BP 网络的输入数据,用八元数 BP 网络训练,输入层有八个神经元。输出结果是边缘图像,为二值图像,故输出层设两个神经元。隐层设 20 个单元。因此,该神经网络是 $8 \times 20 \times 2$ 的结构。输入层的传递函数是 Tan-Sigmoid 函数,输出层的传递函数是 Log Sigmoid 函数,隐层的激活函数是 S 型的 Sigmoid 函数,神经网络用 L-M(levenberg-marquardt)优化算法训练。这样就可自动提取掌纹线。本节算法对掌纹原图 4-22(a)分割的结果如图 4-24 所示。

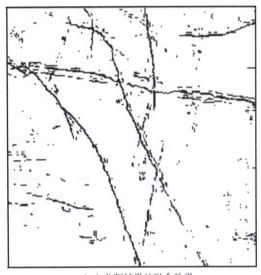 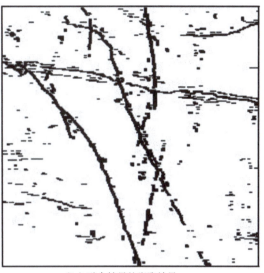

（a）分割结果的融合效果　　　　　　　　（b）融合结果的膨胀效果

图 4-23　对四种分割结果的融合与膨胀效果

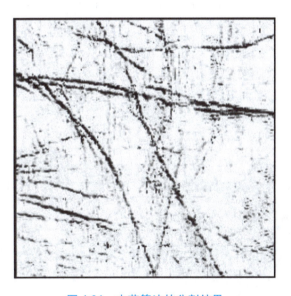

图 4-24　本节算法的分割结果

实验发现，用 Canny 算子等四种算法得出的训练样本能使八元数 BP 网络提取掌纹线的效果较好。

4.7.2　八元数掌纹特征的构造与识别

1. 二维小波变换及二维小波掌纹特征的构造

令 $f(x_1,x_2)$ 为某二维信号，x_1,x_2 分别为横坐标与纵坐标，$\varphi(x_1,x_2)$ 为二维小波基函数，$\varphi_{a;b_1,b_2}(x_1,x_2)$ 为 $\varphi(x_1,x_2)$ 的尺度伸缩与二维平移，且 $\varphi_{a;b_1,b_2}(x_1,x_2)=\dfrac{1}{a}\varphi\left(\dfrac{x_1-b_1}{a},\dfrac{x_2-b_2}{a}\right)$。

则二维小波变换的定义为

$$WTf(a;b_1,b_2) = <f(x_1,x_2),\varphi_{a;b_1,b_2}(x_1,x_2)> = \frac{1}{a}\iint f(x_1,x_2)\varphi\left(\frac{x_1-b_1}{a},\frac{x_2-b_2}{a}\right)dx_1dx_2$$

由上式可知,不同大小的尺度可以得到不同的小波变换结果。大尺度小波变换的结果反映信号的低分辨率特性,而小尺度小波变换的结果反映信号的高分辨率的特性。

在图像处理中,一般使用二维离散小波变换:先对图像沿 x 轴再沿 y 轴(或反之)各做一维小波变换。在每一小波尺度 $j+1$ 上,图像被分为近似图像(A_j+1)、水平细节(H_j+1)、竖直细节(V_j+1)、对角细节(D_j+1)这四个子图像。

为了对掌纹线图像作二维小波分解,本节选用 Daubechies 小波。当分解结束后,取 H_1、V_1、D_1、A_2、H_2、V_2、D_2 这七张子图像:先求这七张子图像各像素点的灰度值的欧几里得范式;再把由这七个欧几里得范式的值所组成的七维向量进行单位化,得到了一个七维的单位小波特征向量。

2. 基于八元数向量积表示的匹配算法

本节提出将八元数向量积表示定理运用到掌纹图像匹配中。假设两张掌纹图像 A 和 B,它们的七维单位小波特征向量分别为 e_A 和 e_B(e_A 和 e_B 都是单位纯八元数)。若两张图像相同,则有 $e_A = e_B$。于是,如何快速准确地判定两张掌纹图像是否"足够相似"成为要解决的问题。根据八元数乘法的向量积定理,如果 $e_A = e_B$,则必定有 $e_A e_B = -1$,此时 $e_A \cdot e_B = 1$。因此,如果 A 和 B 两张图像越相近,则 $e_A \cdot e_B$ 的值就越接近1,通过判断 $e_A \cdot e_B$ 的值是否在设定阈值区间,可以判断两张掌纹图像是否出自同一个掌纹样本。

3. 八元数掌纹特征的构造与识别的算法步骤

八元数掌纹特征的构造与识别的算法步骤如下:

(1)读入来自同一掌纹样本的两张掌纹图像,如图4-25(a)和图4-25(c)所示,分别用本节改进的八元数BP网络算法提取其掌纹线,得到图4-25(b)和图4-25(d)所示的掌纹线图像。

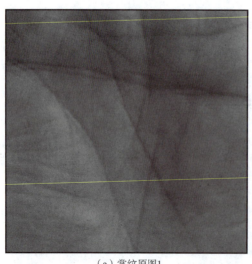

(a)掌纹原图1

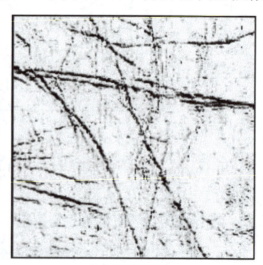

(b)原图1掌纹线

图4-25　掌纹线提取结果

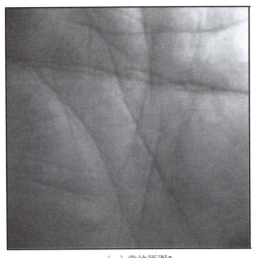
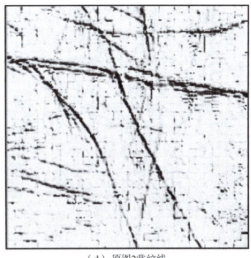

（c）掌纹原图2　　　　　　　　　　　　（d）原图2掌纹线

图 4-25　掌纹线提取结果（续）

（2）对图 4-25（b）和图 4-25（d）的掌纹线图像分别用两层二维小波分解，将各自的 H_1,V_1，D_1,A_2,H_2,V_2,D_2 这七张子图的欧里几得范式组成七维向量（$\mathrm{norm}(H_1),\mathrm{norm}(V_1),\mathrm{norm}(D_1)$，$\mathrm{norm}(A_2),\mathrm{norm}(H_2),\mathrm{norm}(V_2),\mathrm{norm}(D_2)$）并对其单位化，得到的两个七维单位向量分别就是掌纹图像 4-25（a）和 4-25（c）的特征单位向量 $\boldsymbol{e}_a$ 和 $\boldsymbol{e}_b$。计算得出

$\boldsymbol{e}_a$ = (0.579 177 718 205 14,0.515 808 122 789 60,0.302 751 180 990 65,
　　　0.316 520 018 054 81,0.302 689 009 864 40,0.268 236 504 877 37,
　　　0.207 558 407 530 99)

$\boldsymbol{e}_b$ = (0.515 027 653 862 08,0.560 734 478 837 85,0.303 119 406 938 20,
　　　0.337 161 360 834 86,0.286 480 898 377 94,0.279 982 141 264 47,
　　　0.233 029 820 698 37)

（3）设定阈值区间，如果两张图像的单位特征向量内积在[0.995,1.005]内，则认为是两张图像同一掌纹的不同样本（区间是通过经验得出）。由于向量 $\boldsymbol{e}_a$ 和 $\boldsymbol{e}_b$ 的内积值为 0.996 195 367 707 03，在指定的阈值区间内。所以认为图 4-25（a）和图 4-25（c）所示掌纹图像来自同一手掌。结合自动的八元数 BP 网络掌纹提取算法和八元数向量积表示匹配算法，本节算法的流程如图 4-26 所示。

八元数向量积表示定理可以推广到 Clifford 代数。因此，可以把掌纹线图像用二维小波变换分解更多次，构成更高维的掌纹特征向量，再用 Clifford 向量积表示匹配算法进行匹配。本节构造的小波特征向量均为七维，如果构造高维的小波特征向量，可能识别效果会更佳。

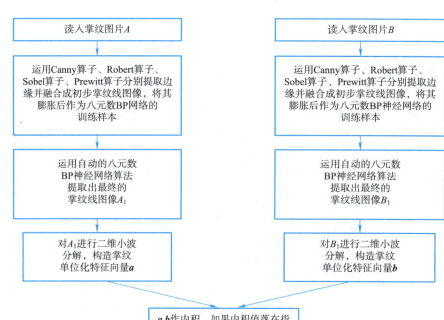

图 4-26 掌纹提取与识别算法流程图

4.7.3 实验结果与分析

1. 掌纹提取算法测试结果

本节实验在 Microsoft Windows 7 及以上版本操作系统进行。所有实验数据都来自自制的彩色掌纹库 palmprint database SCNU,里面有来自 55 个人每人 4 个掌纹样本总共 220 张掌纹图像,大小都是 256×256。通过比较八元数旋转算法、八元数 BP 网络、Canny 算子和本节算法提取同一张掌纹图像,对比提取效果。图 4-27 为掌纹图像 4-27(a) 及四种算法对其提取掌纹的结果。图 4-28 为掌纹图像 4-28(a) 及四种算法对其提取掌纹的结果。

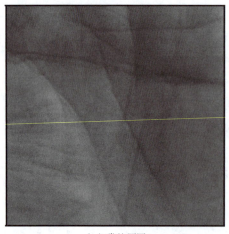
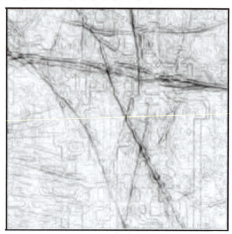

(a)掌纹原图1   (b)八元数旋转分割

图 4-27 四种算法对掌纹图的分割效果 1

（c）八元数BP网络分割

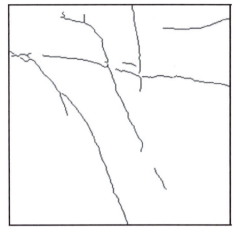
（d）Canny算子分割

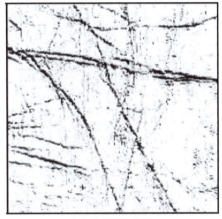
（e）本节算法分割

图 4-27　四种算法对掌纹图的分割效果 1（续）

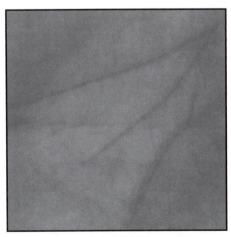
（a）掌纹原图2

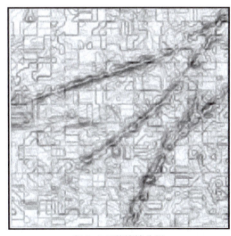
（b）八元数旋转分割

图 4-28　四种算法对掌纹图的分割效果 2

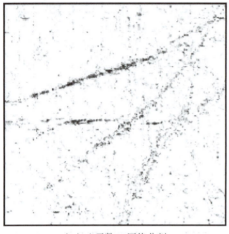

（c）八元数BP网络分割

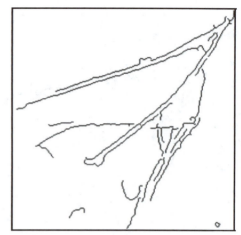

（d）Canny算子分割

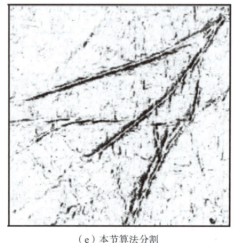

（e）本节算法分割

图 4-28　四种算法对掌纹图的分割效果 2（续）

从实验结果可看出，八元数旋转算法提取的掌纹线呈方块状，而 Canny 算子只能提取少部分掌纹线。另外，4.3.2 节中的八元数 BP 网络在掌纹与本节算法提取的效果差不多，但是本节算法具有更好的鲁棒性：在第一次实验中，八元数 BP 神经网络能提取较好的掌纹；但在第二次实验中，八元数 BP 神经网络算法效果明显不好。而且，本节算法能够自动提取出掌纹线，适用于掌纹识别。

2. 掌纹识别算法测试结果

（1）识别算法的旋转与噪声鲁棒性测试。

对掌纹图 4-27（a）分别作 1°、5°和 10°的逆时针旋转，得到图 4-29 所示结果。

用本节算法分别与原图 4-27（a）匹配，其与原图的内积值分别为 0.971 094 660 854 56 和 0.959 240 833 926 26，第 1 个值更接近 1。所以，算法认为图 4-30（a）在两者中最接近原图，与现实相符，说明本节识别算法有效。另外，本节总共 30 张掌纹图像进行过噪声测试：其中，加均值为 0，方差为 0.001 的高斯噪声时，出现三次识别错误；加均值为 0，方差为 0.005 的高斯噪声时，出现六次识别错误。说明本节识别算法抗噪声干扰能力较弱。

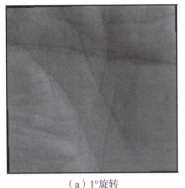 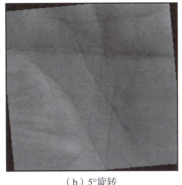 

（a）1°旋转　　　　　　　　（b）5°旋转　　　　　　　　（c）10°旋转

图 4-29　对掌纹图 4-27（a）作旋转的结果

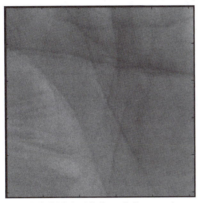 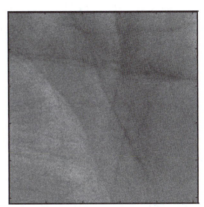

（a）高斯噪声（均值=0,方差=0.001）　　　　　（b）高斯噪声（均值=0,方差=0.005）

图 4-30　对掌纹图 4-27（a）加噪声的结果

（2）掌纹识别算法的整体效果测试

用本节完整的识别算法和基于小波能量特征提取与匹配算法分别对掌纹库 palmprint database SCNU 进行识别。为公平比较,本节算法和基于小波能量特征提取与匹配算法在构造小波能量特征时都是只进行两次二维小波分解,具体对比结果见表 4-1。

表 4-1　本节算法与基于小波能量特征提取与匹配算法的性能比较

指标	本节算法	基于小波能量特征提取与匹配
实验次数	50	5
拒真率/%	0	0
认假率/%	4	10
识别成功率/%	96	90
算法平均运行时间/s	7.004 345	0.885 831
匹配算法时间复杂度	$O(n)$	$O(n)$

其中,认假率为 $\frac{E}{I} \times 100\%$,E 为非本人掌纹被认为是本人的次数,I 为识别的总次数;拒真率为 $\frac{EC}{C} \times 100\%$,$EC$ 为本人掌纹被认为是非本人的次数,C 为识别的总次数;成功率为 100% −

拒真率-认假率;整个算法运行时间指:从读入两张掌纹图像提取出掌纹线到最终进行掌纹匹配所需的总时间;整个算法的平均运行时间是指做 50 次实验的平均时间。从表 4-1 可看出,本节算法比基于小波能量特征提取与匹配算法的识别成功率要高,因为本节算法考虑到了掌纹图像的掌纹线结构,而基于小波能量特征提取与匹配算法则单纯从图像的能量角度考虑。但是,由于本节算法需要用 BP 网络提取边缘,而 BP 网络需要较长时间训练,因而整体运行时间较基于小波能量特征提取与匹配算法慢。

4.8　基于 Stein-Weiss 函数的掌纹特征识别算法

本节在 4.7 节的研究基础上,提出了一种改进的掌纹识别算法。Stein-Weiss 解析函数是高维函数理论,然而掌纹图像恰好具有多方向的特点,这为研究掌纹识别提供了适合的高维数学工具。而且与同是高维数学理论的八元数对比来看,Stein-Weiss 比八元数解析性更好,所以为了提取出来更精细的掌纹线,本节提出基于 Stein-Weiss 函数解析性质的 BP 网络彩色掌纹图像的识别算法。

4.8.1　基于 Stein-Weiss 解析性的 BP 神经网络掌纹提取算法

因为在二维彩色掌纹图像数据中掌纹的分布方向大多数是垂直或者倾斜的,所以,在算法中综合考虑了图像像素点在斜方向和垂直方向的结构特征,即使用了六邻域结构。然后将依据 Stein-Weiss 函数解析性质所得到的特征值输入 BP 网络的输入层进行反复训练,最终得到彩色图像掌纹线的提取结果。具体算法步骤如下:

1. 自动获取 BP 神经网络的训练样本

采用 4.7 节中所提出的方法,使用四种传统边缘检测算子提取掌纹样本图像的边缘图像,然后将它们进行"或"运算融合并膨胀,最后将膨胀后的掌纹边缘图片作为 BP 网络的训练样本。输入样本向量进行训练,直至误差达到设定阈值时停止,并将权值和阈值进行保存。实验结果如图 4-31 所示,其中图 4-31(a)为掌纹原图,图 4-31(b)为对原图进行融合和膨胀之后得到的边缘图,将其作为网络的训练样本。

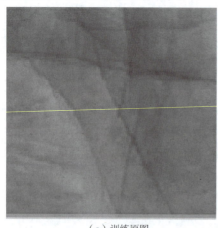
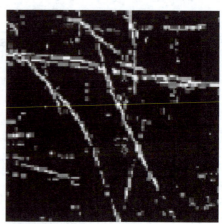

(a)训练原图　　　　　　　　　　　　(b)训练样本

图 4-31　BP 网络的训练图像和目标图像

2. 定义像素的 Stein-Weiss 函数

六维向量空间的向量函数定义为 $f(x)$,即

$$f(x) = f_1 e_1 + f_2 e_2 + f_3 e_3 + f_4 e_4 + f_5 e_5 + f_6 e_6$$

上面公式中向量函数虚部 $e_1, e_2, e_3, e_4, e_5, e_6$ 上对应的数值是彩色图像像素点的 R, G, B, H, S, I 分量值。其中 $x_1 e_1 + x_2 e_2 + x_3 e_3 + x_4 e_4 + x_5 e_5 + x_6 e_6$,$(x_1, x_2, x_3, x_4, x_5, x_6)$ 为像素点的坐标;$f_1, f_2, f_3, f_4, f_5, f_6$ 分别是彩色掌纹图像像素的 R、G、B、H、S、I 分量值,如图 4-32 所示。

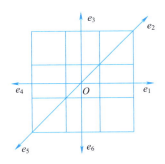

图 4-32　像素的六邻域示意图

3. 获取特征值

将向量函数 $f(x)$ 对 $(x_1, x_2, x_3, x_4, x_5, x_6)$ 的偏导代入 2.5.2 节的广义 Cauchy-Riemann 式,并应用差分形式,得

$$\sum_{j=1}^{6} \frac{\Delta f_j}{\Delta x_j} = 0$$

$$\frac{\Delta f_i}{\Delta x_j} = \frac{\Delta f_j}{\Delta x_i}$$

其中,$i \neq j, i, j = 1, \cdots, 6$。

当然,实际图像的解析性不会都完全符合上面的公式,根据 Stein-Weiss 函数的解析性定理,使用恰当的阈值 T 来判断该像素点是否满足解析性。因为边缘点是不满足解析性的,因此将步骤 3 中得到的上面的公式改写为

$$a - \sum_{j=1}^{6} \frac{\partial f_j}{\partial x_j} = 0$$

$$b_{ij} = \frac{\partial f_i}{\partial x_j} - \frac{\partial f_j}{\partial x_i}$$

其中,$i, j = 1, \cdots, 6, i < j$。

把上面的公式展开得到的 a 和 b_{ij},这 16 个数量值便是描述图像解析性质特征的数量值,它们也是作为 BP 网络的输入数据。

4. 提取掌纹边缘线

选择待识别的彩色掌纹图像,提取该图像的特征值 $a_0, a_1, \cdots, a_{15}$,以这 16 个值输入 BP 网络的输入层,所以输入层有 16 个节点,利用步骤 1 已经训练好的网络对输入向量进行训练,直到误差收敛到指定值,最后输出的即为掌纹提取结果。输出的结果是二值图,所以输出层有两个节点。本节隐层的单元数设为 8。

4.8.2 基于成对几何特征直方图的掌纹匹配算法

经过上述改进算法,可以提取出彩色掌纹图像的边缘,如何基于提取出来的边缘特征进行掌纹的识别就是接下来的重点工作。本节利用几何不变特性的成对几何特征,即有向相对角和有向相对位置来建立特征库,并利用成对几何特征直方图的相交算法来进行图片的匹配识别。具体算法过程如下:

1. 成对几何特征向量的构造

本节利用 Stein-Weiss 解析性与 BP 神经网络相结合提取出彩色掌纹边缘,提取结果为二值图。首先利用改进的霍夫变换算法来对上述得到的二值图进行掌纹边缘的线性特征的提取,然后引入成对几何特征即有向相对角和有向相对位置来构造掌纹边缘的特征向量,如图 4-33 所示。

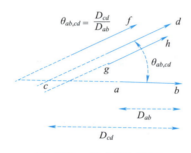

图 4-33 成对几何特征

(1) 构造有向相对角特征向量。

将任意两条线段表示成向量 x_{ab} 和 x_{cd} 方向是指向远离交点的。相对角特征公式为

$$\theta_{x_{ab},x_{cd}} = \arccos\left(\frac{x_{ab} \cdot x_{cd}}{|x_{ab}||x_{cd}|}\right)$$

如果两条线段之间的夹角方向是顺时针,那么有向相对角的符号就是正号,反之,就是负号。

(2) 构造有向相对位置特征向量

如图 4-32 所示,有向相对位置特征公式为

$$\vartheta_{x_{ab},x_{cd}} = \frac{1}{\frac{1}{2}+\frac{D_{ib}}{D_{ab}}}$$

2. 成对几何特征直方图的构造

构造好上述成对几何特征向量之后,为了方便进行匹配,利用二维特征直方图来统计它们。计算二维特征直方图单元的公式为

$$H(\theta_{ij},\vartheta_{ij}) = \begin{cases} H(\theta_{ij},\vartheta_{ij})+1, & e_{ij} \in E \\ H(\theta_{ij},\vartheta_{ij}), & \text{其他} \end{cases}$$

其中,i 和 j 表示掌纹边缘图像中提取出的两条线段,E 表示边集。

3. 直方图相交匹配算法

为了方便匹配,将上面构造的二维特征直方图按行扫描,进行降维,得到一维直方图。然后将两幅掌纹图像所对应的直方图 A 和 B 进行归一化处理,得到 n 个单元。计算两个直方图

之间的距离公式为

$$d = 1 - \sum_{i=1}^{n} \min(A_i - B_i)$$

其中，d 值的范围在 [0,1] 区间内，它的大小决定了两幅图像的相似性，即越小越相似。

4.8.3 实验结果与分析

本节是在 Windows 7 及以上版本操作系统上做的实验，算法是使用 Visual Studio 和 MATLAB 7.0 编程工具来实现。为了验证实验效果，采集了 60 个人，每个人 4 张彩色掌纹图像作为样本集，大小均是 128×128。将这些样本分别运用本节所提出的彩色掌纹特征提取与匹配算法进行掌纹边缘特征提取，以及构造成对几何特征直方图，从而建立彩色掌纹特征库。

1. 彩色掌纹线提取实验结果分析

分别使用四种传统的边缘提取算子（即 Canny 算子、Roberts 算子、Sobel 算子和 Prewitt 算子），以及四元数解析性结合 BP 网络，4.7 节中的八元数解析性 BP 神经网络，和本节中的 Stein-Weiss 解析性 BP 网络这七种算法分别进行彩色掌纹边缘的提取，实验结果如图 4-34 所示。

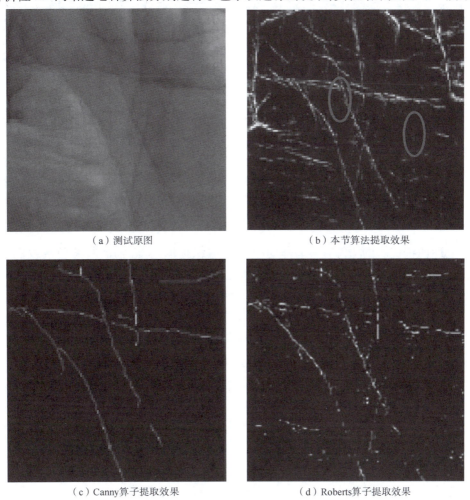

（a）测试原图　　　　　　　　　（b）本节算法提取效果

（c）Canny算子提取效果　　　　　（d）Roberts算子提取效果

图 4-34　七种算法提取掌纹边缘效果图

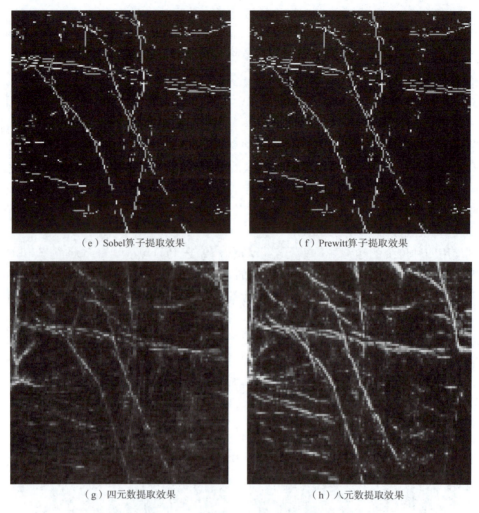

图 4-34 七种算法提取掌纹边缘效果图(续)

因为上述四种传统的边缘提取算子进行掌纹边缘提取之前,需要将彩色掌纹图像转换成灰度图,所以这个过程已经丢失了部分信息,由上面的实验效果图可以看出,利用图 4-34(c)、图 4-34(d)、图 4-34(e)、图 4-34(f)传统的四种边缘算子所提取出来的掌纹边缘明显没有图 4-34(b)、图 4-34(g)、图 4-34(h)的边缘信息丰富。

而四元数、八元数以及本节提出的 Stein-Weiss 解析函数都可以直接对彩色掌纹原图进行边缘提取,将这三种算法进行比较,由上述实验结果图可以看出,图 4-34(g)的四元数解析性结合 BP 网络算法提取出来的掌纹边缘,明显没有图 4-34(b)和图 4-34(h)这两种算法提取的边缘信息丰富和清晰。而由图 4-34(b)与图 4-34(h)的效果图对比来看,本节所提出的算法又比八元数解析性 BP 网络算法提取出来的掌纹要更加精细,如图 4-34(b)中圈出的掌纹细节在图 4-34(h)的相同位置中就不够清晰。

2. 彩色掌纹线识别实验结果分析

(1)识别算法的整体性能测试。

将本节提出的掌纹特征提取与识别算法和 4.7 节中提出的基于八元数的彩色掌纹特征提

取与识别算法分别用图 4-34(a)的样本图片对各自建立好的特征库进行匹配识别操作。同时,采用近年来比较热门的卷积神经网络识别算法来进行掌纹线的识别(学习率取 0.03,卷积核的数量为 50)。三种算法最终识别的性能比较见表 4-2。

表 4-2　三种算法的识别性能比较

算法	拒真率/%	认假率/%	识别成功率/%	平均运行时间/s
4.7 节算法	0	4	96	7.004
卷积神经网络识别算法	0	0.9	99.1	210
本节算法	0	1.1	98.9	5.324

由表 4-2 数据可以看出,相对于 4.7 节的掌纹识别算法而言,本节所提出的掌纹识别算法的识别成功率和运行效率都较高。由于本节所使用的 Stein-Weiss 解析性比八元数的解析性更好,而且输入的特征值向量更多,因此提取到的边缘信息会更丰富。

虽然卷积神经网络识别算法的识别率相对于本节算法稍高,但是因为卷积网络需要训练的时间比较长,总体的运行时间比本节的算法要多很多,所以从识别率和运行时间综合考虑的情况下,本节提出的掌纹识别算法还是优于卷积神经网络识别算法。

(2) 识别算法的鲁棒性测试。

本节在掌纹的匹配与识别过程中,使用的是基于几何不变特性的成对几何特征来进行识别,其对于旋转变化以及噪声干扰都具有较高的鲁棒性,具体实验测试如下:

首先将图 4-34(a)所示测试原图进行逆时针旋转 30°、45°、60°,结果如图 4-35(a)~(c)所示。

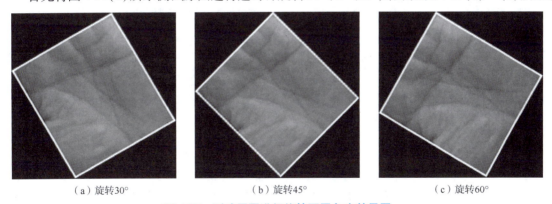

(a) 旋转 30°　　　　　　(b) 旋转 45°　　　　　　(c) 旋转 60°

图 4-35　测试原图进行旋转不同角度效果图

将本节提出的掌纹特征提取与识别算法、4.7 节中提出的基于八元数的彩色掌纹特征提取与识别算法以及卷积神经网络的掌纹识别算法,分别用图 4-35(a)~(c)作为样本图片对各自建立好的特征库进行匹配识别操作。三种算法最终的识别性能比较见表 4-3。

表 4-3　三种算法对于旋转鲁棒性的识别性能比较

算法	旋转 30°识别成功率/%	旋转 45°识别成功率/%	旋转 60°识别成功率/%
4.7 节算法	83.8	78.5	71.2
卷积神经网络识别算法	98.9	98.5	97.6
本节算法	98.5	97.8	97.2

由表4-3数据可以看出,相对于4.7节的掌纹识别算法,本节所提出的掌纹识别算法和卷积神经网络识别算法对于旋转的鲁棒性,其识别成功率远大于4.7节的识别算法。然而虽然卷积神经网络识别算法的识别率较高,但是由表4-2已经可以看出卷积神经网络识别算法需要花费大量的训练时间。

再次,对测试原图4-34(a)分别加上不同参数的高斯噪声干扰,如图4-36所示。

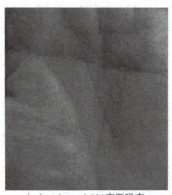

(a) $\mu=0$,$\sigma=0.001$高斯噪声　　　(b) $\mu=0$,$\sigma=0.005$高斯噪声

图4-36　测试原图加入不同参数的高斯噪声干扰效果

将本节提出的掌纹特征提取与识别算法、4.7节中提出的基于八元数的彩色掌纹特征提取与识别算法以及卷积神经网络的掌纹识别算法,分别用图4-36(a)和图4-36(b)作为样本图片对各自建立好的特征库进行匹配识别操作,三种算法最终的识别性能比较见表4-4。

表4-4　三种算法对于噪声鲁棒性的识别性能比较

算法	图4-36(a)识别成功率/%	图4-36(b)识别成功率/%
4.7节算法	86.4	80.2
卷积神经网络识别算法	98	97.6
本节算法	93.2	90.6

由表4-4数据可以看出,相对于4.7节的掌纹识别算法,本节所提出的掌纹识别算法和卷积神经网络的掌纹识别算法对于噪声干扰的鲁棒性,其识别成功率也大于4.7节的识别算法。然而,虽然卷积神经网络的掌纹识别算法的识别率较高,但是由表4-2已经可以看出卷积神经网络识别算法需要花费大量的训练时间。

本节使用了高维数学工具Stein-Weiss解析函数与BP网络相结合,对彩色掌纹图像直接进行边缘特征提取,同时对提取出来的掌纹边缘特征构造成对几何直方图特征向量来进行掌纹识别。通过实验测试分析比较,可以看出本节提出的掌纹提取与识别算法不仅提取出来的掌纹边缘信息丰富并且清晰,而且在保证较快的运行速度的前提下也能保障较高的识别率,尤其是对于旋转和噪声干扰的鲁棒性也较强。

4.9　Clifford代数向量积运用于病纹理提取

掌纹诊病是指通过观掌纹的变化来了解身体的变化,进而诊断疾病的一种传统中医学。

手作为人体重要的全息器官,能全面反映人体各个内脏器官的健康状况,因此通过手掌可以进行疾病诊断。医学工作者通过研究表明,手掌颜色可反映当前所患的急性病,手掌纹线结构、手掌的形状可反映慢性疾病,手掌上的乳突纹可反映某些遗传疾病等。手诊是现代化的、科学的诊断方法之一,并且经济、方便、易普及。随着人们越来越关注自己的健康状况,而绝大多数人不可能学习、了解相关的医学信息,带来了诸多不便,有时会贻误了病情。而手掌诊断非常方便,人们可以随时根据自己手掌的状态来了解自己的健康状况,尽早地发现疾病、治疗疾病。

4.9.1 手掌诊病的病纹理理论

在我国古医典《黄帝内经》中曾记载过大量对手的观察,如"掌内热者腑内热,掌内寒者腑内寒"等,每人手上的纹理在其作为胚胎发育的第四个月时就已形成。其中指脊纹(即手指内侧的纹)是终身不变的,掌褶纹(即手掌上的主要三条纹)虽有变化,但稳定性很高。用手掌诊病,主要是从一些较细小的纹路在随着人体健康状况变化中的观察中得出的结论。掌纹医学的基础是中医学,它由中医学的手诊发展而来。掌纹医学认为,人的手指、手掌上布满经络,它们映射着人的内脏器官的状态。人的掌纹中,一部分来自先天遗传,纹理长久不变;一部分可能因为后天的身体健康状况而发生改变,特别是内脏器官的病变会及时在手上显示出来。

尤其值得一提的是,掌纹在反映身体疾病方面有提前性。由于人体自身的抵抗力,以及很多疾病,尤其是慢性疾病有一定的潜伏期,疾病还没有出现明显症状时,就已经在掌纹上有所反映。在这种情况下,掌纹医学能在人体未觉不适时,就提前预测出某些疾病的隐患。在手掌诊病中,最重要的病理特征之一是掌纹线在手掌的不同区域所形成不同形状的病理纹。根据中医理论,掌部九丘一平原是五脏六腑的对应反射区,当人的五脏六腑出现暂时性、周期性或不规则性的功能障碍时,其人体经络会有运行障碍,其皮部会出现塌陷、苍白、饱满、红润等变化,同时丰富的神经末梢变化,微循环变化,血液循环变化历经数月、数年就变成了固定的纹线就是——病理纹。病理纹出现后,距离病人能感觉到症状还有一段时间,及早发现病理纹能够预测疾病。掌纹医学已总结出常见的八种病理纹,分别是米字纹、十字纹、三角纹、岛纹、环形纹、井字纹、方形纹和星形纹,各自表示身体某个器官出现病情及严重情况。如何准确地提取出这些病理纹是实现手掌诊病的关键步骤。在识别病纹理之前,首先要将掌纹线提取出来。

4.9.2 实验结果及分析

由于没有病理纹的掌纹图像数据,本节实验使用普通的、正常人的掌纹图像,并使用PS手动加上三角纹、方形纹,利用4.5.2节的实验,提取掌纹边缘点,效果如图4-37和4-38所示。

通过图4-37和图4-38,可以证明基于Clifford代数向量积的性质的掌纹边缘提取方法,能够应用于掌纹的某些病理纹特征。相对于图4-37中、图4-38中的(a)图像,能从图4-37、图4-38中的(f)图像中清晰地观察到该掌纹图像上面的三角纹和方形纹,这对于掌纹病理纹的识别工作有重要的帮助。其他六种病理纹的实验工作类似该实验的操作,这里不做一一描述。

选择Sobel算子来提取以上两个掌纹病理纹图像的边缘信息,与本节实验做比较,结果如图4-39和图4-40所示。

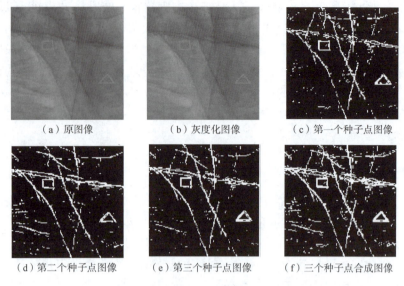

图 4-37　掌纹病理纹 1 边缘点检测

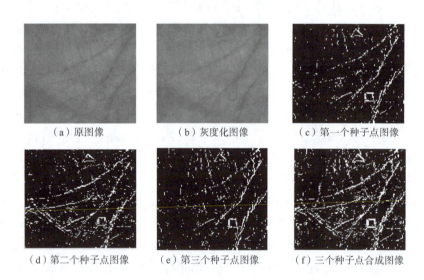

图 4-38　掌纹病理纹 2 边缘点检测

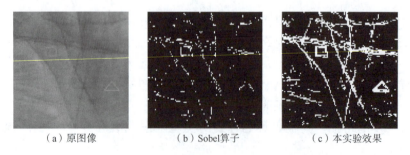

图 4-39　掌纹病理纹 1 边缘点提取对比

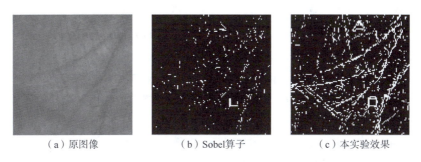

(a)原图像　　　　　　（b）Sobel算子　　　　　（c）本实验效果

图 4-40　掌纹病理纹 2 边缘点提取对比

图 4-39 和图 4-40 的实验效果对比说明，基于 Clifford 代数向量积的掌纹病理纹边缘提取，效果要比经典的边缘提取算子 Sobel 更加清晰准确，该实验能够较好地为中医病理纹的识别提供帮助。

小　　结

本章首先针对常见的掌纹提取技术与掌纹识别技术进行了综述，并总结常见的掌纹提取与识别技术的优缺点，之后重点论述各类高维数学工具在掌纹图像提取与识别中的运用，主要包括以下几个方面：

首先，结合彩色图像的六个特征，将彩色像素的 R、G、B、H、S、I 分量建立 RGB 颜色空间联合 HSI 颜色空间的八元数描述模型，嵌入八元数的六个虚部，利用八元数的旋转算法与基于八元数 BP 神经网络的掌纹边缘提取算法，分别构造四个方向的滤波器对掌纹进行边缘点检测，效果明显好于四元数的情形。

其次，人工选择种子点，构造不同维度的种子点特征向量，利用八元数向量积算法进行掌纹的边缘点检测。

然后，研究和考虑基于 Clifford 代数的向量积表示性质提取掌纹边缘。在四元数彩色图像边缘检测和区域分割的思想上，将其推广到一般的 n 维情形中。通过构造掌纹线上的种子点特征向量，对特征向量进行归一化后作为种子点的多个特征，设定阈值，对图像进行遍历检测，判断每个点是否为掌纹线上的点，从而提取掌纹线。本课题尝试了四邻域、八邻域、十二领域和二十四邻域进行实验。实验效果表明，基于八邻域的特征向量提取掌纹边缘的效果要好于其他方法。

最后，提出两种掌纹识别算法的研究，即基于八元数的彩色掌纹识别算法和基于 Stein-Weiss 函数的掌纹特征识别算法。基于八元数的彩色掌纹识别算法可以自动提取彩色掌纹图像的掌纹线。对掌纹线图像进行二维小波分解，并构造七维特征向量，采用八元数向量积表示算法进行掌纹识别。另外，基于 Stein-Weiss 函数解析性质的 BP 神经网络彩色掌纹图像的识别算法，首先为彩色掌纹图像中的每个像素点构建一个 Stein-Weiss 函数，再根据 Stein-Weiss 函数的解析性，计算出相应像素的 16 个特征值，将这些特征值输入 BP 网络的输入层，通过 BP 网络的自学习能力对这些数据进行分类学习，然后通过 BP 网络的泛化能力来获取掌纹边缘线。最后对掌纹边缘线提取成对几何特征，建立特征库，通过成对几何直方图相交算法进行掌纹识别。

然而，由于每个人的掌纹都不一样，而且受到光照、噪声的影响，一种掌纹边缘提取方法，不可能对所有的掌纹图像都适用，都能提取到丰富、精确的掌纹边缘。加上种子点需要人工选取，有一定的局限性。今后还可以从以下方面进行算法改进：

（1）改进种子点的选取和阈值的设置问题。由于手动选取种子点，难免会出现错误。借助传统的边缘提取方法进行掌纹边缘提取，根据经验让系统自动判断并选定种子点，自动判断并选择阈值的大小，是今后努力的一个方向。

（2）掌纹边缘检测效果的优化。图像边缘检测精度高，则抗噪能力较差，相反，如抗噪能力好，则精确度又不够。算法在较准确地提取的掌纹边缘信息的同时，难免地会引入一部分噪声。进一步研究可以通过各种不同的方法对效果进行优化，去除噪声点。

（3）由于八元数向量积定理可以推广到 Clifford 代数，因此还可以构造更加高的维数掌纹特征向量，对其使用基于 Clifford 代数向量积的匹配算法。

（4）本章提出的掌纹识别算法从提取出来的掌纹边缘图中也可以看到一些噪声点，因此接下来的改进方向还可以是如何在保证边缘提取的精度和识别效率的前提下，进一步提高算法的抗噪性。

本章将四元数分析、八元数分析、Clifford 分析和 Stein-Weiss 解析函数理论应用于掌纹提取与识别中，可以断定，八元数分析和 Clifford 分析理论和 Stein-Weiss 解析函数在图像处理的其他领域也将会有重要的应用。因此，探索高维代数上的分析理论在图像处理乃至其他学科领域的进一步应用，是后续研究重点之一。

另外，本章中提出的通过在掌纹图像中人为地添加病理纹，并使用基于八邻域的特征向量提取掌纹边缘，能清晰地将病理纹提取出来，更好地将高维数学理论应用于对病理纹特征的识别中，通过线段检测、图形检测的方法，让系统自动判断提取的效果图里是否包含有八种常见的病理纹，也是今后努力的另一个方向。

本章的基本内容如图 4-41 所示。

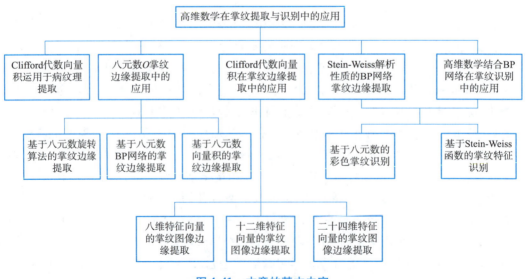

图 4-41　本章的基本内容

第 5 章 血管分割

计算机处理医学图像的步骤包括图像预处理、图像分析、图像理解,而医学图像分割是图像分析环节的关键技术,在影像医学中发挥着越来越重要的作用。计算机辅助医学图像分割技术是集计算机图形学、计算机视觉、数学分析、机器学习、图论、数据挖掘等诸多学科为一体的新型交叉研究领域。随着血管造影成像技术的迅猛发展,血管造影的成像设备的成像质量和分辨力不断提高,使得血管造影图像的分辨率越来越高,也造成了图像数据量过于庞大。因此,需要使用血管分割技术分离图像中的血管区域,以便于对图像进行后续处理和分析。血管分割是血管提取的有效方法之一,可通过半自动或者自动地提取图像中的目标区域,为图像配准、三维重建、计算机辅助诊断等后续图像处理过程提供有用的信息。

血管图像分割是计算机在临床医学应用中的重点与难点,其在医学图像处理、应用中具有重要意义。

(1)血管分割技术可以为血管建立几何学、物理学、病理学和统计学等特征参数,并依次建立信息数据库或图谱,为医生提供有价值的诊断信息,因此,一种好的分割算法是后续医学图像处理取得成功的前提保障,具有重要的社会研究价值。

(2)血管的精确分割,可提高管腔狭窄、动脉瘤和血管钙化等血管疾病诊断结果的可靠性,血管分割算法的准确性直接影响着正常组织与病变组织的三维重建,影响着病变组织等目标区域的体积、边界、形状、截面面积等属性测量的精度,因此准确率高的血管图像分割算法具有重要的临床研究意义。

(3)目前,医学图像分割主要应用于临床医学,而临床医学要求分割算法具有高的实时性、准确性与较强的可操作性,对血管的介入治疗、手术计划制订和手术精确导航等临床应用也具有重要价值。

(4)准确的血管图像分割结果能辅助主治医生掌握病变组织的真实情况,对病情的发展动态进行实时掌握,从而为医生对病情做出正确的治疗方案提供帮助,这对疾病的精确诊断与及时治疗具有重要的临床经济价值。

因此,研究并找出一种实时性强、准确率高、自适应学习性和抗干扰能力强的血管图像分割算法对医生判断病理的真实情况及诊断方案的制定与实施显得尤为重要,这不仅具有十分重要的社会和经济价值,而且具有重要的临床研究意义。

5.1 血管分割技术综述

准确精细的血管分割是医学图像三维重建与可视化以及疾病诊断和手术导航的关键技术。目前,常用的医学图像分割方法主要分为以下几类:基于区域的方法、基于形态学的方法、基于匹配滤波的方法、基于跟踪的方法、基于人工神经网络的方法以及基于活动轮廓模型的方法。

5.1.1 基于区域的血管分割方法

基于区域的血管分割方法有区域生长法、阈值法、分类器法等。Rolf Adams 和 Leanne Bischof 首先提出的种子区域生长算法,该算法基于局部像素的相似性,分割出种子点邻域中满足某些条件的像素点,是分割连通区域的常用方法,其计算简单,运算速度快,在血管连续的区域,能够得到较好的分割结果。但是,分割的结果对种子点的选择有很大的依赖性,而且区域生长算法在有很多断点或者噪声点的血管区域可能不能继续生长,从而得不到好的分割效果。Perez 等在区域生长算法中加入图像梯度的局部极值和最大主曲率,对视网膜血管取得了较好的分割效果。Higgis 等在迭代过程中反复使用三维区域生长算法建立血管树后,利用空洞填充法填充在区域生长过程中出现的空洞。程明等针对医学图像中小血管结构的灰度连续性差的问题,提出了一种定向区域生长算法,可以跨越小血管中的低对比度区域,避免了血管末梢丢失的现象。Metz 等提出了约束生长准则的方法来防止边缘泄漏的问题。

阈值分割法是图像分割中计算最简单的算法。Otsu 算法是 Otsu 在 1979 年提出的最大类间方差法,是一种简单、快速、稳定的区域检测算法。安成锦等从实时性出发,采用一维 Otsu 算法分割 SAR 图像。如果图像目标与背景之间有明显区别,那么特别适合使用此方法。但是对于多通道图像则不适用。

王晓春等对多模态 MRI 图像中单一模态的特征信息,分别使用混合核函数 SVM 方法训练出四个子分类器,对相应模态进行分割。分类器分割的优点是可以有效分割多通道图像,但是分类器算法需要对样本进行训练,需要花费较长时间。

5.1.2 基于形态学的血管分割方法

基于形态学的分割算法基于数学形态学作为分割工具,使用结构元素对图像进行腐蚀、膨胀等基本操作之后,再与原图相减以获得图像边缘。Figueiredo 和 Leitao 提出一种非平滑分割算法来估计造影图像中血管的轮廓,因为没有引入会导致血管结构畸变的平滑操作,所以也不需要背景一致性的假设,因此该方法适合分割非减影图像。Taleb-Ahmed 等提出一种基于数学形态学的半自动分割算法,该算法首先利用形态学算子对图像进行非线性滤波,然后再根据滤波后的结果确定血管的准确边界,从而精确提取 MRI 图像中的血管结构。Miri 等使用快速离散曲波变换(fast discrete curvelet transform,FDCT)和多结构数学形态学来精确定位血管边缘。

使用基于形态学的分割方法可识别特殊形状的目标时,对抗噪声能力强,且计算速度较快。但是,形态学方法没有利用血管的形状等先验信息,并且因为过多地使用结构单元,所以在分割曲率较大的血管时效果不佳。

5.1.3 基于匹配滤波的血管分割方法

基于匹配滤波的分割算法使用滤波器与图像卷积来提取目标。Chaudhuri 等和 Hoover 使用探测技术检查匹配滤波的响应,通过迭代过程并不断改变阈值将像素划分为血管和非血管两类。因为滤波器的尺度需要根据经验取值,并且使用了单尺度滤波器,所以在分割血管直径变化较大的图像时效果不佳。为了解决这个问题,人们提出了组合使用不同尺度的多个滤波器组的算法和多尺度滤波算法。Poli 和 Valli 使用一组高斯核线性组合而成的多方向线性滤波器来提取血管。多方向线性滤波器可敏感地检测出血管的不同方向和宽度。Frangi 等使用基于 Hessian 矩阵的多尺度线增强滤波器来分割血管状结构。

因为匹配滤波处理后的输出通常不能作为其最终的分割结果,还需要其他的图像处理步骤,如阈值化和连通性分析来获得最后的血管轮廓,所以从严格意义上来说,匹配滤波技术并非真正的血管分割技术。

5.1.4 基于跟踪的血管分割方法

基于跟踪的血管分割算法建立在血管具有连续结构特征这一基础上,通常的分割步骤是:先使用一个局部算子作用在已知为血管的某个初始点上,然后由算法自动跟踪出血管的中心线、方向和半径等参数。

Liu 等最先提出基于跟踪的血管分割方法来提取 X 射线造影图像中的血管。Lu 和 Eiho 等提出一种跟踪带分叉的冠状动脉边界的方法。Liang 提出一种寻找血管中心线和测量单段血管半径和曲率的算法。Aylward 等根据血管中心线灰度高于边缘灰度,且灰度在中心线的垂线方向上呈高斯分布的特性,将中心线看作一个"灰度脊线",使用八个分别代表不同方向的模板跟踪脊线。但是,上述方法的自适应跟踪能力比较差。Delibasis 等提出一种基于模型的自动跟踪算法来分割血管并估计血管的直径。

基于跟踪的血管分割方法的主要缺点是需要手动给出初始点和结束条件。

5.1.5 基于人工神经网络的血管分割方法

也有很多研究人员致力于人工神经网络的分割算法。神经网络基本思想是用训练样本集对 ANN 进行训练以确定节点间的连接和权值,再用训练好的神经网络去分割新的图像数据。神经网络一般用来对生物学知识进行仿真,在模式识别领域也被广泛使用。Franklin 和 Rajan 提出一种基于 Gabor 和不变矩特征的人工神经网络方法用于血管分割。Rodriguez 和 Carmona 提出一种基于 LBP 算子和演化神经网络的血管分割方法。Marin 等提出一种新的监督方法用于血管分割,该方法使用神经网络分类策略。

但是,人工神经网络由于容易过拟合、参数难调整,训练速度慢,而且层次较少时效果也不比其他方法更优,因此传统的神经网络在很长的一段时间里停滞不前。

5.1.6 基于活动轮廓模型的血管分割方法

活动轮廓模型是 20 世纪 80 年代后期发展起来的一种新的分割技术,它利用动力学模型的思想,通过驱动一条预定的闭合曲线向目标轮廓线逐渐逼近,并且闭合曲线在移动过程中保持其连续性和光滑性,所以它适合于提取存在较多线状结构的图像的边界。胡慧等针对传统几何活动轮廓(geometric active contour,GAC)模型易出现边界泄露的缺陷,提出一个基于改进GAC模型的图像变速分割算法。该算法结合了图像边缘梯度信息和边缘角点坐标信息,通过改变演化曲线在角点及弱边界处的常量速度,避免活动轮廓曲线继续演化进入目标边界内,造成边界泄露和角点丢失现象,影响目标轮廓提取的准确性。

但是,该算法必须对逐个断层的图片进行分割,未考虑到相邻的断层图片间的相关性,而且比较费时。

5.1.7　多种经典血管分割方法的结合

近年来,许多研究人员将多种经典分割方法结合起来,也取得了不错的效果。李宜平、王雪利用模糊聚类协作区域主动轮廓模型来进行医学图像分割,在一定程度上消除了对种子点的敏感性,提高了医学图像分割的准确性;李积英等提出将量子克隆进化算法与二维 Tsallis 熵相结合,利用量子空间的多样性丰富种群信息,并在传统进化算法中引入克隆算子和量子变异,以寻找二维 Tsallis 熵的最佳阈值,然后对图像进行分割;黄伟、陶俊才将 k-means 聚类和半监督学习结合运用在脑部肿瘤病人磁共振图像中分割肿瘤,引入像素空间信息来衡量像素间相似度,从而获得分割结果;林建坤等基于种子区域增长方法来分割胆管,并将其集成到数字化虚拟肝脏及肝癌手术计划系统中;Del 等首先采用区域生长分割出粗略的血管,然后使用粗略的血管模型作为构造可形变模型的初始几何形状,得到较精细的分割结果;Cseh 等采用神经网络和区域生长结合的方法,在肿瘤分割中取得不错的效果;Palomera 等基于 ITK 的并行运算,采用多尺度特征与区域生长相结合的方法,提取视网膜血管,在精度和速度上都有很大的改进;Frangi 等基于多尺度滤波与 Hessian 的特征值区别血管结构和非血管结构,提出血管增强滤波方法。

5.2　高维数学理论应用的研究现状

近年来发展起来的高维数学理论:八元数分析、Clifford 代数分析,以及以 Stein-Weiss 解析函数为主要研究对象的高维 Hardy 空间理论,经历百年发展,成熟又完美,它们为图像处理提供了合适的数学工具,在图像处理中得到重要应用。本章前面章节中有将 Stein-Weiss 函数与神经网络相结合来分割彩色图像,也提出了一种基于八元数乘法几何意义的边缘检测滤波器,该方法能够提取出丰富的彩色图像的边缘以及特定的颜色区域,同时还将八元数分析、Clifford 代数分析,以及以 Stein-Weiss 解析函数运用于掌纹边缘的提取与识别技术中。以上方法都取得了不错的结果。

血管造影图像中包含多种器官的解剖结构,要从具有复杂结构的图像中精确分割出血管网络极具挑战性。由于血管造影图像存在血管结构复杂、灰度分布不均和血管密度变化等因素影响,影响了血管分割算法的分割结果。针对目前血管造影图像所存在的问题,现有的血管分割方法对血管的分割精度尚有不足,不能很好地满足临床的需求。医学图像的精确分割依赖于是否有更好的分割算法。

准确精细的血管分割是医学图像三维重建与可视化以及疾病诊断和手术导航的关键技术,

由于医学成像技术的特点和血管结构的复杂性,如何更加高效地提高血管分割的准确性、精度和鲁棒性是现有研究必须面对的基本问题。目前对于血管分割的国内外相关研究,尚无通用的血管分割算法。本章希望通过相关探索,在高维数学理论、神经网络算法、新型三维血管分割算法模型和三维血管分割与重建系统实现上提供一条可行的解决途径和新型的研究成果。

5.3 三维血管分割与重建系统的技术支持

医学图像序列的三维重建显示是仿真影像学的一个重要组成部分,其主要目的就是将二维的图像数据集,按照给定的规则构建其在三维空间的表示形式,使图像数据显示更加直观。本节血管分割和重建所使用的三维重建技术主要是体绘制技术,项目平台借助 Microsoft Visual Studio 集成开发环境,分别编译 ITK 和 VTK 类库,使它们能够通过编程手段单独使用。

5.3.1 体绘制技术

体绘制技术又称为直接体绘制技术,其基本原理为:将体数据集中的所有体素看作半透明物体,它们可吸收和传输光线,给每个体素赋予一定的颜色值和不透明度,然后沿一定的射线方向,对该射线穿过体素的颜色值和不透明度进行采样,并将该射线上的所有采样值根据位置关系进行组合并投影到显示平面上,最后形成二维图像。本节血管重建算法中使用的是光线投射体绘制算法。具体算法步骤为:首先从最终的图像显示平面上的每一个像素位点发出与视线平行的射线,每条射线均穿过待绘制的三维数据集,并对数据集进行分类。然后,在每条射线上选择若干个等距离的数据采样点,对于每个采样点,取与其距离最近邻的数据点的颜色值和不透明度值进行三线性插值,计算出该采样点的不透明度值和颜色值。之后将每条射线上各采样点的颜色值和不透明度值按照一定的方向和不同的权重系数合成,即可得到显示平面上发出该射线的像素点处的颜色值,从而可以在屏幕上得到最终的图像。其算法流程图如图 5-1 所示。

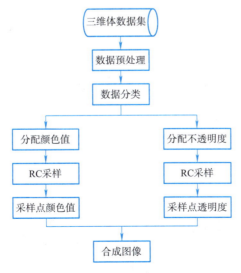

图 5-1 光线投射体绘制算法流程图

5.3.2　ITK 功能介绍

ITK 是由美国国家卫生院下属国立医学图书馆资助开发的一个基于 C++、面向对象、范式编程的跨平台开源软件开发包。其集成了完备的图像处理与分析算法,目前由 Kitware 公司维护。ITK 针对医学影像领域,提供了技术领先的二维、三维及更高维图像分割与配准算法,更为研究人员提供了一个快速开发的平台。

ITK 基于流水线管道机制来处理对象,以数据处理为中心,实现数据和算法的分离。将数据处理的流水过程分为数据输入、数据处理和对象输出。ITK 支持不同类型格式的数据,在管道机制处理过程中,待处理数据可以采用现有或者创新改进的方法,实现数据的滤波、分割、配准和统计等。

5.3.3　VTK 功能介绍

VTK 是一个免费提供计算机图形学、图像处理和可视化等功能的开源软件系统。它包含一个 C++ 类库和 C++、Java、TCL、Python 多种程序语言的解释层接口,并且具有良好的可移植性,可跨平台运行。其支持多种可视化算法(标量、向量、张量、纹理和体数据方法)和先进的建模技术(隐性建模、多边形网格平滑、还原、切割、轮廓抽取等)。VTK 同 ITK 采用流水线管道机制的设计模式。其数据可视化处理流程可以简单划分为数据源、滤波器、映射器和绘制器四个阶段。

5.4　八元数在血管分割中的应用

由于传统的分割算法分割腹主动脉的效果并不够好;而且腹部图像为 CT 图像序列组成的三维图像,数据量比较大,采用一般二维血管分割算法分割就不能综合考虑各断层图像的联系,也不能一步到位完成,因此本章节运用三维区域生长算法;同时因为临床应用中常常需要实时地实现腹部血管分割。因此,如果采用复杂的、计算量大的算法不仅耗时,而且操作困难。基于以上原因,本节将高维数学中的八元数运用于血管分割中,提出以下几种算法。

5.4.1　基于八元数向量积表示定理的三维区域生长算法

1. 算法原理

区域生长法分二维和三维,一般都是根据灰度、纹理的均匀性和区域形状等准则,把性质与种子点大致相近且与种子点邻近像素点组合在一起以形成区域。区域生长算法有两个研究重点:一是如何选取初始种子点,或者说如何自适应生成初始种子点;二是区域生长准则的设计。区域生长算法的优点是运算快速,实现起来也比较容易。因为人体血管是有很多分支的树状结构,各分支之间都是连通的,而在腹部血管分割中,往往并不需要分割出腹部的其他脏器以及骨头,使用区域生长算法可以把与血管不连通的其他脏器以及骨头分离。所以,区域生长算法特别适用于医学图像的血管分割。传统区域生长的缺点是许多时候它需要人机交互以获得种子点,这使算法无法实现全自动选取种子点。同时,传统的区域生长算法所用到的合并准则只考虑种子点和邻域像素的相似度,所以对噪声很敏感,如果血管区域存在断点,算法很难在血管区域中继续生长。区域生长算法的难点在于区域生长准则的设计,如果规则太简单就不能有效地得到需要的目标,如果规则太复杂就会加大算法计算时间。

本节提出一种基于八元数向量积表示定理的三维区域生长算法,旨在使算法可以在有断点的血管区域中继续生长,从而分割出更多腹主动脉血管。根据 2.3.1 节提及的八元数向量积表示定理,如果两个少于七维的单位向量相等,当且仅当其内积值为 1;如果两个少于七维的单位向量越接近,它们的内积值就越接近 1。在医学图像中,认为 CT 序列图片三维数据中,如果两个相邻的体素点是相同或相近的,则由它们的六邻域灰度值经单位化后组成的单位六维向量的内积值应该会等于 1 或者是接近 1。

于是,基于八元数向量积表示的三维区域生长算法如下:

首先,输入 k 张 $m \times n$ 大小的连续的 CT 序列图片(三维,体数据大小为 $m \times n \times k$),并在目标区域中选取初始种子点。

然后,计算当前种子点的六邻域(上下两断层的相同坐标点和同层的东、南、西、北四个坐标点)的灰度值,让它们组成一个六维向量并将其单位化,得到的单位六维向量称为当前种子点单位六维特征向量,代表着当前种子点的性质。基于八元数向量积表示定理的三维区域生长算法的六邻域定义如图 5-2 所示。其中,P 为当前点,定义其他黑点为点 P 的六邻域点。

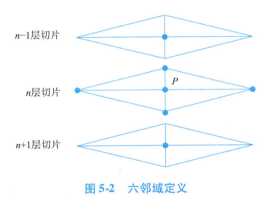

图 5-2 六邻域定义

最后,计算种子点邻域中各点的单位六维特征向量并分别与种子点的单位六维特征向量做内积,寻找与种子点的内积值在某个接近 1 的给定区间中(本节的给定区间为 $[0.995,1]$)的邻域点,将其并入当前种子点像素所在区域,并将该点作为新的当前种子点继续迭代,直到找不到符合规则的当前种子点的邻域点就结束迭代。算法流程如图 5-3 所示。

这种算法充分考虑到种子点的邻域与其邻域点的邻域的相似性,而不是单纯地只考虑种子点自身与其邻域点的相似性。因此,即使在有断点(可能是噪声点或者血管造影中出现误差)的血管区域中,算法仍然可能继续生长,从而能分割出更多血管。

2. 实验结果

本节所有实验均在 Windows 7 及以上版本操作系统下进行。所有实验数据是某医院提供的腹部 CT 图像,每个断层图像大小均为 512×512。实验环境是:CPU 为 Intel Core i5-2300 2.8 GHz×4,内存大小为 4 GB,硬盘大小为 1 TB。

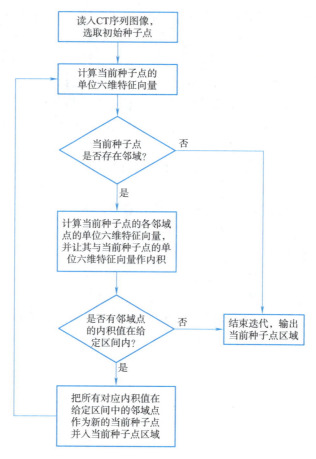

图 5-3　基于八元数向量积表示定理区域生长算法流程图

实验将通过用置信区间区域生长算法及本节提出的基于八元数向量积表示定理的三维区域生长算法分别对 S50（365 个断层）、S70（320 个断层）两组数据进行腹主动脉血管分割，并比较两种算法的效果。

首先，两种算法对 S50 和 S70 分割腹主动脉，都是选取四个种子点，种子点位置如图 5-4 所示。

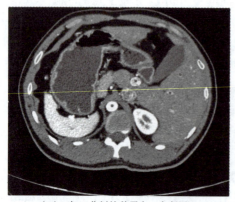
（a）对S50分割的种子点，在断层183

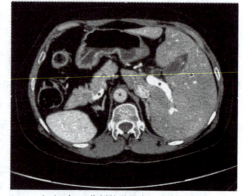
（b）对S70分割的种子点，在断层161

图 5-4　对 S50 和 S70 分割腹主动脉血管所采用的种子点

图 5-5 和图 5-6 所示是置信区间区域生长算法和基于八元数向量积表示的三维区域生长算法分别对 S50 分割腹主动脉血管的结果。

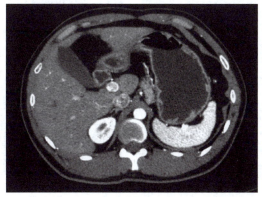

（a）S50的断层182原图

（b）置信区间

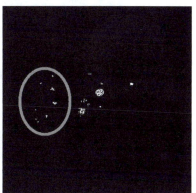

（c）八元数向量积

图 5-5　两种算法对 S50 分割腹主动脉血管后各断层图片对比（断层 182）

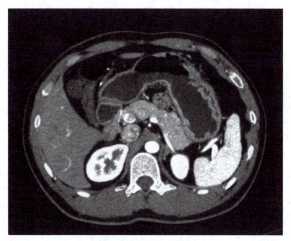

（a）S50的断层205原图

图 5-6　两种算法对 S50 分割腹主动脉血管后各断层图片对比（断层 205）

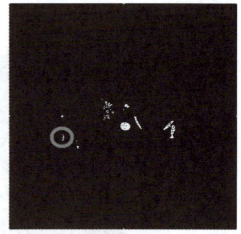

　　　　　（b）置信区间　　　　　　　　　　　　（c）八元数向量积

图 5-6　两种算法对 S50 分割腹主动脉血管后各断层图片对比（断层 205）（续）

　　图 5-7 和图 5-8 所示是置信区间区域生长算法和基于八元数向量积表示的三维区域生长算法分别对 S70 分割腹主动脉血管的结果。

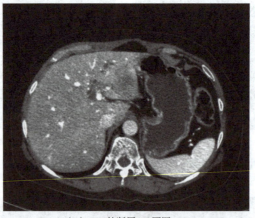

（a）S70 的断层 109 原图

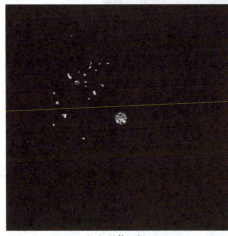
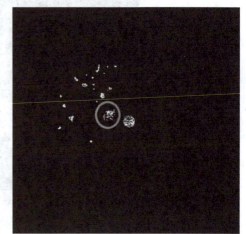

　　　　　（b）置信区间　　　　　　　　　　　　（c）八元数向量积

图 5-7　两种算法对 S70 分割腹主动脉血管后各断层图片对比（断层 109）

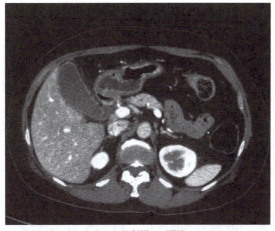

（a）S70的断层199原图

（b）置信区间

（c）八元数向量积

图 5-8　两种算法对 S70 分割腹主动脉血管后各断层图片对比（断层 199）

图 5-9 为用置信区间区域生长算法、基于八元数向量积表示定理的三维区域生长算法对 S50 分割出腹主动脉血管后再重建的结果。

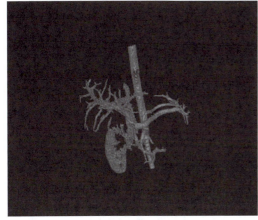

（a）置信区间

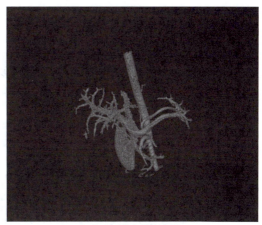

（b）八元数向量积表示

图 5-9　两种算法对 S50 分割腹主动脉血管后重建的效果

图 5-10 为用置信区间区域生长算法、基于八元数向量积表示定理的三维区域生长算法对 S70 分割出腹主动脉血管后再重建的结果。

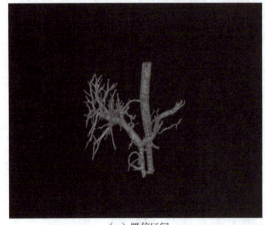
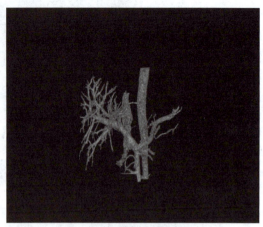

（a）置信区间　　　　　　　　　　　（b）八元数向量积表示

图 5-10　两种算法对 S70 分割腹主动脉血管后重建的效果

然后,用传统的区域生长算法、置信区间区域生长算法、基于八元数向量积表示定理的三维区域生长算法分割 S50 的非腹主动脉血管分支,且选用另外一个初始种子点,种子点位置如图 5-11 所示。

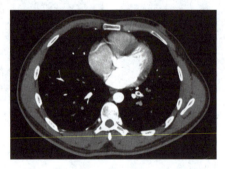

图 5-11　对 S50 分割非腹主动脉血管所采用的种子点（在断层 1）

图 5-12 和图 5-13 是传统的区域生长算法、置信区间区域生长算法和基于八元数向量积表示的三维区域生长算法分别对 S50 分割非腹主动脉血管分支的结果。

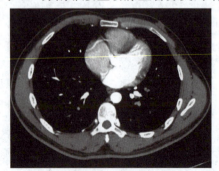

（a）S50 的断层 1 原图

图 5-12　三种算法对 S50 分割非腹主动脉血管后各断层图片对比（断层 1）

  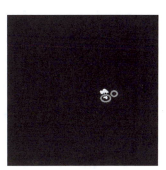

（b）传统区域生长　　　　　　（c）置信区间　　　　　（d）八元数向量积表示

图 5-12　三种算法对 S50 分割非腹主动脉血管后各断层图片对比（断层 1）（续）

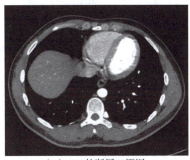

（a）S50 的断层 50 原图

  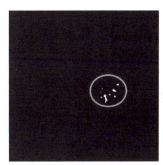

（b）传统区域生长　　　　　　（c）置信区间　　　　　（d）八元数向量积表示

图 5-13　三种算法对 S50 分割非腹主动脉血管分支后各断层图片对比（断层 50）

图 5-14 为用传统区域生长、置信区间区域生长算法、基于八元数向量积表示定理区域生长算法对 S50 分割出非主动脉血管分支后重建的结果。

（a）传统区域生长　　　　　　（b）置信区间　　　　　（c）八元数向量积表示

图 5-14　三种算法对 S50 分割非腹主动脉血管分支后重建的效果

3. 实验结果分析

表 5-1 ~ 表 5-3 分别是传统的置信区间区域生长算法、基于八元数向量积表示定理区域生长算法对 S50(365 个断层,选取四个种子点)、S70(320 个断层,选取四个种子点)和 S50(选取一个种子点)分割的性能分析。

表 5-1 两种算法对 S50 分割腹主动脉血管的效果比较

分割方法	总运行时间/s	分割效果
置信区间区域生长	136.92	分割到最少腹主动脉血管分支,不会把非感兴趣区域分割出来
基于八元数向量积表示定理的区域生长	637.04	分割到较多腹主动脉血管分支,不会把非感兴趣区域分割出来

表 5-2 两种算法对 S70 分割腹主动脉血管的效果比较

分割方法	总运行时间/s	分割效果
置信区间区域生长	117.34	分割到最少腹主动脉血管分支,不会把非感兴趣区域分割出来
基于八元数向量积表示定理的区域生长	519.89	分割到较多腹主动脉血管分支,不会把非感兴趣区域分割出来

表 5-3 三种算法对 S50 分割非腹主动脉血管分支的效果比较

分割方法	总运行时间/s	分割效果
传统的区域生长	68.34	分割到最少非腹主动脉血管分支
置信区间区域生长	99.02	分割到较少非腹主动脉血管分支
基于八元数向量积表示定理的区域生长	384.73	分割到较多非腹主动脉血管分支

本节提出基于八元数向量积表示定理的三维区域生长算法,从上面的实验效果图可以看出:传统区域生长算法和置信区间区域生长算法在分割腹主动脉血管时,如果生长到血管区域之间的断点,很可能不能再生长下去。而本节提出的基于八元向量积表示定理的三维区域生长算法不仅考虑当前像素点的灰度值,而且考虑当前像素点的邻域。因此,如果血管区域之间只是出现一个断点,该算法可以继续生长并分割血管。

5.4.2 基于八元数函数解析性的血管分割算法

上节将八元数与传统的区域生长算法相结合,令三维体数据中每一个体素对应于一个八元数,利用八元数的乘法性质来比较,确定该体素是不是血管。此方法虽在一定程度上得到了较好的结果,但是精度更好的算法执行需要更多的时间。主要由于区域生长算法实现效率不高,而且由于区域生长算法受到连通域的约束,所以提取细小血管的能力受到限制。本节提出基于八元数解析性的血管分割算法。

1. 算法原理

在三维体数据中,肝脏血管是连续的,与肝实质在灰度上虽然对比度不大,但还是有一定差分。血管壁是与肝实质区分的边界。在本节算法中,只要提取出血管壁,就可以完成血管分割,然后重建出肝脏血管。八元数函数的解析性质对函数提出了较为严格的条件,把自然界中事物具有高度光滑性和连续性的变化(如纹理的变化、光照的变化)点当作满足八元数解析性质的,其边缘点则认为是不满足八元数解析性质的。本节主要算法是用三维体数据构建八元数函数,每一个体素对应于一个八元数,然后根据八元数函数的解析性,判断哪些体素是解析点,哪些体素不是解析点。如果体素为解析点,则视为血管内的点或者是肝实质中的点;反之,则视为血管边缘上的点,从而分割出血管。

定义 $\mathbf{R}^3 \to \mathbf{R}^8$ 中的函数 $F(q)$:设 $q(i,j,k)$ 是体数据中任一体素的中心,令

$$F(q) = \sum_{i=0}^{7} f_i(q) e_i$$

其中,$f_i(q)$,$i=0,1,\cdots,7$ 分别为体素的八个对角顶点像素的灰度值,如图 5-15 所示。

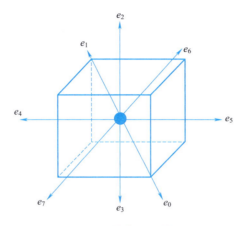

图 5-15 八元数体素三维体数据结构

那么,$f_i(q)$,$i=0,1,\cdots,7$ 具体的值为

$$f_0 = f(i-1,j-1,k-1), \quad f_1 = f(i+1,j-1,k-1)$$
$$f_2 = f(i-1,j+1,k-1), \quad f_3 = f(i+1,j+1,k-1)$$
$$f_4 = f(i-1,j-1,k+1), \quad f_5 = f(i+1,j-1,k+1)$$
$$f_6 = f(i-1,j+1,k+1), \quad f_7 = f(i+1,j+1,k+1)$$

其中,$f(q)$ 为 CT 序列三维空间中的灰度值函数。若 $F(q)$ 在点 $q(i,j,k)$ 处左解析,则有 $Df=0$,即

$$\frac{\partial f_0}{\partial x_0} - \frac{\partial f_1}{\partial x_1} - \frac{\partial f_2}{\partial x_2} = 0, \quad \frac{\partial f_0}{\partial x_1} + \frac{\partial f_1}{\partial x_0} + \frac{\partial f_3}{\partial x_2} = 0$$

$$\frac{\partial f_0}{\partial x_2} + \frac{\partial f_2}{\partial x_0} - \frac{\partial f_3}{\partial x_1} = 0, \quad \frac{\partial f_3}{\partial x_0} + \frac{\partial f_2}{\partial x_1} - \frac{\partial f_1}{\partial x_2} = 0$$

$$\frac{\partial f_4}{\partial x_0} - \frac{\partial f_5}{\partial x_1} - \frac{\partial f_6}{\partial x_2} = 0, \quad \frac{\partial f_4}{\partial x_1} + \frac{\partial f_5}{\partial x_0} - \frac{\partial f_7}{\partial x_2} = 0$$

$$\frac{\partial f_4}{\partial x_2} + \frac{\partial f_6}{\partial x_0} + \frac{\partial f_7}{\partial x_1} = 0, \quad \frac{\partial f_5}{\partial x_2} - \frac{\partial f_6}{\partial x_1} + \frac{\partial f_7}{\partial x_0} = 0$$

2. 算法步骤

为提高分割效率,减少分割时间,选择肝脏为感兴趣区域(ROI)。

(1)由于血管在三维数据中大多是垂直或者倾斜分布,所以在本实验中获取当前体素的八个对角顶点像素的灰度值。

(2) 求八个对角顶点在 x,y,z 方向上的梯度值，记为 $\dfrac{\partial f_i}{\partial x_j}, i=0,1,\cdots,7, j=0,1,2$。

(3) 在三维数据中，均匀过渡部分的 Df 不会绝对等于 0。所以，令 $Df=a$，即

$$a_0=\dfrac{\partial f_0}{\partial x_0}-\dfrac{\partial f_1}{\partial x_1}-\dfrac{\partial f_2}{\partial x_2}, \qquad a_1=\dfrac{\partial f_0}{\partial x_1}+\dfrac{\partial f_1}{\partial x_0}+\dfrac{\partial f_3}{\partial x_2}$$

$$a_2=\dfrac{\partial f_0}{\partial x_2}+\dfrac{\partial f_2}{\partial x_0}-\dfrac{\partial f_3}{\partial x_1}, \qquad a_3=\dfrac{\partial f_3}{\partial x_0}+\dfrac{\partial f_2}{\partial x_1}-\dfrac{\partial f_1}{\partial x_2}$$

$$a_4=\dfrac{\partial f_4}{\partial x_0}-\dfrac{\partial f_5}{\partial x_1}-\dfrac{\partial f_6}{\partial x_2}, \qquad a_5=\dfrac{\partial f_4}{\partial x_1}+\dfrac{\partial f_5}{\partial x_0}-\dfrac{\partial f_7}{\partial x_2}$$

$$a_6=\dfrac{\partial f_4}{\partial x_2}+\dfrac{\partial f_6}{\partial x_0}+\dfrac{\partial f_7}{\partial x_1}, \qquad a_7=\dfrac{\partial f_5}{\partial x_2}-\dfrac{\partial f_6}{\partial x_1}+\dfrac{\partial f_7}{\partial x_0}$$

(4) 设立适当的阈值 T，若 $a_0,a_1,a_2,a_3,a_4,a_5,a_6,a_7$ 均小于 T，则视该体素在血管内部或脏器内部；反之，则视该体素处于血管边缘。重复上述步骤。

3. 实验结果与分析

本次实验在 Microsoft Windows 7 及以上版本操作系统中进行，计算机配置为：内存 2 GB，处理器为 Intel Core 2 Duo CPU T6670 2.20 GHz。所有实验数据均来自某医院所提供的腹部 CT 序列，CT 体数据为 $512\times512\times320$。本节对比了阈值分割算法、八元数向量积区域生长算法，实验结果如图 5-16 所示。

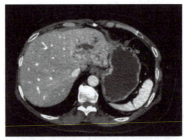

(a) S70第109张CT切片

  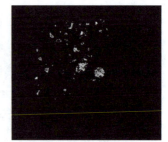

(b) 阈值分割结果切片　　(c) 八元数向量积区域生长算法　　(d) 本节算法分割结果切片

图 5-16　其他算法与本节算法切片结果对比

图 5-17(a) 为对体数据使用阈值分割算法分割重建后的结果，图 5-17(b) 为对体数据使用八元数向量积算法分割重建后的结果，图 5-17(c) 为本节算法对体数据分割重建后的结果。

（a）阈值分割结果　　　　　（b）八元数向量积区域生长算法　　　　（c）本节算法分割结果

图 5-17　本节算法与其他算法重建结果比较

从实验结果可以看出，阈值分割算法和八元数向量积区域生长算法能够分割出一些小血管，但是精度和血管数量没有本节算法好。本节算法能很好地分割出肝脏血管的细小分支，适用于精细血管提取；但是本节算法也存在着有噪声的问题。

通过考虑体素邻域的灰度值构建八元数函数，利用八元数解析的性质，判断体素是否为血管上的点。此算法解决了一些传统方法无法分割细小血管的问题，能够较好地分割出血管树。但是，此算法的阈值是人工干预的，没有达到自动分割的效果，并不适用于所有 CT 影像。因此，高效自动分割算法是进一步研究的目标。

5.4.3　基于八元数边缘检测算子的血管分割算法

上一节中的实验结果表明，检测血管边缘的方法在血管分割中有效可行，并且可以分割出许多细小血管。鉴于血管边缘检测方法得到分割效果较好，于是本节考虑将传统的三维 Sobel 算子与八元数相结合，在算法上进行改进。考虑到每一体素有其结构特征，将每一体素的特征用八元数来表示，再构造一个八元数超复数算子。算子中，每一个元素也为一个八元数，用这个八元数算子来进行血管边缘提取，从而分割出血管。

1. 三维 Sobel 分割

Sobel 算子是基于像素灰度值边缘检测算子之一，它通过在 3×3 邻域里计算偏导数进行边缘检测。由于它对噪声的不敏感性和掩模相对较小，因此能够比较有效地进行数字图像的边缘检测和提取。令体素中每一个元素由 $z_1,z_2,\cdots,z_9$ 表示，如图 5-18 所示。

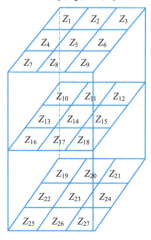

图 5-18　体素的 $3\times3\times3$ 邻域

三维体数据 $f(x,y,z)$ 在 x,y,z 方向上的偏导数为

$G_x = (Z_1 + Z_3 + Z_7 + Z_9) - (Z_{19} + Z_{21} + Z_{25} + Z_{27}) + 6Z_5 + 3[(Z_2 + Z_4 + Z_6 + Z_8) - (Z_{20} + Z_{22} + Z_{24} + Z_{26})] - 6Z_{23}$

$G_y = (Z_3 + Z_9 + Z_{21} + Z_{27}) - (Z_1 + Z_7 + Z_{19} + Z_{25}) + 6Z_{15} + 3[(Z_6 + Z_{12} + Z_{18} + Z_{24}) - (Z_4 + Z_{10} + Z_{16} + Z_{22})] - 6Z_{13}$

$G_z = (Z_7 + Z_9 + Z_{25} + Z_{27}) - (Z_1 + Z_3 + Z_{19} + Z_{21}) + 6Z_{17} + 3[(Z_8 + Z_{16} + Z_{18} + Z_{26}) - (Z_2 + Z_{10} + Z_{12} + Z_{20})] - 6Z_{11}$

计算每一个体素的梯度值公式为

$$G(x,y,z) = \left(\frac{G_x^2 + G_y^2 + G_z^2}{3}\right)^{\frac{1}{2}}$$

在得到体数据的梯度值 $G(x,y,z)$ 之后,选择一个合适的阈值 t,如果 $G(x,y,z) > t$,那么点 $f(x,y,z)$ 则被当作边缘上的点。

图 5-19 中所示的是三维 Sobel 算子在三个方向上的掩模,在实际应用中,就是将掩模与体素的 $3 \times 3 \times 3$ 邻域进行卷积得到差分梯度值,从而得出物体的边缘。

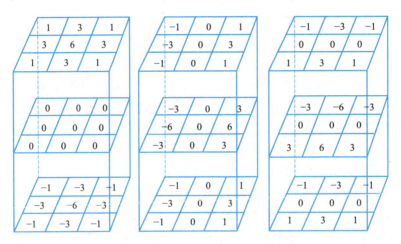

图 5-19　三维 Sobel 算子的掩模

2. 算法内容

血管在三维医学数据中大多数是垂直或者倾斜分布的,所以在结构上考虑了斜方向和垂直方向的结构特征。

定义八维向量空间中的八元数函数 $f(x)$,分别把体素中各个体素的上、下、左、右、前、后邻域和本身的像素的灰度值作为八元数函数虚部 $e_1, e_2, e_3, e_4, e_5, e_6, e_7$ 向量上对应的系数,而向量 e_0 对应的系数为 0,如图 5-20 所示。

因此,每一个体素都可以用一个纯八元数来表示,即

$$q = 0e_0 + q_1e_1 + q_2e_2 + q_3e_3 + q_4e_4 + q_5e_5 + q_6e_6 + q_7e_7$$

通过这种方式,可以构建出八元数体数据并记为 O_{volume}。

将 O_{volume} 中的每一个八元数单位化。单位化之后的八元数体素的 $3 \times 3 \times 3$ 邻域记为 M,即

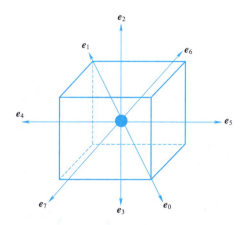

图 5-20 体素的 $3\times3\times3$ 邻域

$$M = \begin{pmatrix} o_1 & o_2 & o_3 & o_{10} & o_{11} & o_{12} & o_{19} & o_{20} & o_{21} \\ o_4 & o_5 & o_6 & o_{13} & o_{14} & o_{15} & o_{22} & o_{23} & o_{24} \\ o_7 & o_8 & o_9 & o_{16} & o_{17} & o_{18} & o_{25} & o_{26} & o_{27} \end{pmatrix}$$

假设在相同的同质区域 R_1 的体素具有相同的灰度级 v_1，在相同的同质区域 R_2 的体素具有相同的灰度级 v_2，v_1，v_2 都是单位纯八元数。构造一个超复数边缘检测算子，即

$$G_x = \frac{1}{27}\begin{pmatrix} v_1 & v_1 & v_1 & 0 & 0 & 0 & v_2 & v_2 & v_2 \\ v_1 & v_1 & v_1 & 0 & 0 & 0 & v_2 & v_2 & v_2 \\ v_1 & v_1 & v_1 & 0 & 0 & 0 & v_2 & v_2 & v_2 \end{pmatrix}$$

$$G_y = \frac{1}{27}\begin{pmatrix} v_1 & 0 & v_2 & v_1 & 0 & v_2 & v_1 & 0 & v_2 \\ v_1 & 0 & v_2 & v_1 & 0 & v_2 & v_1 & 0 & v_2 \\ v_1 & 0 & v_2 & v_1 & 0 & v_2 & v_1 & 0 & v_2 \end{pmatrix}$$

$$G_z = \frac{1}{27}\begin{pmatrix} v_1 & v_1 & v_1 & v_1 & v_1 & v_1 & v_1 & v_1 & v_1 \\ 0 & 0 & 0 & 0 & 0 & 0 & 0 & 0 & 0 \\ v_2 & v_2 & v_2 & v_2 & v_2 & v_2 & v_2 & v_2 & v_2 \end{pmatrix}$$

如需检测 x 方向上边缘，则将 G_x 与 M 做卷积，即可得到在 x 方向上梯度值，其计算结果为

$$G_x * M = \frac{1}{27}(v_1 o_1 + v_1 o_2 + v_1 o_3 + v_1 o_4 + v_1 o_5 + v_1 o_6 + v_1 o_7 + v_1 o_8 + v_1 o_9 + v_2 o_{19} + v_2 o_{20} + v_2 o_{21} + v_2 o_{22} + v_2 o_{23} + v_2 o_{24} + v_2 o_{25} + v_2 o_{26} + v_2 o_{27})$$

本节运用八元数的乘法运算。前面已知 v_i，o_j 是单位纯八元数。如果 $o_j(j=1,\cdots,9)$ 与 v_1 结构相匹配且 $o_j(j=19,\cdots,27)$ 和 v_2 结构相匹配，那么 $G_x * M = -1$。这说明该体素 o_{14} 是 R_1 到 R_2 的边缘。将上述算法应用于另外两个方向 y，z，可以得到 $G_y * M$，$G_z * M$。

令 $$G(x,y,z) = \max(G_x * M, G_y * M, G_z * M)$$

像三维 Sobel 算子一样，选择一个适合的阈值 t，$(t \in (0,1))$，如果 $G(x,y,z) > t$，那么 o_{14} 为血管边缘。

3. 实验结果与分析

本节使用与上一节相同的实验环境与实验数据,并与三维 Prewitt 算子、三维 Sobel 算子、上节的八元数函数解析性分割结果相比较,切片实验结果如图 5-21 所示。

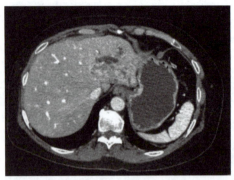

(a) 原始图像切片

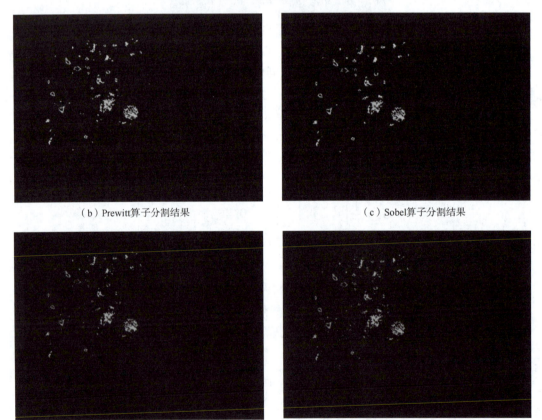

(b) Prewitt 算子分割结果　　　　　　　　　(c) Sobel 算子分割结果

(d) 八元数函数解析性算法分割结果　　　　(e) 本节算法分割结果

图 5-21　其他算法与本节算法切片结果对比

同时将这四种算法进行三维重建,在图 5-22 重建的结果中可以清楚地看到,八元数算子边缘检测算子能够分割出肝脏中细小血管。

本节设计的分割方法考虑了血管的结构特性,算法简单容易实现,可以较快地分割精细血管。但算法还是有几点不足和需要进一步研究的地方:首先,阈值的选择处于完成较好地实验结果,自动分割算法才能更好地应用于实际应用中;其次,本节较好地分割出了精细血管,但是在实验结果中可以看到存在很多不连续孤立的噪点,所以在保持血管细节的同时鲁棒性需要提高。

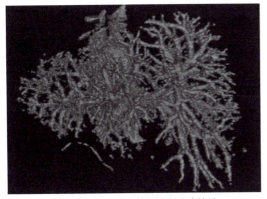
(a)三维Prewitt算子分割重建结果

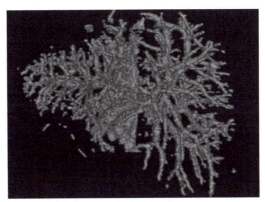
(b)三维Sobel算子重建结果

(c)八元数函数解析性分割重建结果

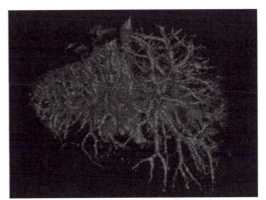
(d)本节算法分割重建结果

图 5-22　其他算法与本节算法重建结果对比

5.4.4　基于八元数函数解析性的 BP 网络血管分割算法

医学图像分割是医学图像处理的关键技术,在临床诊疗中越来越重要。医学图像由于其信息量大,自身复杂多变而对其分割技术提出了更高的要求。近年来各种新型的组合分割技术得到了飞速发展。在此,本节提出一种基于结构特征的八元数 BP 网络分割算法。考虑到肝脏血管在三维医学数据中大多数是垂直或者倾斜分布的,所以,在结构上考虑了斜方向和垂直方向的结构特征。本节将八元数函数解析性质所产生的特征作为 BP 网络的输入项来训练网络,达到分割血管树的目的。

1. 人工神经网络

人工神经网络是在对人脑神经系统的基本认识的基础上,用数理方法从信息处理的角度对人脑神经网络进行抽象并建立的模型。它是一种旨在模仿人脑结构及其功能的信息处理系统。人工神经网络具有很高的容错性,自学习、自适应性。BP 网络是采用误差反向传播算法的多层感知器,也是迄今应用最广泛的神经网络之一。它采用的学习规则是运用最速下降法,通过反向传播来调整网络的权值和阈值。

图 5-23 为 BP 神经网络模型拓扑结构,它包括输入层、隐层和输出层。

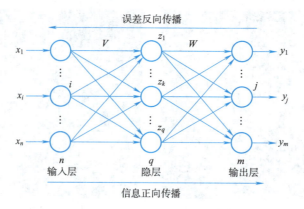

图 5-23　BP 网络三层感知器模型图

误差反向传播就是把学习的过程分为两个阶段:第一个阶段信号的前向传播阶段,给出输入信息通过输入层经过隐层计算最后输出层每个单元的实际输出值;第二个阶段是误差的反向传播阶段,看第一阶段的实际输出值是否是期望的输出值,如果没有得到期望输出值,则逐层递归地计算实际输出值与期望输出值的误差,根据此误差来调整权值。调整权值这个过程是循环的,当误差减小到一定程度或者达到一定循环次数的时候终止,这个过程也是神经网络学习训练的过程。误差反向传播是一种使用输出结果与期望输出结果产生的误差进行反向传播,从而调整网络结构和参数的算法。

BP 网络学习训练的算法步骤见 2.6.2 节中的详细阐述。

2. 算法内容

在 5.4.2 节提出了利用八元数函数解析性质进行血管分割,从该算法中得知八元数函数的解析性质对函数提出了比较严格的要求。假定肝脏血管树具有高度光滑性和连续性的变化的点是满足八元数解析性质,边缘点认为是不满足解析性。在该算法中,分析得到特征值,即

$$a_0 = \frac{\partial f_0}{\partial x_0} - \frac{\partial f_1}{\partial x_1} - \frac{\partial f_2}{\partial x_2}, \qquad a_1 = \frac{\partial f_0}{\partial x_1} + \frac{\partial f_1}{\partial x_0} + \frac{\partial f_3}{\partial x_2}$$

$$a_2 = \frac{\partial f_0}{\partial x_2} + \frac{\partial f_2}{\partial x_0} - \frac{\partial f_3}{\partial x_1}, \qquad a_3 = \frac{\partial f_3}{\partial x_0} + \frac{\partial f_2}{\partial x_1} - \frac{\partial f_1}{\partial x_2}$$

$$a_4 = \frac{\partial f_4}{\partial x_0} - \frac{\partial f_5}{\partial x_1} - \frac{\partial f_6}{\partial x_2}, \qquad a_5 = \frac{\partial f_4}{\partial x_1} + \frac{\partial f_5}{\partial x_0} - \frac{\partial f_7}{\partial x_2}$$

$$a_6 = \frac{\partial f_4}{\partial x_2} + \frac{\partial f_6}{\partial x_0} + \frac{\partial f_7}{\partial x_1}, \qquad a_7 = \frac{\partial f_5}{\partial x_2} - \frac{\partial f_6}{\partial x_1} + \frac{\partial f_7}{\partial x_0}$$

$a_0, a_1, a_2, a_3, a_4, a_5, a_6, a_7$ 这 8 个值是描述体数据解析性质特征的数量值,在本节算法中,将这 8 个值作为 BP 网络的输入数据,BP 网络的输入层有 8 个节点,隐层的节点数设为 8,输出层节点数为 2。在本节实验中,样本的选择比较有难度,输入样本太多导致网络训练速度慢,所以选取了 5.4.2 节由基于八元数解析函数的特性算法分割出的肝脏血管树的部分。

3. 实验结果与分析

本节使用与上一节相同的实验环境与实验数据,并与5.4.2节的八元数函数解析性分割结果相比较,两种算法的三维重建结果如图5-24所示。

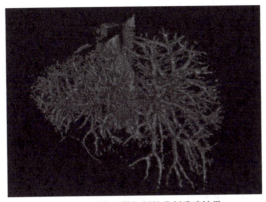
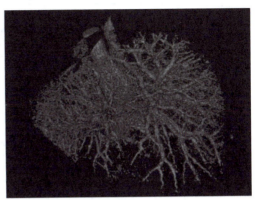

(a) 八元数函数解析性分割重建结果　　　　　　(b) 本节算法分割重建结果

图5-24　八元数函数解析性分割算法与本节算法重建结果对比

本节设计的分割方法是基于八元数函数解析的性质,将八元数解析性与BP网络相结合,利用神经网络具有的自学习和自适应性分割出血管。但该算法还是有几点不足和需要进一步研究的地方:首先,样本的选择对每组实验数据都不同,且样本质量是分割质量的关键,目前还没有比较权威的数据作为训练样本;其次,神经网络训练速度比较慢,不能实现实时应用。

5.4.5　基于八元数 Cauchy 积分公式的血管分割算法

1. 算法原理

传统的区域生长算法一般只考虑种子点本身的灰度信息。算法运行过程中,根据相似性准则对种子点周边的像素进行相似性判断,如果相似就加入分割区域中,最终的算法结果是一个或多个由相似像素组成的连通区域。因此,对于因噪声而断裂的血管不能合并进来,导致分割的精细程度不够高。另外,生长的过程本身也没有考虑到血管的结构及走向,因此有一定的弊端。而将八元数与区域生长的思想结合起来能克服上述缺点,并能分割出更细小的、不连续的血管。Cauchy 积分公式是复分析、四元数、八元数分析中的重要公式。其几何意义是在光滑区域中,封闭光滑形状内的任意一点可以用其边界上的点表示。因为人的血管具有光滑的特性,基于此,可以根据血管走向构造合适的封闭形状,并用封闭区域边界上点的灰度值平均来表示种子点,提高了算法的抗噪性。算法流程图如图5-25所示。

2. 算法步骤

算法使用医学图像处理工具 VTK、ITK 在系统内构成三维体数据。在体数据中,定义图像所在的平面为横纵轴平面(x-y 平面),序列方向为竖轴(z 轴),每个像素点都有唯一的坐标值。手动选择血管点像素,考虑到血管斜方向较多的走向规律看,选择了图5-26所示六维方向上的邻域像素代表当前数据特征点,从而构成一个纯八元函数。对于其他的数据,按照同样的数据表征结构来定义对应的纯八元函数。

具体过程如下:

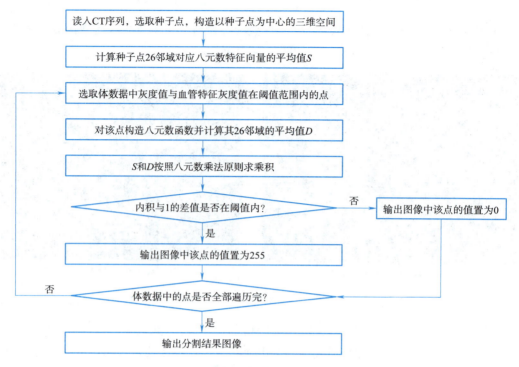

图 5-25　算法流程图

图 5-26　六维向量示意图

首先需要对 CT 序列图像建立八元数的模型。设当前点的坐标值为 (x,y,z)，其像素值用 $f(x,y,z)$ 表示。构造的纯八元数 o_{seed} 为

$$o_{\text{seed}} = f(x,y,z-1)e_1 + f(x,y,z+1)e_2 + f(x-1,y,z)e_3 + f(x+1,y,z)e_4 + f(x,y-1,z)e_5 + f(x,y+1,z)e_6$$

对其进行单位化得到种子点的特征向量 o，用 $f_1, f_2, \cdots, f_6$ 表示 o_{seed} 的每一分量，即

$$o = \frac{f_1 e_1 + f_2 e_2 + f_3 e_3 + f_4 e_4 + f_5 e_5 + f_6 e_6}{\sqrt{f_1^2 + f_2^2 + f_3^2 + f_4^2 + f_5^2 + f_6^2}}$$

在血管区域，认为是平滑的，八元数的 Cauchy 积分定理成立。那么血管局部同质区域中，某一点的数值应等于以该点为中心的区域边界上取值的平均。使用图 5-27 所示的封闭区域为研究对象，使用该区域边缘的 26 邻域的平均代表当前点的特征，使用该特征进行血管区域的提取。

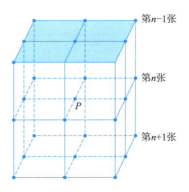

图 5-27　二十六邻域示意图

选择血管中的一点作为种子点,使用种子点的 26 邻域上的八元数的平均作为种子点的特征向量,遍历图像数据,用种子点的特征向量与每一点的特征向量做内积,通过判断内积值是否接近 1,来判断该点是否为血管中的点。

由于需要遍历所有体素点,并且对三维体数据的每一个体素点都构造一个八元函数,并计算其 26 邻域的平均值,因此,计算量很大,为减小数据量,本节算法只选择体数据中灰度值与血管特征点灰度值相差在一定范围内的数据点参与计算。血管特征向量与数据点对应的特征向量做内积。利用八元函数乘法性质对特征点八元函数与数据点八元函数的乘积来区别像素点,得到的内积值越接近 1,且叉积的模越接近 0,则说明数据点越有可能是血管点。设定精确的限定值,在精确度允许的范围内的点为血管点,将判定为血管点的值及其坐标位置对应输出。所有血管点输出完成,即为分割的最终结果。具体算法流程如下:

(1)输入腹部的 CT 序列图像。对图像进行预处理,利用反分割系统将骨骼去除。

(2)在血管区域选择种子点,种子点的特征向量使用其 26 邻域构成八元数向量。

(3)遍历图像中的数据,选择在灰度值阈值范围内的点,计算每一点的特征向量,并与种子点的特征向量做内积。判断内积与 1 的差值是否在给定的阈值范围内。

(4)如果是,则输出图像中该点的值置为 255,否则置为 0。输出图像即为血管的分割结果图。

3. 实验结果与分析

本节提出的算法选用 Windows 7 及以上版本操作系统和 Visual Studio 编程工具来实现。为了分析算法对医学图像的分割效果,验证是否能够达到血管分割的目的,取某医院提供的腹部 CT 序列 S70 作为测试图像,大小为 $512 \times 512 \times 320$。手动选择肝脏血管点参与算法计算。本算法选取(136,247,162)位置的血管点六维邻域构建血管点八元函数。并设置血管区域灰度值的上下阈值为[180,380]。种子点特征向量与分割点特征向量的内积与 1 的差的绝对值小于 0.05。对于 S70,取第 109 张 CT 切片,如图 5-28 所示。

分别使用本节算法与阈值分割算法、区域生长算法分割后,各个切片的结果如图 5-29 所示。

对三种不同算法的分割结果分别进行三维重建得到的血管模型如图 5-30 所示。

由于每一个像素点对应的八元函数都需要用封闭区域的边缘点像素对应的八元函数的平均来代替,并迭代进行内积运算,耗时较多。但根据实验结果可以看出,使用八元数 Cauchy 积分公式这一高维的数学工具,和传统的阈值分割、区域生长算法相比较,提高了三维重建的精度,对于图像缺失断裂或噪声污染具有很好的适用性。此方法能分割出更精细的血管,对临床诊断和手术具有重要意义。

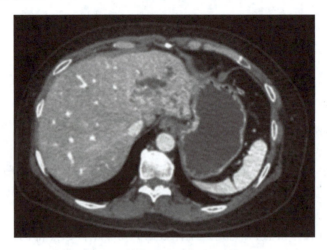

图 5-28　S70 第 109 张 CT 切片

(a) 本节算法分割结果切片

(b) 阈值分割结果切片

(c) 区域生长分割结果切片

图 5-29　S70 二维切片的分割结果图

第 5 章　血管分割

（a）本节算法重建结果

（b）阈值分割重建结果

（c）区域生长分割重建结果

图 5-30　三种算法对 S70 肝血管分割重建结果图

5.5　Clifford 代数在血管分割中的应用

5.5.1　基于 Clifford 代数向量积表示定理的三维区域生长算法

1. 算法原理

八元数向量积表示定理能够推广到 Clifford 代数，同样有 Clifford 代数向量积表示定理。因此，同样提出基于 Clifford 代数向量积定理的三维区域生长算法。该算法流程与 5.4.1 节中的基于八元数向量积表示定理的三维区域生长算法情况接近，但可以构造每个点任意多维的特征向量然后再做内积。经过实验证明，八邻域（上两层的同坐标点，下两层的同坐标点和同层东、南、西、北四个点）构造的单位八维特征向量最终能使血管分割的效果较佳。基于 Clifford 代数向量积表示定理的三维区域生长算法的八邻域定义如图 5-31 所示。其中，P 为当前点，定义其他黑点为点 P 的八邻域点。

除了特征向量的构造方式外，基于 Clifford 代数向量积表示定理的三维区域生长算法与基于八元数向量积表示定理的三维区域生长算法类似：计算种子点各邻域点的单位八维特征向量，并使其分别与种子点的单位八维特征向量做内积，寻找与种子点的内积值在某个接近 1 的给定区间中(本节的给定区间为$[0.995,1]$)的邻域点,将其并入当前种子点像素所在区域,并将该点作为新的种子点子像素反复迭代,直到找不到符合规则的种子点的邻域点为止。具体算法流程如图5-32所示。

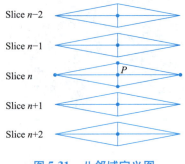

图5-31 八邻域定义图

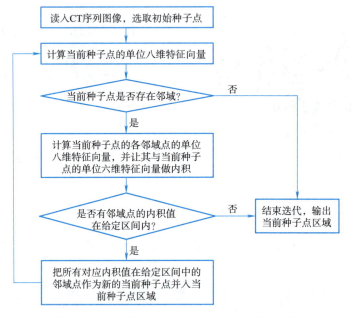

图5-32 基于Clifford代数向量积表示定理的区域生长算法流程图

2. 实验结果

本节所有实验均在Windows 7及以上版本操作系统下进行,实验数据是某医院提供的腹部CT图像,每个断层图像大小均为512×512。实验环境是:CPU为Intel Core i5-2300 2.8 GHz×4,内存大小为4 GB,硬盘大小为1 TB。

实验将通过用置信区间区域生长算法及5.4.1节提出的基于八元数向量积表示定理的三维区域生长算法以及本节算法分别对S50(365个断层)、S70(320个断层)两组数据进行腹主动脉血管分割,并比较三种算法的效果。

首先,三种算法对S50和S70分割腹主动脉,都选取四个种子点,种子点位置如图5-33所示。

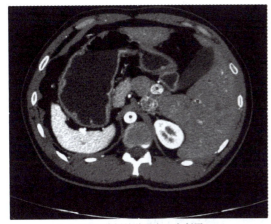
（a）对S50分割的种子点，在断层183

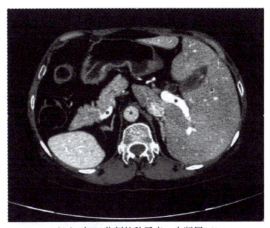
（b）对S70分割的种子点，在断层161

图 5-33 对 S50 和 S70 分割腹主动脉血管所采用的种子点

图 5-34 和图 5-35 所示是置信区间区域生长算法和基于八元数、Clifford 代数向量积表示的三维区域生长算法分别对 S50 分割腹主动脉血管的结果。

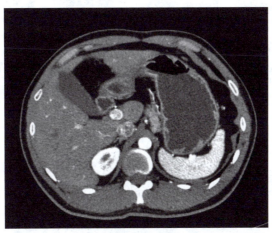
（a）S50的断层182原图

（b）置信区间

（c）八元数向量积

（d）Clifford代数向量积

图 5-34 三种算法对 S50 分割腹主动脉血管后各断层图片对比（断层 182）

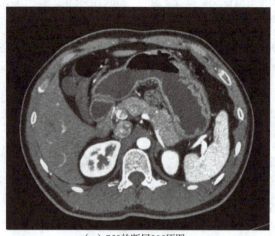

（a）S50的断层205原图

 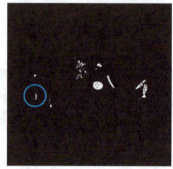 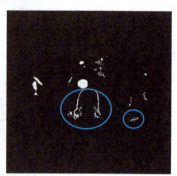

（b）置信区间　　　　　　（c）八元数向量积　　　　　　（d）Clifford代数向量积

图 5-35　三种算法对 S50 分割腹主动脉血管后各断层图片对比（断层 205）

图 5-36 和图 5-37 是置信区间区域生长算法和基于八元数、Clifford 代数向量积表示的三维区域生长算法分别对 S70 分割腹主动脉血管的结果。

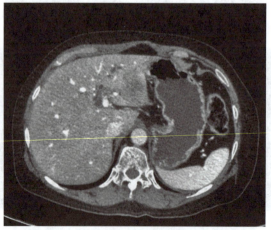

（a）S70的断层109原图

图 5-36　三种算法对 S70 分割腹主动脉血管后各断层图片对比（断层 109）

第 5 章　血管分割

（b）置信区间

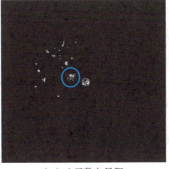
（c）八元数向量积

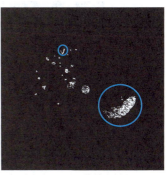
（d）Clifford代数向量积

图 5-36　三种算法对 S70 分割腹主动脉血管后各断层图片对比（断层 109）（续）

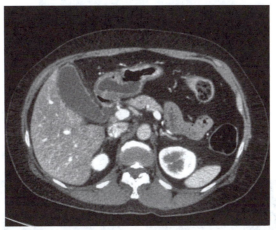
（a）S70的断层199原图

（b）置信区间

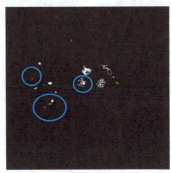
（c）八元数向量积

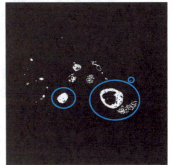
（d）Clifford代数向量积

图 5-37　三种算法对 S70 分割腹主动脉血管后各断层图片对比（断层 199）

　　图 5-38 为用置信区间区域生长算法、基于八元数及 Clifford 代数的向量积表示定理的三维区域生长算法对 S50 分割出腹主动脉血管后再重建的结果。

　　图 5-39 为用置信区间区域生长算法、基于八元数及 Clifford 代数的向量积表示定理的三维区域生长算法对 S70 分割出腹主动脉血管后再重建的结果。

(a)置信区间

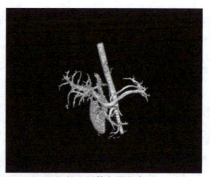
(b)八元数向量积表示

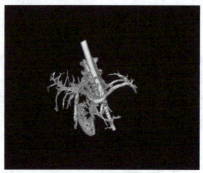
(c)Clifford代数向量积表示

图 5-38　三种算法对 S50 分割腹主动脉血管后重建的效果

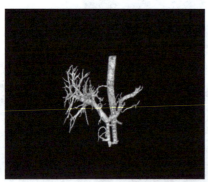
(a)置信区间

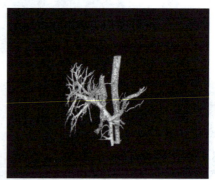
(b)八元数向量积表示

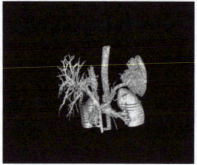
(c)Clifford代数向量积表示

图 5-39　三种算法对 S70 分割腹主动脉血管后重建的效果

3. 实验结果分析

表 5-4 和表 5-5 分别是传统的置信区间区域生长算法、基于八元数及 Clifford 代数向量积表示定理区域生长算法对 S50(365 个断层,选取 4 个种子点)和 S70(320 个断层,选取 4 个种子点)分割的性能分析。

表 5-4 三种算法对 S50 分割腹主动脉血管的效果比较

分割方法	总运行时间/s	分割效果
置信区间区域生长	136.92	分割到最少腹主动脉血管分支,不会把非感兴趣区域分割出来
基于八元数向量积表示定理的区域生长	637.04	分割到较多腹主动脉血管分支,不会把非感兴趣区域分割出来
基于 Clifford 代数向量积表示定理的区域生长	728.55	分割到最多腹主动脉血管分支,但非感兴趣的脊柱部分也分割出来

表 5-5 三种算法对 S70 分割腹主动脉血管的效果比较

分割方法	总运行时间/s	分割效果
置信区间区域生长	117.34	分割到最少腹主动脉血管分支,不会把非感兴趣区域分割出来
基于八元数向量积表示定理的区域生长	519.89	分割到较多腹主动脉血管分支,不会把非感兴趣区域分割出来
基于 Clifford 代数向量积表示定理的区域生长	594.07	分割到最多腹主动脉血管分支,但把肝脏等脏器也分割出来

从上面的实验效果图可以看出:置信区间区域生长算法在分割腹主动脉血管时,如果生长到血管区域之间的断点,很可能不能再生长下去。而本章提出的基于八元数和 Clifford 代数向量积表示定理的三维区域生长算法不仅考虑当前像素点的灰度值,而且考虑当前像素点的邻域。因此,一方面,如果血管区域之间只是出现一个断点的话,该算法可以继续生长并分割血管;另一方面,基于 Clifford 代数向量积表示定理的三维区域生长算法虽然能比八元数的算法提取出稍微多一点的腹主动脉血管分支,但是同时亦很容易把不需要的内容如其他脏器或者骨头等一并分割出来。造成这种情况的原因是基于 Clifford 代数向量积表示定理的三维区域生长算法考虑的是种子点的八邻域而不是基于八元数向量积表示定理的三维区域生长算法的六邻域,如果考虑太多邻域作为种子点的特征向量,将会模糊了点与点之间的差异性,从而生长到不同质的非感兴趣区域。

5.5.2 基于 Clifford 代数的 12 维特征向量血管分割算法

从上节算法实验结果分析中发现,精度更好的新算法执行需要更多的时间。而多次实验证明,这种时间的增加大多是因为区域生长法实现效率不高。同时区域生长法受到连通域的限制,而细小的血管数字成像通常不连续,使用区域生长法提取细小血管的能力受到限制。因此,本节提出一种基于 Clifford 理论的新分割算法——基于 Clifford 代数的三维医学数据血管分割方法。

1. 算法原理

针对三维血管分割的特点以及 Clifford 代数在图像处理中的应用优势,算法设计的时候考虑了这样几个因素：

（1）三维空间内，血管走向大多倾向于垂直方向，血管垂直走势同时存在一定的倾斜性。

（2）利用像素点周边数据点的特征来代替中间数据点的像素值，避免了图像数据中奇异点的影响，同时提高算法的抗噪能力。

（3）并没有用其他算法结合，而是直接利用数学性质来进行分割。这样算法不会受到引入算法的限制，简单的计算为高维图像处理和多特征的引入带来了更高的效率。面向导航手术等实时性较高的图像处理需求有更好的应用价值。

相比于上节中基于 Clifford 代数向量积表示定理的三维区域生长算法，本节算法直接利用 Clifford 向量积定理进行算法设计，同时考虑了血管数据倾斜方向上的特征，而不考虑血管点本身的数据值，提高小血管分割可能性的同时增强数据抗噪能力，简化了分割算法思想。

算法使用医学图像处理工具在系统内构成三维体数据。在体数据中，定义图像所在平面为横纵轴平面（x-y 平面），序列方向为竖轴（z 轴），每个点都有对应的唯一坐标位置。手动选择其中血管点像素 S，考虑到血管走向一般为竖向，而且噪声可能造成血管点断裂，细小血管形成的图像不再连续，特征点选择了血管点前、后、左、右、上、下、上左、下右、上上、下下、上上右、下下左 12 个方向的邻域数据点来表示点的特征，12 个邻域点的数据值（$X_1, X_2, X_3, X_4, X_5, X_6, X_7, X_8, X_9, X_{10}, X_{11}, X_{12}$）代表当前数据点特征，从而构成一个血管点的特征三维模板，如图 5-40 所示。

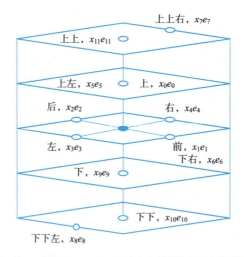

图 5-40　数据点 Clifford 特征向量构成的三维模板

构造与其对应的纯 Clifford 向量，即

$s = 0e_0 + X_1e_1 + X_2e_2 + X_3e_3 + X_4e_4 + X_5e_5 + X_6e_6 + X_7e_7 + X_8e_8 + X_9e_9 + X_{10}e_{10} + X_{11}e_{11} + X_{12}e_{12}$

对于其他的数据点，按照（$Y_1, Y_2, Y_3, Y_4, Y_5, Y_6, Y_7, Y_8, Y_9, Y_{10}, Y_{11}, Y_{12}$）同样的数据表征结构来定义对应的纯 Clifford 代数，即

$d = 0e_0 + Y_1e_1 + Y_2e_2 + Y_3e_3 + Y_4e_4 + Y_5e_5 + Y_6e_6 + Y_7e_7 + Y_8e_8 + Y_9e_9 + Y_{10}e_{10} + Ye_{11} + Y_{12}e_{12}$

将数据点归一化判断数据点是否相同，利用 Clifford 代数向量积性质：若 $s = d$，则它们归一化向量的乘积等于（-1,0,0,0,0,0,0,0,0,0,0,0），而 Clifford 代数的乘积可以用向量的点积

和叉积表示,有 $sd = -s \cdot d + s \times d$。因此,判断两个 Clifford 向量点积是否为 1,就可以判断两个向量是否相等。

在三维医学数据体中血管点的特征三维模板遍历数据点,为减小数据量,本节只选择体数据中数据灰度值与血管特征点灰度值相差在一定范围内的数据点参与计算。血管特征向量与数据点对应的特征向量做内积。利用 Clifford 向量乘法性质对特征点 Clifford 向量与数据点 Clifford 向量的向量积来区别像素点,得到的值越接近 1,则说明数据点越有可能是血管点,反之数据点更倾向于非血管点的可能。设定精确度限定值,在精确度允许范围内的点为血管点,将判定为血管点的值及其坐标位置对应输出,输出值可以是定值,也可以是数据对应值。所有血管点输出完成,空数据体内构成三维输出数据,即是分割的最终结果。具体的算法流程如图 5-41 所示。

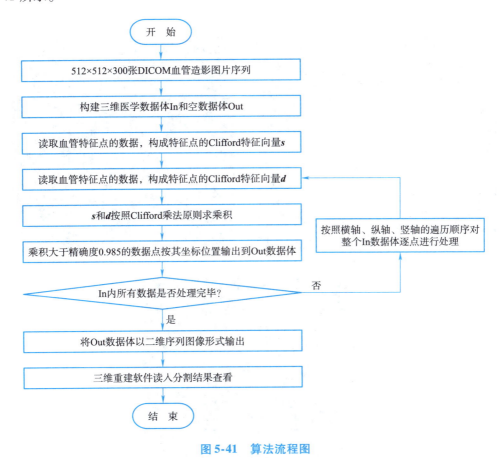

图 5-41 算法流程图

2. 实验结果

本节的实验在 Windows 7 及以上版本操作系统上进行,CPU 为 Intel i5-2430(2.40 GHz×2),内存大小 4 GB。使用 ITK 和 C++编码。采用了两组实验数据,第一组采用上节中的 S70 肝血管系统造影 CT 图像(图像大小为 512×512×320),并与上节中的基于 Clifford 代数性质的区域生长法实验结果进行对比;第二组实验数据采用胆血管造影 CT 序列 DICOM 图像(250×149×303)作为实验数据。

考虑到提取血管精细程度，图像预处理没有做滤波去噪等工作，只调整图像窗宽窗位充分显示血管结构，使图像在 0~255 像素灰度间得到较好的显示，选择肝脏区域数据点参与算法计算。本节算法中选取位置(227,216,198)的血管点构建血管点 Clifford 向量模板。

另外，三维分割算法生成三维的分割结果，在观察实验结果的时候，可以通过两种方式来直观地查看：

（1）通过三维数据体重特定的切片图像查看。

（2）将三维医学图像分割的序列图像进行重建后显示实验的结果。

第一组实验结果：将上一节中的 Clifford 代数区域生长法用于同样的 S70 数据，上节算法的二维切片分割结果和本节算法结果对比如图 5-42 所示。分别进行三维重建后的结果如图 5-43 所示。

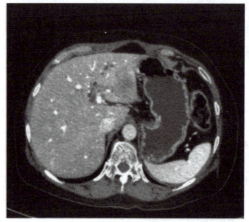
（a）S70 的第 109 张原图

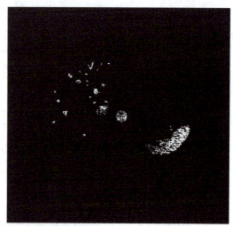
（b）Clifford 代数区域生长法结果

（c）本节算法实验结果

图 5-42　Clifford 代数区域生长法和本节算法二维切片分割结果对比（S70）

第二组实验结果：使用区域生长法分割出的三维血管作为血管分割的对比。选取血管点 S 进行实验，其坐标为(120,100,2)。图 5-44 为原始图像与对应的分割后的断层图像；本节算法结果三维重建后与区域生长法重建结果如图 5-45 所示。

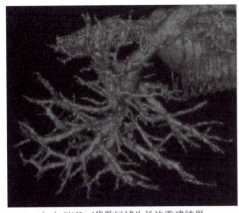
（a）Clifford代数区域生长法重建结果

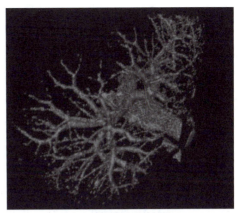
（b）本节算法重建结果

图 5-43　Clifford 代数区域生长法和本节算法三维重建结果对比（S70）

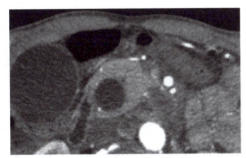
（a）胆血管原始CT图像第98张

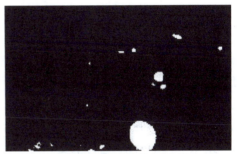
（b）本节算法分割出的血管结果

图 5-44　本节算法分割结果切片图像与原始图像对比

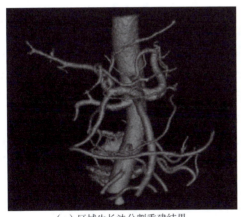
（a）区域生长法分割重建结果

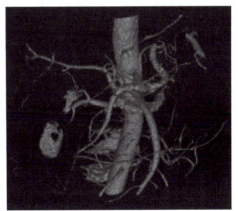
（b）本节算法分割重建结果

图 5-45　区域生长法与本节算法重建结果对比

3. 实验结果分析

从图 5-43 的实验结果对比中可以发现本节算法相比较与 Clifford 代数区域生长法的算法，能够提取出更多的小血管。而且本节算法不受连通域的限制，简化算法的同时提高了精度和算法速度。

从图 5-45 重建的胆道系统血管上可以看出，本节算法已经将图像中的绝大部分血管分割出来，只有少数极其细小的血管没有提取出。和区域生长法相比，不但对于不连续血管的提取效果更好，而且速度更快。但是，噪点相对较多，也会有不必要的相似区域分割出来。

在种子点的选取上，可以选取血管点，也可以选取血管边缘上的点，来增加血管的提取精度。现在血管点的选取还是手工的，对于是否有一种模式可以直接表示血管点，还有待研究。若是找到这种模式，本节中所描述的算法就可以实现自动化而避免现有的手工参与。

与现有技术相比，本节算法在分割丰富血管的同时，保证了分割过程快速有效地进行，操作简单，应用前景广泛，在图像分割领域开辟了新的途径。但是本节算法仍然需要手动选择血管点，自动化程度受到限制。同时，算法对种子点敏感，算法稳定性仍需改进。重建后的结果可以看出，分割出的血管存在不连续等现象。

5.5.3 基于 Clifford 代数描述数据特征的阈值分割算法

上一节的实验表明，Clifford 代数表示血管特征的方法有效可行，通过设计具有数据分布方向性的特征模板，即可准确表示出血管特征并进行快速计算。但是，上节算法对血管点的选择敏感，而且仍有手工操作参与，需要结合现有的算法对上节算法进行改进。本节采用阈值分割的思想。通常的阈值分割方法是通过统计图像灰度，根据背景和目标的峰值确定阈值。后来演变出分块的局部阈值法和 Otsu 阈值法等经典的改进算法，能够自适应调整阈值以完成阈值变化的分割。很明显，这些阈值分割方法应用到血管分割中并不能顾及血管结构的问题。在阈值分割中引入血管结构信息，更适合实际医疗需求的实时性和精细度。本节结合 Clifford 代数性质和阈值分割思想，提出一种基于 Clifford 代数描述数据特征的阈值分割算法。利用模板描述数据性质，通过 Clifford 代数乘法性质计算数据特征，使用图像 Clifford 代数乘积直方图确定阈值，从而完成血管分割。

1. 算法原理

血管在三维医学数据中大多是垂直或者倾斜分布的，在二维数据中往往是一个曲线包围起来的数域，这些特征在实验中可以观察到。所以本节在二维图像处理中选择 5×5 区域作为特征模板。区域内对角线上的值表示数据的性质，但是考虑到血管走向的方向性，没有选择对角线上的所有值。在二维血管分割中构造形如"×"字的模板来检测血管数据的分布。同时，认为血管数据的分布不可能在模板表示的局部范围内有多于 1 个的分叉，因此构造图 5-46 所示的半径为 2 的二维血管特征提取模板。

1				3
	2		4	
			5	
				6

图 5-46 数据点 Clifford 特征向量构成的三维模板

其中，数字指示的位置为特征点，对应的数值分别为 x_1,x_2,x_3,x_4,x_5,x_6。x_1,x_2,x_3,x_4 表示血管水平方向上的走势，x_3,x_4,x_5,x_6 表示血管垂直方向上的走势，x_1,x_2,x_5,x_6 表示血管对角线方向上的走势。也可以构造另一条对角线上的模板，不同的选择对实验结果的影响不明显。

在 Clifford 代数中，若一个 Clifford 代数 x 具有形式 $\boldsymbol{x}=x_0+\sum_{i=1}^{n}x_ie_i$，则将 $\boldsymbol{x}$ 称为一个 Clifford 向量。

用六个特征点的数值构造表示模板特征的八元数特征向量 $\boldsymbol{x}$ 有

$$\boldsymbol{x}=x_1e_1+x_2e_2+x_3e_3+x_4e_4+x_5e_5+x_6e_6$$

对于三维血管分割，在二维模板构造的思路上，构造图 5-47 所示的三维血管特征提取模板。其中特征点的值为 $x_1,x_2,x_3,x_4,x_5,x_6,x_7,x_8$。

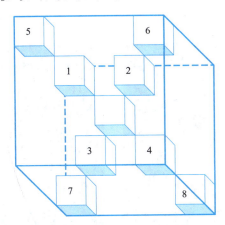

图 5-47　数据点 Clifford 特征向量构成的三维模板

同样，模板特征可以用 Clifford 向量表示为

$$\boldsymbol{x}=x_1e_1+x_2e_2+x_3e_3+x_4e_4+x_5e_5+x_6e_6+x_7e_7+x_8e_8$$

模板和数据的比对通常采用欧几里得距离的方法，然而对于 n 维特征向量欧几里得距离的一次计算就需要 n 次乘法、$2n-1$ 次加法和一次开方，对于多元特征的比较计算量很大。出于对算法效率的考虑，采用 Clifford 向量乘法计算数据与模板的相似度，对于 n 维特征向量一次计算只需要 n 次乘法完成。多次试验证明，Clifford 向量内积测量特征的相似度与欧几里得距离测量相似度数值上差异不大，数据相似度对比趋势有相近的效果。

设 X 为数据点，根据前面模板特征位置的定义，对应的以 X 为中心，2 领域范围内的特征位置上的点构成数据点的 Clifford 向量。设数据点和模板对应的 Clifford 向量分别为 $\boldsymbol{x}$ 和 $\boldsymbol{x}_0$，本节取模板特征点的数值都相等。将向量单位化并求内积得到数值 $a=\boldsymbol{x}\cdot\boldsymbol{x}_0$，因为 $|\boldsymbol{x}\cdot\boldsymbol{x}_0|\leq|\boldsymbol{x}||\boldsymbol{x}|=1$，所以 $a\in[0,1]$。a 表示了数据点和特征点的相似度，即数据点是血管点的概率。对全部 $m\times n\times k$ 个图像数据值与模板求内积得到数据像素值 X_i 与对应的 Clifford 向量内积 $\boldsymbol{a}_i$ 的集合，即

$$\{(X_i,\boldsymbol{a}_i)\,|\,\boldsymbol{a}_i=\boldsymbol{x}_i\cdot\boldsymbol{x}_0,i\in N,N=m\times n\times k\}$$

每个数据点对应的 Clifford 向量内积值 $\boldsymbol{a}_i$ 可以看成每个数据点是血管点的概率。通过阈值分割的思想，统计每个灰度值上的概率得到 Clifford 向量乘积直方图，目标峰值对应的灰度

即为血管对应的灰度。考虑到医学图像数据的模糊性和噪声因素,并没有取背景峰值和目标峰值中的谷值为阈值直接分割,而是选取目标峰值两边极小值对应的灰度值作为阈值 T_1,T_2。$[T_1,T_2]$ 之间的值即认为是血管点。

2. 实验结果

本节的实验在 Windows 7 及以上版本操作系统上进行,CPU 为 Intel i5-2430(2.40 GHz×2),内存大小 4 GB。使用 ITK 和 C++编码。采用上节中的 S70 肝血管系统造影 CT 图像(图像大小为 512×512×320),并与上节中的基于 Clifford 代数的 12 维特征向量血管分割算法实验结果进行对比。

首先,考虑到提取血管精细程度,图像预处理没有滤波去噪,只将图像调整窗宽窗位,使图像在 0~255 像素灰度间得到较好的显示,然后肝脏血管系统区域参与算法计算。

二维切片图像的实验结果如图 5-48 所示。

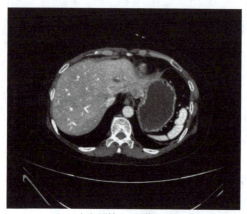
(a)原始 CT 图像

(b)上节算法二维分割结果

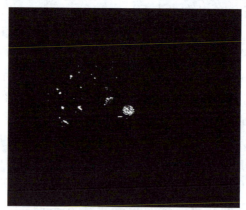
(c)本节算法二维分割结果

图 5-48 本节算法与上节算法的二维分割结果对比

两种算法的三维重建结果如图 5-49 所示。可以看出大部分血管都已经提取出来,相比于上节算法结果提取的血管更加精细。

3. 实验结果分析

本节设计的分割方法,定义血管结构的 Clifford 特征向量,通过 Clifford 代数乘法性质计算数据特征,统计图像 Clifford 代数乘积直方图来确定分割阈值,从而完成血管分割。算法简单可行,实验结果表明,算法能够有效地提取造影血管并具有较好的血管精细程度,同时具备较快的分割速度,算法脱离对血管点的选择,实现血管自动分割。

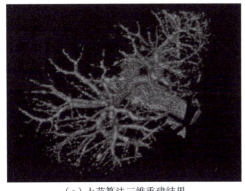
(a) 上节算法三维重建结果

(b) 本节算法三维重建结果

图 5-49　本节算法与上节算法的三维重建结果对比

算法能够得到更好的效果。一方面,更多血管数据特征参与数据描述,不但能够更好地表示血管数据的特点,同时不连续的血管点也可以分割出来。同时利用 Clifford 代数描述更高维的数据特征,使多个分量协同计算,能够得出更好的分割结果。并且,超复数具有自身的函数和解析性质,在处理自然图像的时候符合自然图像信号大多是连续变化的性质,能够更好地将图像特征表示出来。另一方面,超复数向量积的计算数据异同的方法可以用于很多特征比较等领域,不但减少了运算量和运算步骤,在高维数据的旋转等方面,更着有突出的优势。与现有技术相比,超复数图像处理算法在分割丰富血管的同时,保证了分割过程快速有效地进行,操作简单,应用前景广泛,在图像分割领域开辟了新的途径。

但是,算法还有几点不足和需要进一步研究的地方:首先,模板的设计出于完成较好的实验效果,具体数据特征点的选择方式及其数学表达和实际意义还需要进一步研究;其次,阈值选取的方法还需要进一步研究以优化算法;最后,在保持血管细节的同时鲁棒性需要提高。

5.6　Stein-Weiss 函数在血管分割中的应用

5.6.1　基于 Stein-Weiss 解析函数的血管边缘提取算法

本节考虑到八元数解析不一定是 Stein-Weiss 解析的,而 Stein-Weiss 解析一定是八元数解析,所以,Stein-Weiss 解析函数是更好的解析函数,维数可以任意高。因此,本节根据 CT 图像相邻层之间的相关性与血管分布的多方向性,提出一种基于 Stein-Weiss 解析函数性质的血管分割新算法,该算法通过构造合适的 Stein-Weiss 高维向量,并利用 Stein-Weiss 函数的解析性来提取血管的边缘。通过该方法,可以快速并且有效地分割出更清晰、更细小的血管。

1. 算法原理

由于医学影像设备电子器件的噪声等影响,生成的医学图像往往含有噪声污染,致使图像信息缺失。为了有效地去除噪声并得到更清晰、更精细的血管,提出一种新的基于Stein-Weiss解析函数性质的三维血管分割算法。首先对CT图像进行预处理,通过图像增强与窗宽窗位的调节来增加血管点与背景的对比度;然后,用本节提出的方法进行血管边缘提取;最后,重建出三维的血管。算法流程如图5-50所示。

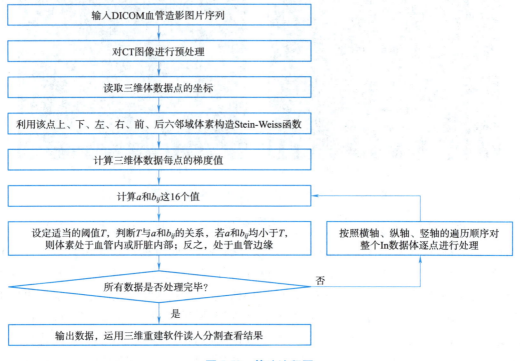

图 5-50　算法流程图

(1)预处理:图像增强与窗宽位调整。

由于肝实质与血管的对比度较小,会降低分割的精确度,因此,对CT序列图像进行分割之前先对其进行增强。本节采用模糊增强算法。首先,利用正弦隶属度函数将数字图像进行模糊化,函数定义公式为

$$U_{mn} = \left[\sin\left(\frac{\pi}{2} \times \frac{x_{mn} - x_{\min}}{x_{\max} - x_{\min}} \right) \right]^k$$

式中,$x_{\max}$和$x_{\min}$分别表示图像的最大灰度级和最小灰度级;x_{mn}表示图像像素(m,n)的灰阶;U_{mn}表示x_{mn}相对于$x_{\max}$的隶属度;k表示调节参数。由上面公式可知,数字图像从空间域变换到模糊域后,U_{mn}的取值不超出$[0,1]$的范围,就不会出现灰度级硬性剪切的情况,因此避免了大量灰度阶信息的丢失。图像变换到模糊域之后,就对图像进行增强,定义公式为

$$T_r U_{mn} = \frac{\sin[\pi(U_{mn} - 0.5)] + 1}{2}$$

式中,r为迭代次数,此公式既增大了大于0.5的U_{mn}值,又减小了小于0.5的U_{mn}值。为了限制图像灰度值的变换程度,需要控制迭代的次数。

增强完成后,需要进行逆变换,即将图像由模糊域映射回图像空间域中,可以通过下面的公式进行变换,最终得到增强后的图像。

$$x'_{mn} = x_{\min} + (x_{\max} - x_{\min}) \times \arcsin(U_{mn\frac{1}{k}}) \times \frac{2}{\pi_{\min}}$$

通过改变窗宽窗位的值，可以把体素灰度值映射到一个固定的区间，如 0 到 g_m，映射公式为

$$G(V) = \begin{cases} 0, & V < C - \dfrac{W}{2} \\ g_m\left(V + \dfrac{W}{2} - C\right), & C - \dfrac{W}{2} \leqslant V \leqslant C + \dfrac{W}{2} \\ g_m, & V > C + \dfrac{W}{2} \end{cases}$$

式中，g_m 是最大的显示值；V 是原图像灰度值；$G(V)$ 是显示灰度值；W 是窗宽；C 是窗位。通过调整窗宽窗位的操作过程，血管的对比度、显示的对比度及显示细节会得到显著的改变。

（2）算法内容。

在三维体数据中，大部分肝脏血管是连续的，与肝实质的对比度较小，但还是有一定的差别。血管壁是肝脏血管与肝实质区分的边界。只要提取出血管壁，就可以完成血管的提取、分割，然后重建出肝脏血管。函数的解析性反映了图像的光滑性，而人类血管也具有光滑结构，这与函数的解析性是相似的。为了在更高的任意维数空间向量中应用上面提出的理论和方法，本节将图像的解析性变为 Stein-Weiss 解析性质，即满足广义 Cauchy-Riemann 式。这样处理可建立任意维度数的向量空间，并在其空间上描述图像边缘性质的特征。

在本节提出的算法中，把高度光滑的血管点当作满足 Stein-Weiss 函数的解析性的，利用三维体数据构建 Stein-Weiss 函数，每一个体素对应于一个 Stein-Weiss 函数，然后根据 Stein-Weiss 函数的解析性，判断哪些体素是解析点，哪些体素不是解析点。如果体素为解析点，则视为血管内的点或者是肝脏实质的点，反之，则视为血管边缘上的点，从而分割出血管。

本节采用图 5-51 所示的方式定义六维向量空间和六维向量函数。

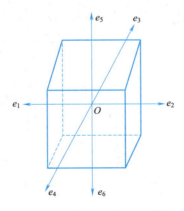

图 5-51 种子点六邻域示意图

设六维向量空间中的向量函数为 $f(x)$，分别把体数据中每个体素的上、下、左、右、前、后六个体素值作为向量函数虚部 $e_1, e_2, e_3, e_4, e_5, e_6$ 上对应的数值，即

$$f(x) = f_1 e_1 + f_2 e_2 + f_3 e_3 + f_4 e_4 + f_5 e_5 + f_6 e_6$$

其中，$x_1 e_1 + x_2 e_2 + x_3 e_3 + x_4 e_4 + x_5 e_5 + x_6 e_6$，$(x_1, x_2, x_3, x_4, x_5, x_6)$ 为像素点的坐标；$f_1, f_2, f_3, f_4, f_5,$

f_6 分别为体素点六邻域的体素灰度值。

下面,将向量函数 $f(x)$ 对 $(x_1,x_2,x_3,x_4,x_5,x_6)$ 的偏导代入 2.5.2 节的广义 Cauchy-Riemann 式,并应用差分形式,得

$$\sum_{j=1}^{6}\frac{\partial f_j}{\partial x_j}=0,$$

$$\frac{\partial f_i}{\partial x_j}=\frac{\partial f_j}{\partial x_i}$$

式中,$i\neq j$。现实中图像的解析性不会那么好,可以采用合适的阈值来判断体素点是否满足解析性质,把上式改写成

$$a-\sum_{j=1}^{6}\frac{\partial f_j}{\partial x_j}=0,$$

$$b_{ij}=\frac{\partial f_i}{\partial x_j}-\frac{\partial f_j}{\partial x_i},$$

其中,$i,j=1\cdots6,i<j$。

把上面的公式展开得到的 a 和 b_{ij},这 16 个数量值便是判断该体素点是否为血管边缘的依据。设立适当的阈值 T,如果 a,b_{ij} 这 16 个数量值均小于设定的阈值 T(本实验选取的 T 值为 0.6),则认为此体素点是光滑的、同质的。如果大于这个阈值,则认为是不光滑部分,即是血管的边缘。

2. 实验结果

本节中提出的算法选用 Windows 7 及以上版本操作系统和 Visual Studio 编程工具来实现。为了分析算法对医学图像的分割效果,验证是否能够达到血管分割的目的,取某医院提供的腹部 CT 序列作为测试图像。这套数据 S70 是对肝静脉的造影数据,大小为 $512\times512\times336$。对于 S70,取第 109 张 CT 切片,如图 5-52 所示。

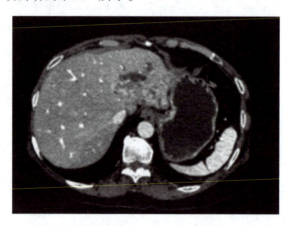

图 5-52 S70 第 109 张 CT 切片

选取位置 (227,216,198) 的血管点作为种子点后,其像素值为 284,并设置血管的上下阈值为 [180,380]。分别使用本节算法与 5.4.2 节中八元数解析性分割、传统的三维区域生长算法进行血管分割后,各个二维切片的分割结果如图 5-53 所示。

 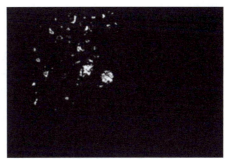

（a）本节算法分割结果切片　　　　（b）八元数解析分割结果切片

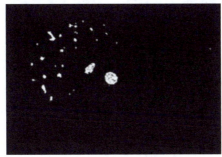

（c）区域生长分割结果切片

图 5-53　三种算法对 S70 二维切片的分割切片图

对三种不同算法的分割结果分别进行三维重建得到的血管模型如图 5-54 所示。

（a）本节算法重建结果　　　　（b）八元数解析分割重建结果

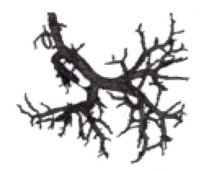

（c）区域生长分割重建结果

图 5-54　三种算法对 S70 肝血管分割重建结果图

3. 实验结果分析

为了进一步验证本节所提出算法的分割效果,把医生手工分割结果作为评价的金标准,来计算本节和传统区域生长算法的敏感性和特异性。敏感性是将正确识别的血管像素数与参考标准中的血管像素数的比率,其代表了算法针对目的的有效性,越高则越有效;特异性是指正确识别的背景像素数与参考标准中的背景像素数的比率,代表了算法可能出现的对非真实或目标区域的正确分割能力,越高则能力越强。将上面实验数据 S70 运用本节算法、八元数解析分割、区域生长算法进行血管分割敏感性和特异性测试,测试结果见表 5-6。

表 5-6 三种算法的分割效果评价

评价标准	本节算法	八元数分割算法	区域生长算法
敏感性/%	95.31	91.99	83.26
特异性/%	99.99	99.85	98.96

根据实验结果可以看出,相对于区域生长法分割如图 5-53(c)和图 5-54(c)而言,由于区域生长算法不能在有断点的血管区域继续生长,所以八元数解析分割如图 5-53(b)和图 5-54(b)以及 Stein-Weiss 函数如图 5-53(a)和图 5-54(a)这两种算法能分割出更丰富的血管分支。因为高维数学工具可以根据血管的走向、结构,同时考虑种子点三维方向多个邻域像素,并组成特征向量,避免了图像数据中奇点的影响。

虽然八元数及 Stein-Weiss 函数同为高维数学工具,然而 Stein-Weiss 解析函数比八元数解析性更好,因此由图 5-53(a)、图 5-54(a)与图 5-53(b)、图 5-54(b)对比可以看出本节算法分割出的血管轮廓更清晰,噪声更少。而且在运算时间上,相同的机器配置环境下对于 S70 数据,八元数解析算法的运算时间为 40 s,本节算法时间为 25 s,与区域生长算法所需时间 20 s 也相差不大,所以,面向导航手术等实时性较高的图像处理需求,本节提出的算法相对于八元数解析算法有更好的应用价值。

5.6.2 基于 Stein-Weiss 解析函数的 BP 网络血管分割算法

传统的 BP 网络分割算法由于需要耗费大量时间训练样本,会很大程度地影响分割的实时效率和精确性。而目前应用广泛的基于深度学习的分割算法则对设备配置要求较高。因此,本节研究提出一种新的基于 Stein-Weiss 解析性的 BP 网络算法用于血管分割。结合 Stein-Weiss 解析函数这一高维代数理论工具,借助 Stein-Weiss 的解析函数特征能够分割出更为精细的血管。

1. 算法原理

传统的 BP 网络血管分割算法由于对血管样本进行反复训练,网络学习收敛的速度较慢,所以花费时间较长;而且网络的训练程度也会影响识别效果,这也可能会导致识别率不高。本节提出一种新的基于 Stein-Weiss 解析性的 BP 网络血管分割算法。因为在三维医学图像数据中血管的分布方向大多数是垂直的或者是倾斜的,所以本节的算法综合考虑三维体素在斜方向和垂直方向的结构特征,即使用了体素的六邻域结构,然后将依据 Stein-Weiss 函数解析性质所得到的特征值输入 BP 网络的输入层进行反复训练,最终得到血管的分割结果。

(1) 定义体素的 Stein-Weiss 函数。

定义六维向量空间中的向量函数 $f(\boldsymbol{x})$,即
$$f(\boldsymbol{x}) = f_1 e_1 + f_2 e_2 + f_3 e_3 + f_4 e_4 + f_5 e_5 + f_6 e_6$$

其中 f_1,f_2,f_3,f_4,f_5,f_6 分别是体素点六个邻域的灰度值。向量函数的虚部 e_1,e_2,e_3,e_4,e_5,e_6 对应的数值是体素的上、下、左、右、前、后六邻域的坐标值。

(2) 向量函数的差分式。

将向量函数 $f(\boldsymbol{x})$ 代入广义 Cauchy-Riemann 式,得到差分形式
$$\sum_{j=1}^{6} \frac{\partial f_j}{\partial x_j} = 0$$
$$\frac{\partial f_i}{\partial x_j} = \frac{\partial f_j}{\partial x_i}$$

其中 $i \neq j$。

(3) 提取特征值。

实际图像的解析性不会都完全符合上面公式,根据 Stein-Weiss 函数的解析性定理,使用恰当的阈值 T 来判断该体素点是否满足解析性。将上述步骤中得到的公式改写成
$$a - \sum_{j=1}^{6} \frac{\partial f_j}{\partial x_j} = 0$$
$$b_{ij} = \frac{\partial f_i}{\partial x_j} - \frac{\partial f_j}{\partial x_i}$$

其中 $i,j = 1,\cdots,6, i<j$。把上面的公式展开得到的 a 和 b_{ij},这 16 个数量便是 16 个特征值。

(4) 获取训练样本。

设阈值 $T = 0.6$,若这 16 个特征值均小于 T,则认为该体素在血管内部;反之,则视该体素处于血管边缘。重复以上步骤。

(5) 记忆训练。

将上面步骤即基于 Stein-Weiss 解析函数的特性分割所得到的血管树作为 BP 网络的样本,输入样本向量进行训练,直至误差达到设定阈值时停止,并保存权值和阈值。

(6) 学习收敛。

选择待分割血管图像,提取该血管的特征值,以这 16 个特征值输入 BP 网络的输入层,利用步骤(5)已经训练好的网络对输入向量进行训练,动量因子设置为 0.85,直到误差收敛到指定值 0.001,最后输出的即为分割结果。本节算法使用的 BP 网络的输入层有 16 个节点,输出层有 2 个节点。合适的隐含层节点数的设置对网络的训练影响很大,故本节算法选取最佳节点个数为 8。

2. 实验结果

本节算法是在 Windows 7 及以上版本操作系统上做的实验;算法使用 Visual Studio 和 MATLAB 7.0 编程工具来实现;所有腹部 CT 序列实验数据都是由某医院提供。选取肝静脉的造影数据 S70 中的 300 张 CT 切片进行实验,CT 数据大小为 $512 \times 512 \times 320$。随机选取其中 200 张 CT 切片,将其作为传统 BP 网络算法的输入样本;同时,分别利用 5.4.4 节中提出的八元数和本节提出的 Stein-Weiss 解析函数的特性对这 200 张 CT 切片先进行分割并得到血管树边缘,然后将

它们分别作为5.4.4节提出的算法和本节算法中的BP网络的输入样本。余下的100张CT切片图像作为网络测试样本,并将造影数据S70中的第109张CT切片作为测试样本,如图5-52所示。

本节对比了5.4.4节中提出的基于八元数函数解析性质的BP神经网络分割算法以及传统BP神经网络算法,分别对图5-52进行了血管分割,实验结果如图5-55所示。从这三个分割结果切片可以看出这三种算法都可以将大部分血管提取出来,然而相对于图5-55(b)和图5-55(c),图5-55(a)能够分割出更多的血管分支。

 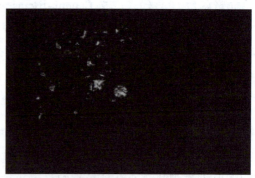

(a) 本节算法分割结果切片　　　　　　　　(b) 八元数解析BP神经网络分割结果切片

(c) 传统BP神经网络分割结果切片

图 5-55　三种算法对 S70 二维切片的分割切片图

分别对这三种算法的分割结果进行三维重建得到的血管模型,如图5-56所示。

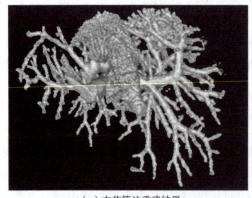 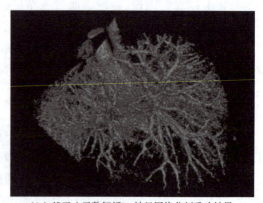

(a) 本节算法重建结果　　　　　　　　(b) 基于八元数解析BP神经网络分割重建结果

图 5-56　三种算法对 S70 肝血管分割重建结果

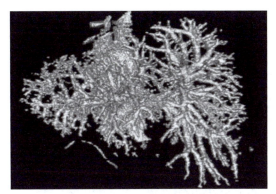

(c) 传统BP神经网络分割重建结果

图 5-56　三种算法对 S70 肝血管分割重建结果(续)

3. 实验结果分析

为了客观评价本节所提出算法的分割效果,本节仍然使用医生手工分割结果作为分割评价的金标准。将上述实验数据 S70 运用本节算法和基于八元数解析性的 BP 网络分割算法、传统的 BP 网络算法分别计算出血管分割效果的敏感度和特异度,同时记录下三种算法各自所用的平均运行时间,最终测试结果见表 5-7。

表 5-7　三种算法的分割效果评价

算法	敏感度/%	特异度/%	迭代次数	运行时间/s
本节算法	94.31	99.90	20	35
传统 BP 神经网络算法	86.73	90.96	900	68
基于八元数解析性的 BP 神经网络分割算法	91.99	99.05	32	50

由上述实验表格数据可以看出,本节所提出的基于 Stein-Weiss 解析性的 BP 神经网络血管分割算法对血管图像的分割有较好的实验效果。

从实验结果的敏感度和特异度分析来看,相对于基于八元数解析性的 BP 神经网络血管分割算法如图 5-56(b)所示,和传统 BP 网络算法如图 5-56(c)所示,本节的改进算法如图 5-56(a)所示,分割出的血管会更清晰、更精细。

并且,在运行时间分析如表 5-7 来看,使用相同的机器配置,实验中选取 200 张 S70 数据图像作为样本进行训练,传统 BP 网络需要训练迭代的次数较多,比较耗时,算法平均运行时间为 68 s。基于八元数解析性的 BP 网络分割算法虽然训练迭代的次数较少,但是前期进行八元数血管分割也需要耗费一些时间,所以该算法的平均运行时间为 50 s。本节所使用的血管分割算法,需要训练迭代的次数最少,然而同样需要前期进行 Stein-Weiss 解析函数的血管分割,所以本节算法的平均运行时间为 35 s,相对于前面两种算法而言,节省了时间。故本节所提出的基于 Stein-Weiss 解析性的 BP 网络血管分割算法具有较大的优势。

不过,从重建出来的三维血管树中可以看到一些噪声点,因此接下来的研究方向就是如何在保证分割精度和效率的前提下,提高分割的抗噪性。

小　　结

本章首先针对常见的血管分割技术进行了综述，总结常见的血管分割技术的优缺点，并论述了三维血管分割与重建所需要的技术工具包；之后重点论述各类高维数学工具在血管分割中的运用。主要包括以下几个方面：

首先，结合彩色图像的六个特征，将彩色像素的 R、G、B、H、S、I 分量建立 RGB 联合 HSI 空间的八元数描述模型，嵌入八元数的六个虚部，利用八元数这一高维数学工具提出以下五种血管分割算法：利用八元数向量积表示定理结合区域生长算法，该算法分割腹主动脉血管能够比传统的三维区域生长算法要精细，但是由于区域生长算法受到连通域的约束，所以提取细小血管的能力受到限制；运用八元数解析函数的特性提取出血管边缘，此算法解决了一些传统方法无法分割细小血管的问题，能够较好地分割出血管树；在分析三维 Sobel 算子的基础上，提出了八元数边缘检测算子，此分割方法考虑了血管的结构特性，且算法简单容易实现，且可以较快地分割精细血管；将八元数函数的解析性产生的解析特征作为 BP 网络的输入数据，利用 BP 网络分割出肝脏血管，由于此算法样本数据选取的是由区域生长算法分割出的血管，算不上是一个"正确答案"，所以最后分割得出的结果会产生许多噪点，鲁棒性不是很好；利用八元数 Cauchy 积分公式进行血管分割，该算法解决了一些传统方法无法分割细小血管的问题，能够较好地分割出血管树，但是算法的运算时间较长。

然后，由于 Clifford 代数在数据特征表示方面适用于任何维度，所以本章研究和考虑利用 Clifford 代数向量积表示定理结合区域生长算法提取血管边缘；该算法分割腹主动脉血管能够比传统的三维区域生长算法要精细，但是，由于区域生长法受到连通域的限制，而细小的血管数字成像通常不连续，使用区域生长法提取细小血管的能力受到限制。因此，针对三维血管的分布特点，对体数据中的每一个点，构造 12 维的特征向量，再利用 Clifford 向量积表示定理，对体数据进行分割；该算法其中并没有用其他算法结合，而是直接利用数学性质来进行分割。这样算法不会受到引入算法的限制，简单的计算为高维图像处理和多特征的引入带来了更高的效率。但是，存在手工操作，算法结果对选择的血管点敏感的缺点。于是在保持一定精细程度的同时结合阈值分割的方法，提出使用模板描述数据性质，利用 Clifford 代数乘法性质计算数据特征，统计图像 Clifford 代数乘积直方图以确定分割阈值。实验结果表明，算法能够有效地提取造影血管并具有较好的血管精细程度，同时具备较快的分割速度，算法脱离对血管点的选择，实现血管自动分割。

最后，本章提出两种运用 Stein-Weiss 函数进行血管分割算法的研究，即基于 Stein-Weiss 解析函数的血管边缘提取算法和基于 Stein-Weiss 解析函数的 BP 网络血管分割算法。基于 Stein-Weiss 解析函数的血管边缘提取算法，先通过图像增强和窗宽窗位调节的预处理来增加血管点与背景的对比度；然后将 Stein-Weiss 函数与梯度算子结合起来，把 CT 体数据的每一个体素都表示为一个 Stein-Weiss 函数，体素六邻域的灰度值作为 Stein-Weiss 函数各组成部分的系数；再求出 Stein-Weiss 函数在 x,y,z 三个方向上的梯度值，大于某一个阈值时，便将此体素视为血管边缘上的点；最后，根据提取出血管边缘的二维 CT 切片重建出三维的血管。该算法进行血管分割的敏感性和特异性相对于区域生长算法和八元数解析分割算法都较高。尤其是对于血管分割的去噪方面有明显优势，因此能够快速有效地分割出更清晰、更精细的血管。基于 Stein-Weiss 解析函数的 BP 网络血管分割算法，先为三维体中的每个体素构建一个 Stein-Weiss 函数，然后根据 Stein-Weiss 函数的解析性，计算出相应体素的十六个特征值，将这些特征值输入 BP 网络的输入层，通过 BP 网络的自学习能力对这些数据进行分类学习，最后通过 BP 神经网络的泛化能力来获取血管边缘。对肝脏血管分割的实验结果表明，相对于传统的 BP 网络分割算法，该算法提取的函数血管边缘识别率高、细节丰富，算法时间效率也明显提高。

高维代数在图像分割领域中是一个新的数学工具。使用高维代数能够综合图像中的多种信息进行分割，既保证了分割过程的快速有效地进行，又提高了在多种条件下的分割精度，应用前景广泛。超复数图像处理的算法还需要进一步研究，未来的工作将会面向以下几个方面：

(1) 如何更好地结合超复数的性质理解并设计数字图像的特征表示。

(2) 保持图像分割精细程度的情况下，提高算法抗噪能力，连接不连续的血管点，形成完整的血管系统。

(3) 超复数图像处理方法在高维图像处理，特别是多光谱图像处理方面的重要应用。

本章的基本内容如图 5-57 所示。

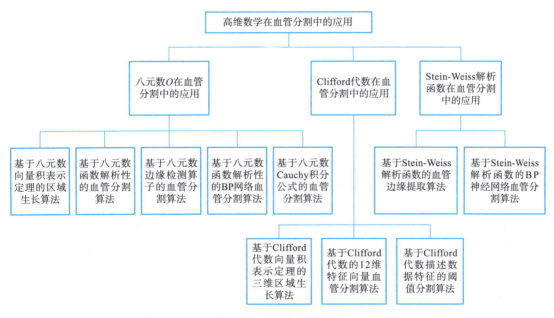

图 5-57　本章的基本内容

第 6 章
其他图像处理

前面几章分别论述了各类高维数学工具四元数、八元数、Clifford 代数、Stein-Weiss 解析函数的基础理论,以及它们在图像边缘检测、掌纹提取与识别、血管分割中的深入应用。通过前面几章的论述,发现高维数学工具为处理数字图像提供了新的数学工具,较之传统的方法,提出的新方法都取得了较好的效果。本章将继续研究各类高维数学工具在数字水印、遥感图像变化检测、皮肤分割、图像压缩、肝脏分割等图像处理领域中的运用。

6.1 八元数在数字水印中的应用

随着互联网的发展与普及,人们在互联网上方便地获取文件、图片、音频及视频等数字化信息的同时,也相应地带来了信息安全和版权问题。盗版行为损害了版权所有者的利益,如何在日益发达的网络环境中,实施有效的版权保护和信息安全手段成为一个亟待解决的现实问题。

将文件加密成密文可以很好地保护文件。然而,随着计算机技术的发展,基于传统密码学的版权保护技术日益暴露出缺点和不足:首先,人们在网上传播的图片、文本、音频和视频等数字多媒体信息,如果将信息全部转换成密文,人们会认为这是没有意义的信息,显然这样不符合信息的传播和共享;其次,随着计算机硬件技术的提高,计算机处理能力不断提升,使得通过增加密钥长度来实现保密的可靠性并不高;更重要的是一旦传输的文件被非法拦截者破解或者获得了密钥,人们同样可以方便地复制和随意地传播,这样它的安全性无法得到有效的保障,显然这在现实应用中存在着一定的弊端。

作为信息隐藏技术的一个重要分支,近年来发展起来的数字水印技术为传统密码学技术存在的问题提供了一个有效的解决方案,同时也成为国际学术界研究的前沿热点。数字水印技术是利用信号处理的方法在多媒体数据中嵌入具有特殊意义的标识信息,以此来达到版权保护的作用。虽然数字水印技术并不能阻止非法盗版发生,但它可以有效地对保护的媒体数据进行真伪鉴别,为非法拷贝导致的版权纠纷提供有效而强有力的证据,并以此为依据打击一些非法盗版者,起到知识产权的保护作用。由此可见,数字水印技术有非常积极的现实意义和广阔的应用前景。

数字水印技术主要应用在以下几个方面:

(1) 数字作品的知识产权保护。

数字作品的版权保护是当前的热点问题。"数字水印"利用数据隐藏原理使版权标志不可见或不可听,既不损害原作品,又达到了版权保护的目的。目前,用于版权保护的数字水印技术已经进入初步实用化阶段。然而,目前市场上的数字水印产品在技术上还不成熟,很容易被破坏或破解,离真正的实用还相差很远。

(2)数字指纹。

为了避免数字作品未经授权被拷贝和发行,版权所有人可以向分发给不同用户的作品中嵌入不同的水印以标识用户的信息。该水印可根据用户的序号和相关的信息生成,一旦发现未经授权的拷贝,就可以根据拷贝所恢复出的指纹来确定它的来源。

(3)证件真伪鉴别。

通过水印技术可以确认证件的真伪,使得证件无法仿制和复制。

(4)声像数据的隐藏标识和篡改提示。

数据的标识信息往往比数据本身更具有保密价值,如遥感图像的拍摄日期、经/纬度等。数字水印技术提供了一种隐藏标识的方法,标识信息在原始文件上是看不到的,只有通过特殊的阅读程序才可以读取,这种方法已经被一些公开的遥感图像数据库所采用。数据的篡改提示也是一项很重要的工作,现有的信号拼接和镶嵌技术可以做到"移花接木"而不为人知。基于数字水印的篡改提示是解决这一问题的技术途径,通过隐藏水印的状态来判断声像信号是否被篡改。

(5)商务交易中的票据防伪。

如今高质量图像输入/输出设备使得货币、支票以及其他票据的伪造变得更加容易。数字水印技术可以为各种票据提供不可见的认证标志,从而增加伪造的难度。

6.1.1 数字水印技术概述

近年来涌现了多种水印算法。数字水印算法按嵌入方法可以分为两大类:空间域数字水印算法和频域(变换域)数字水印算法。然而,空域水印算法因为普遍存在嵌入容量有限,对压缩、缩放等各类攻击的鲁棒性不强,所以频域水印算法的应用相对比较广泛。目前常用的变换域有离散余弦变换(DCT)、离散小波变换(DWT)、离散傅里叶变换(DFT)等,这些算法采用的彩色模型主要有 RGB 模型、HSI 模型、YCbCr 模型、YIQ 模型等。但是,它们都是将各个分量独立地进行水印嵌入,运行效率较低。

1. 基于空域的彩色图像水印算法

空间域水印算法是将水印信息直接嵌入原始载体图像的空间域中,最简单的空间域水印技术是把水印信息嵌入图像中,随机选取一些像素的最低有效位,但易受到低通滤波或 JPEG 压缩等的破坏,鲁棒性差。为了增强水印鲁棒性,蒋刚毅等提出一种基于 YUV 空间的彩色图像水印算法,根据图像亮度和纹理的不同,对亮度和色度通道分别嵌入不同强度的水印信息,虽然该算法对剪切、滤波以及 JPEG 压缩等信号处理均具有一定的抵抗能力,但是该方法嵌入的信息量有限,水印的鲁棒性仍无法保证。

2. 基于变换域的彩色图像水印算法

变换域算法采用了扩展频谱通信技术,与空间域算法相比,它具有不可见性和鲁棒性好、与国际压缩标准相兼容等特点,可以充分利用人类的感知特性。变换域水印算法已成为当今水印技术研究的主流,在实际应用中已经取得一定的发展。主要的变换域水印算法如下:

(1)基于 DCT 域的彩色图像水印。

离散余弦变换以其计算较简单、易实现和与目前流行的国际压缩标准兼容等优点成为众多水印算法中研究最多的一种。

DCT 首先需要把图像进行分块,然后进行 DCT 变换,经变换后得到的 DCT 系数按照 Zig-Zig 次序从低频到高频进行排列。DCT 系数中左上角部分为直流和交流低频系数,中间部分为交流的中频系数,右下角部分为交流的高频系数。其中,高频部分代表着图像的噪声部分,这些部分容易被有损压缩或者滤波等信号处理而丢失掉。而中低频部分包含了图像的大部分能量,人的视觉对中低频部分比较敏感。一般图像的压缩和处理,为了保证图像的可视性,都保留了图像的中低频部分。

杨益等对彩色图像进行分块离散余弦变换后,将水印图像 R、G、B 层的变换系数嵌入载体图像每一块对应层的中低频域系数中,达到了数字水印的不可见性要求,在载体图像的多个位置嵌入水印图像,但嵌入强度不能达到很好的自适应性要求。冯茂岩等根据人眼视觉敏感性的值作为嵌入强度,该方法能自适应地在不同的 DCT 块中嵌入不同的水印能量,但是算法比较复杂,计算量也很大。

(2) 基于 DWT 域的彩色图像水印。

小波分析作为一种时间——尺度分析方法,已经在信号处理(特别是图像处理)、模式识别、地球物理等工程领域取得很好的应用效果。在数字水印和信息隐藏中,由于小波变换的良好时空局部特性具有与 HVS 屏蔽特性极其相符的变换机制,同时随着 JPEG 2000 和 MPEG-4 中小波变换的使用,DWT 域水印算法具有广阔的前景。于帅珍等提出的水印算法是对人眼最不敏感的蓝色分量进行三级小波分解,然后将低频分量按水印信号的大小分块,采用重复嵌入技术实现水印的嵌入。曹荣等提出一种基于人类视觉系统和离散小波变换的彩色图像数字水印算法。两种算法都具有较好的不可见性和鲁棒性,但水印图像都是二值图像,若采用彩色图像作为水印信息会有更好的实际意义。

(3) 基于 DFT 域的彩色图像水印算法。

这类算法是通过改变图像离散傅里叶变换(DFT)系数中的某些系数的幅值或者通过修改 DFT 变换的相位值来实现水印的嵌入。为了同时满足水印的不可见性和鲁棒性,在图像 DFT 系数的幅值上嵌入水印的算法通常情况下都是选择中频系数来嵌入水印,当然其他频段也可用来嵌入水印。

大量研究表明,基于 DFT 的水印算法实现的水印方案,水印容量比较大,抗几何攻击性能也较好,整体来说水印的鲁棒性比较强,但面对诸如剪切攻击和 JPEG 压缩攻击往往效果不是很理想。

3. 基于四元数理论的彩色图像水印算法

随着 Sangwine 等首次将四元数理论引入数字水印领域,对彩色图像进行多通道整体处理,不仅提高了算法的运算效率,而且保留了彩色图像各个通道间的关系,算法的鲁棒性也得到很大提高。之后,很多国内外研究者都将四元数理论结合各种变换提出一些新的水印算法。Bas 等把四元数与傅里叶变换结合,把水印嵌入四元数傅里叶变换的平行分量中,不过水印图像失真较大。盖琦等首次将离散四元数余弦变换引入彩色图像的水印技术中,把彩色图像三个分量用四元数进行整体描述,具有较好的鲁棒性。江淑红等首次提出超复数傅里叶变换的彩色图像水印算法,将彩色图像作为一个向量整体进行描述,在一定程度上改进了灰度的水印图像的不可见性,然而彩色水印图像未做研究。Ce 等将混沌理论和四元数傅里叶变换相结合,把水印信息嵌入图像的相位中。王向阳等基于机器学习的思想,提出了新的彩色图像盲水印算法,把最小二乘向量机与四元数傅里叶变换相结合。冯银波等基于四元数离散傅里叶变换和四元数离散余弦变换提出一种双重零水印算法。

然而,上述算法最多只能够在三维空间上把彩色图像作为一个向量进行整体处理。如果在高于四维的情况下,四元数滤波器必然失效,因此使用高维的数学理论来处理高维数据进行水印嵌入成为必要。而八元数理论恰好提供了一个新的数学工具,使高维的数字水印技术成为可能。

本节提出一种新的高维彩色图像水印算法,首先定义了离散八元数余弦变换(discrete octonion cosine transform, DOCT)及其逆变换公式,并将其作为工具,对彩色载体图像进行DOCT,然后将预处理后的彩色水印图像嵌入载体图像的指定频域系数中,从而实现彩色图像的数字水印技术。

6.1.2 离散八元数余弦变换

本节基于八元数理论将彩色图像的六个分量 R、G、B、H、S、I 进行八元数表示,然后建立 DOCT 公式及其逆变换公式,为后面数字水印算法的实现奠定理论基础。

1. 彩色图像八元数表示

首先定义八维向量空间的坐标轴 $e_0, e_1, e_2, e_3, e_4, e_5, e_6, e_7$,再定义此空间上的向量函数,记作 f,而用彩色图像各像素对应的 R、G、B、H、S、I 六个分量值作为 f 的虚部 $e_2, e_3, e_4, e_5, e_6, e_7$ 上对应的数值,虚部 e_0, e_1 的数值为0。设彩色图像 $f(x,y)$ 的大小为 $X \times Y$,其中 x 和 y 指示像素在矩阵中行和列的位置,$x \in [0, X-1]$,$y \in [0, Y-1]$,则彩色图像 $f(x,y)$ 的八元数表示为

$$f(x,y) = f_{r1}(x,y)e_0 + f_{r2}(x,y)e_1 + f_i(x,y)e_2 + f_j(x,y)e_3 + f_k(x,y)e_4 + f_H(x,y)e_5 + f_S(x,y)e_6 + f_I(x,y)e_7 \tag{6-1}$$

其中,$f_{r1}(x,y)$ 和 $f_{r2}(x,y)$ 的值为0,$f_{i,j,k,H,S,I}(x,y)$ 分别为彩色图像中各个像素点的 R、G、B、H、S、I 分量的灰度值。

2. 离散八元数余弦变换及其逆变换

参照离散四元数余弦变换(DQCT)公式,$f(x,y)$ 对应的离散八元数余弦变换(DOCT)公式可定义为

$$C(p,s) = \alpha(p)\alpha(s) \sum_{x=0}^{X-1} \sum_{y=0}^{Y-1} uf(x,y) N(p,s,x,y) \tag{6-2}$$

其中

$$\begin{cases} \alpha(p) = \begin{cases} \sqrt{\dfrac{1}{X}} & p=0 \\ \sqrt{\dfrac{2}{X}} & p \neq 0 \end{cases}, \quad \alpha(s) = \begin{cases} \sqrt{\dfrac{1}{Y}} & s=0 \\ \sqrt{\dfrac{2}{Y}} & s \neq 0 \end{cases} \\ N(p,s,x,y) = \cos\left[\dfrac{\pi(2x+1)p}{2X}\right] \cos\left[\dfrac{\pi(2y+1)s}{2Y}\right] \end{cases} \tag{6-3}$$

u 是一个单位八元数,模为1,且 u^2 为 -1。参数 u 可表示为 $u = u_2 e_2 + u_3 e_3 + u_4 e_4 + u_5 e_5 + u_6 e_6 + u_7 e_7$,本节令 $u_2 = u_3 = u_4 = u_5 = u_6 = u_7 = \dfrac{1}{\sqrt{6}}$。

同时将离散四元数余弦逆变换(记作 IDQCT)的公式扩展到离散八元数余弦逆变换(记作 IDOCT)中,所以 $f(x,y)$ 对应的 IDOCT 公式定义为

$$f(x,y) = -\sum_{p=0}^{X-1}\sum_{s=0}^{Y-1}\alpha(p)\alpha(s)uC(p,s)N(p,s,x,y) \tag{6-4}$$

其中,$f(x,y)$为空间域,$C(p,s)$为频率域,$C(p,s)$也是八元数,可表示为

$$C(p,s) = C_r(p,s)e_0 + C_l(p,s)e_1 + C_i(p,s)e_2 + C_j(p,s)e_3 + C_k(p,s)e_4 +$$
$$C_H(p,s)e_5 + C_S(p,s)e_6 + C_I(p,s)e_7 \tag{6-5}$$

$C(p,s)$用来表示彩色图像的 DOCT 域对应的频谱,$C_r(p,s)$,$C_l(p,s)$,$C_i(p,s)$,$C_j(p,s)$,$C_k(p,s)$,$C_H(p,s)$,$C_S(p,s)$,$C_I(p,s)$则分别表示分布在八元数空间中的彩色图像的频谱。

3. 公式的验证

由式(6-1)可以看出彩色图像$f(x,y)$没有实部,有六个虚部,但是公式(6-5)中的$C(p,s)$则包含了八个部分,为了确保水印嵌入之后的图像也只有六个虚部,还是可以使用 R、G、B、H、S、I 六个分量来表示和传输,则必须要使得$C(p,s)$经过八元数离散余弦逆变换之后得到的八元数也是没有实部。否则图像会产生失真,所以将计算$C(p,s)$所对应的逆变换(记作$f'(x,y)$)并对其进行验证。

根据式(6-4),计算出$f'(x,y)$的各分量表达式为

$$\begin{cases}
f'_{r1}(x,y) = \sum_{p=0}^{X-1}\sum_{s=0}^{Y-1}\alpha(p)\alpha(s)[u_2C_i(p,s) + u_3C_j(p,s) + u_4C_k(p,s) + \\
\qquad u_5C_H(p,s) + u_6C_S(p,s) + u_7C_I(p,s)]N(p,s,x,y) \\
f'_{r2}(x,y) = \sum_{p=0}^{X-1}\sum_{s=0}^{Y-1}\alpha(p)\alpha(s)[u_2C_j(p,s) - u_3C_i(p,s) - u_5C_k(p,s) + \\
\qquad u_4C_H(p,s) + u_7C_S(p,s) - u_6C_I(p,s)]N(p,s,x,y) \\
f'_i(x,y) = \sum_{p=0}^{X-1}\sum_{s=0}^{Y-1}\alpha(p)\alpha(s)[u_2C_r(p,s) + u_3C_l(p,s) - u_6C_k(p,s) - \\
\qquad u_7C_H(p,s) + u_4C_S(p,s) + u_5C_I(p,s)]N(p,s,x,y) \\
f'_j(x,y) = \sum_{p=0}^{X-1}\sum_{s=0}^{Y-1}\alpha(p)\alpha(s)[u_3C_r(p,s) - u_2C_l(p,s) - u_7C_k(p,s) + \\
\qquad u_6C_H(p,s) - u_5C_S(p,s) + u_4C_I(p,s)]N(p,s,x,y) \\
f'_k(x,y) = \sum_{p=0}^{X-1}\sum_{s=0}^{Y-1}\alpha(p)\alpha(s)[u_4C_r(p,s) + u_5C_l(p,s) + u_6C_i(p,s) + \\
\qquad u_7C_j(p,s) - u_2C_S(p,s) - u_3C_I(p,s)]N(p,s,x,y) \\
f'_H(x,y) = \sum_{p=0}^{X-1}\sum_{s=0}^{Y-1}\alpha(p)\alpha(s)[u_5C_r(p,s) - u_4C_l(p,s) + u_7C_i(p,s) - \\
\qquad u_6C_j(p,s) + u_3C_S(p,s) - u_2C_I(p,s)]N(p,s,x,y) \\
f'_S(x,y) = \sum_{p=0}^{X-1}\sum_{s=0}^{Y-1}\alpha(p)\alpha(s)[u_6C_r(p,s) - u_7C_l(p,s) - u_4C_i(p,s) + \\
\qquad u_5C_j(p,s) + u_2C_k(p,s) - u_3C_H(p,s)]N(p,s,x,y) \\
f'_I(x,y) = \sum_{p=0}^{X-1}\sum_{s=0}^{Y-1}\alpha(p)\alpha(s)[u_7C_r(p,s) + u_6C_l(p,s) - u_5C_i(p,s) - \\
\qquad u_4C_j(p,s) + u_3C_k(p,s) + u_2C_H(p,s)]N(p,s,x,y)
\end{cases} \tag{6-6}$$

由式(6-6)可以得出两个实部逆变换的表达式为

$$\begin{cases} f'_{r1}(x,y) = \sum_{p=0}^{X-1} \sum_{s=0}^{Y-1} \alpha(p)\alpha(s) [u_2 C_i(p,s) + u_3 C_j(p,s) + u_4 C_k(p,s) + \\ \qquad\qquad u_5 C_H(p,s) + u_6 C_S(p,s) + u_7 C_I(p,s)] N(p,s,x,y) \\ f'_{r2}(x,y) = \sum_{p=0}^{X-1} \sum_{s=0}^{Y-1} \alpha(p)\alpha(s) [u_2 C_j(p,s) - u_3 C_i(p,s) - u_5 C_k(p,s) + \\ \qquad\qquad u_4 C_H(p,s) + u_7 C_S(p,s) - u_6 C_I(p,s)] N(p,s,x,y) \end{cases} \quad (6\text{-}7)$$

而式(6-7)中的 $C(p,s)$ 各个分量可由式(6-2)计算得到,即

$$\begin{cases} C_r(p,s) = -\alpha(p)\alpha(s) \sum_{x=0}^{X-1} \sum_{y=0}^{Y-1} [u_2 f_i(x,y) + u_3 f_j(x,y) + u_5 f_H(x,y) + \\ \qquad\qquad u_6 f_S(x,y) + u_7 f_I(x,y) + u_4 f_k(x,y)] N(p,s,x,y) \\ C_l(p,s) = -\alpha(p)\alpha(s) \sum_{x=0}^{X-1} \sum_{y=0}^{Y-1} [u_3 f_i(x,y) - u_2 f_j(x,y) + u_5 f_k(x,y) - \\ \qquad\qquad u_4 f_H(x,y) + u_6 f_I(x,y) - u_7 f_S(x,y)] N(p,s,x,y) \\ C_i(p,s) = \alpha(p)\alpha(s) \sum_{x=0}^{X-1} \sum_{y=0}^{Y-1} [u_4 f_S(x,y) + u_5 f_I(x,y) - u_6 f_k(x,y) - \\ \qquad\qquad u_7 f_H(x,y)] N(p,s,x,y) \\ C_j(p,s) = \alpha(p)\alpha(s) \sum_{x=0}^{X-1} \sum_{y=0}^{Y-1} [u_4 f_I(x,y) + u_6 f_H(x,y) - u_5 f_S(x,y) - \\ \qquad\qquad u_7 f_k(x,y)] N(p,s,x,y) \\ C_k(p,s) = \alpha(p)\alpha(s) \sum_{x=0}^{X-1} \sum_{y=0}^{Y-1} [u_6 f_i(x,y) + u_7 f_j(x,y) - u_3 f_I(x,y) - \\ \qquad\qquad u_2 f_S(x,y)] N(p,s,x,y) \\ C_H(p,s) = \alpha(p)\alpha(s) \sum_{x=0}^{X-1} \sum_{y=0}^{Y-1} [u_7 f_i(x,y) + u_3 f_S(x,y) - u_6 f_j(x,y) - \\ \qquad\qquad u_2 f_I(x,y)] N(p,s,x,y) \\ C_S(p,s) = \alpha(p)\alpha(s) \sum_{x=0}^{X-1} \sum_{y=0}^{Y-1} [u_5 f_j(x,y) + u_2 f_k(x,y) - u_4 f_i(x,y) - \\ \qquad\qquad u_3 f_H(x,y)] N(p,s,x,y) \\ C_I(p,s) = \alpha(p)\alpha(s) \sum_{x=0}^{X-1} \sum_{y=0}^{Y-1} [u_3 f_k(x,y) + u_2 f_H(x,y) - u_4 f_j(x,y) - \\ \qquad\qquad u_5 f_i(x,y)] N(p,s,x,y) \end{cases} \quad (6\text{-}8)$$

将式(6-8)中 $C(p,s)$ 各个分量代入式(6-7),可得 $f'_{r1}(x,y)$ 和 $f'_{r2}(x,y)$ 的值都是零,同时可验证

$$\begin{aligned} f'_i(x,y) &= f_i(x,y), & f'_j(x,y) &= f_j(x,y) \\ f'_k(x,y) &= f_k(x,y), & f'_H(x,y) &= f_H(x,y) \\ f'_S(x,y) &= f_S(x,y), & f'_I(x,y) &= f_I(x,y) \end{aligned} \quad (6\text{-}9)$$

由上述推导过程可以看出,经过离散八元数余弦逆变换后,得到 $f''_{r1}(x,y)$ 和 $f''_{r2}(x,y)$ 都是 0,并且式(6-9)各个分量逆变换的值都与变换前的值相同,所以离散八元数余弦逆变换公式的定义对于彩色图像是成立的。

4. 图像置乱

图像置乱,是指将图像信息的次序打乱,使图像显得杂乱无章,消除图像像素之间的空间相关性,从而避免攻击者对图像进行篡改。比较常用的置乱方法有很多,如 Arnold 变换、幻方变换、Hilbert 曲线、Conway 游戏、Gray 码变换以及仿射变换等。Arnold 变换算法简单且具有周期性,即经过若干次变换后,被置乱的图像又可以回到原来的图像,所以本节选择该变换算法对水印图像进行置乱,从而使要嵌入的水印信息显得杂乱无章。由于攻击者不知道水印置乱的次数,所以即使攻击者能从含水印图像中提取出置乱的水印图像,也很难将该置乱的图像转化为有意义的水印信息。

任意 $N \times N$ 矩阵,设 i, j 为矩阵元素原始下标,经过 Arnold 变换后新下标为 i', j',Arnold 变换的定义为

$$i' = (i+j) \bmod N, \quad j' = (i+2j) \bmod N$$

其中,$i, j = 0, 1, 2, \cdots, N-1$。

Arnold 变换具有周期性,即经过若干次变换后,矩阵回到最初状态,且周期 T 与 N 的大小有关,可以用程序来进行计算,可以设 i 和 j 从一个点出发,不断使用以上变换,再次回到这个起点时,经历的变换次数就是周期。本节就是通过该方法来计算周期 T 的。

6.1.3 基于 DOCT 的彩色图像水印算法

盖琦等应用四元数理论在多维空间中把彩色图像像素作为一个向量整体进行描述,体现了图像的色彩关联,但是只考虑了三个分量之间的关系。因为 RGB 模型和 HSI 模型是用不同的技术来描述彩色图像的,所以如果将 R、G、B、H、S、I 这六个分量作为一个向量整体来进行处理,则更能体现图像的内部关联性。因此,本节基于高维数学工具八元数提出一个新的基于 DOCT 的彩色图像水印算法。算法的具体实现如下所示。

1. 水印嵌入过程

将水印信息嵌入 $C_r(p,s)$ 和 $C_i(p,s)$ 中来改变两者的值,尽管嵌入过程只是在频率域所对应图像频谱的实部中进行,然而从空间域的角度来看,水印信息是嵌入图像的 R、G、B、H、S、I 六个分量中。这样的嵌入技术,不但把原图像因为水印图像的嵌入而产生的误差扩散到了整个图像中,从而肉眼很难分辨出原始图像与含水印图像之间的区别,提高了水印算法的不可感知性。同时,这种误差还被分散到了图像的 R、G、B、H、S、I 六个分量中,那么对图像进行各类攻击,嵌入图像中的水印被破坏的程度也自然被分散到了各个分量,那么提取出来的水印与原始水印的相似程度相对较高,从而算法的鲁棒性得到了加强。水印嵌入过程的算法流程图如图 6-1 所示。

具体实现步骤如下:

(1)彩色水印图像 $w(x,y)$ 分为 R、G、B、H、S、I 六个分量,并利用 Arnold 变换分别对它们进行置乱,之后再用函数 norm() 分别计算六个分量的能量值。

(2)彩色载体图像 $f(x,y)$ 分为 R、G、B、H、S、I 六个分量。

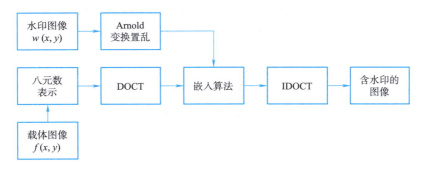

图 6-1 水印嵌入算法流程图

(3)将 $f(x,y)$ 的六个分量分别分成 N 块,大小均为 8×8,每块都可以用一个八元数矩阵 $f^{(e)}(x,y)(e=1,2,\cdots,N)$ 来表示。

(4)利用选定的参数 u 算出六个分量所对应的 DOCT,并用 $C^{(e)}(p,s)$ 表示,再提取它们的实部系数 $C_r^{(e)}(p,s)$ 和 $C_l^{(e)}(p,s)$,其他系数 $C_{i,j,k,H,S,I}^{(e)}(p,s)$ 不变。

(5)将置乱后的水印图像 $w(x,y)$ 的六个分量分组,其中 R、G、B 三个分量分别嵌入各个 $C_l^{(e)}(p,s)$ 的中频系数中,而 H、S、I 三个分量则分别嵌入 $C_r^{(e)}(p,s)$ 的中频系数中,嵌入之后的系数记为 $C_r^{(e)'}(p,s)$ 和 $C_l^{(e)'}(p,s)$。具体嵌入公式为

$$\begin{cases} C_r^{(e)'}(p,s) = C_r^{(e)}(p,s) + \alpha \times w(x,y) \\ C_l^{(e)'}(p,s) = C_l^{(e)}(p,s) + \alpha \times w(x,y) \end{cases} \quad (6\text{-}10)$$

其中,α 是嵌入强度,值取为步骤(1)所计算得到的各个分量的能量值。

(6)计算之后的新系数 $C_r^{(e)'}(p,s)$ 和 $C_l^{(e)'}(p,s)$ 与原来的 $C_{i,j,k,H,S,I}^{(e)}(p,s)$ 合成得到 $C^{(e)'}(p,s)$,再将其进行 IDOCT,得出 $f^{(e)'}(x,y)$。

(7)组合所有的 $f^{(e)'}(x,y)$,从而得出含水印图像 $f'(x,y)$。

2. 水印提取过程

水印提取过程的算法流程图如图 6-2 所示。

图 6-2 水印提取算法流程图

具体实现步骤如下:

(1)嵌入水印之后的图像 $f'(x,y)$ 分为六个分量,将它们都分成大小为 8×8 的 N 块,分别记作 $f_1^{(e)'}(x,y)(e=1,2,\cdots,N)$。

(2)载体图像 $f(x,y)$ 同样分为六个分量,将它们都分成大小为 8×8 的 N 块,分别记为 $f_2^{(e)'}(x,y)(e=1,2,\cdots,N)$。

(3) 对每一个 $f_1^{(e)'}(x,y)$ 和 $f_2^{(e)'}(x,y)$ 分别计算所对应的 DOCT，记作 $C_1^{(e)'}(p,s)$ 和 $C_2^{(e)'}(p,s)$。

(4) 利用 $C_{r1}^{(e)'}(p,s)$ 和 $C_{r2}^{(e)'}(p,s)$ 计算出水印嵌入的位置，从而实现水印的提取。具体的计算公式为

$$w(x,y) = \frac{1}{\alpha} \times (C_{r1}^{(e)'}(p,s) - C_{r2}^{(e)'}(p,s))$$

(5) 将提取出来的水印信息的六个分量在分别进行反置乱，然后进行融合即得到提取出来的水印图像。

6.1.4 实验结果与分析

为了检测本节算法对图像嵌入水印的不可感知性，使用了峰值信噪比（Peak Signal-to-Noise Ratio, PSNR）来进行度量。同时为了计算提取出来的水印与原始水印的相似程度，文中采用了归一化相关（normalized correlation, NC）系数。

本算法在 MATLAB 7.1、Windows XP 及以上版本操作系统平台上实现的。所使用的载体图像大小为 512×512 的图像，如图6-3(a)和图6-3(b)所示（Lena图像和Peppers图像）。原始水印图像大小为 64×64 的图像，如图6-3(c)所示。

（a）载体图像Lena　　　　（b）载体图像Peppers　　　　（c）原始水印图像

图6-3　彩色载体图像与水印图像

1. 透明性测试

将本节所提出的基于DOCT的图像水印算法应用于图6-3所示的样例中，得到含水印的图像Lena[见图6-4(a)]和提取出的水印图像[见图6-4(b)]，以及含水印的图像Peppers[见图6-5(a)]和提取出的水印图像[见图6-5(b)]。

（a）含水印图像Lena　　　　（b）提取出来的水印

图6-4　含水印图像 Lena 与提取出的水印图像

从图6-4(a)和图6-5(a)可以看出，含水印的两幅图像很难感知到水印的存在。从图6-4(b)图6-5(b)与图6-3(c)的对比结果可以看出，原始水印与提取出来的水印很相似。计算两幅图像使用该算法相应的 PSNR 与 NC，其值分别为 Lena 图像相应的 PSNR = 46.035, NC = 1。

Peppers 图像相应的 PSNR = 45.768, NC = 0.999 8。

（a）含水印图像Peppers　　　（b）提取出来的水印

图 6-5　含水印图像 Peppers 与提取出的水印图像

2. 鲁棒性测试

为了检测本节提出的算法的鲁棒性,本节通过对嵌入水印的两幅彩色图像［见图 6-4(a)和图 6-5(a)］分别进行放大一倍、添加椒盐噪声(系数为 0.001)、高斯滤波(系数为 0.000 5)、剪切 1/4、80% JPEG 压缩、旋转 10°各种不同类型的攻击实验。攻击之后所提取出来的水印分别如图 6-6 和图 6-7 所示。

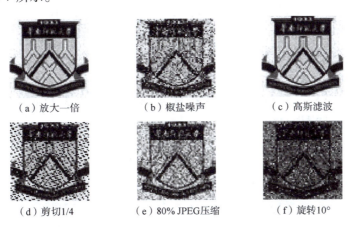

（a）放大一倍　　　（b）椒盐噪声　　　（c）高斯滤波

（d）剪切1/4　　　（e）80% JPEG压缩　　　（f）旋转10°

图 6-6　含水印图像 Lena 经各种攻击之后提取出的水印

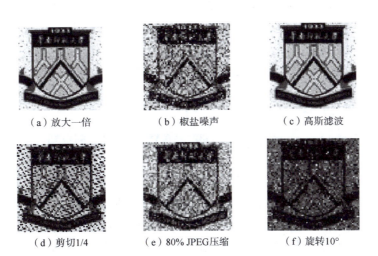

（a）放大一倍　　　（b）椒盐噪声　　　（c）高斯滤波

（d）剪切1/4　　　（e）80% JPEG压缩　　　（f）旋转10°

图 6-7　含水印图像 Peppers 经各种攻击之后提取出的水印

同时，使用盖琦等提出的基于离散四元数余弦变换的彩色图像数字水印技术进行相同的攻击实验。通过分别计算这两种算法的 PSNR 与 NC 值来进行比较，比较结果见表 6-1。

表 6-1 两种不同算法在不同攻击下的 PSNR 和 NC 值比较

攻击方式	本节算法				基于离散四元数余弦变换的数字水印算法			
	Lena		Peppers		Lena		Peppers	
	PSNR	NC	PSNR	NC	PSNR	NC	PSNR	NC
放大一倍	44.159	0.985	44.151	0.978	36.806	0.980	35.524	0.964
椒盐噪声	43.230	0.862	43.106	0.855	36.633	0.867	35.399	0.855
高斯滤波	44.159	0.985	44.151	0.978	36.806	0.980	35.524	0.964
剪切 1/4	30.006	0.822	29.960	0.813	29.419	0.804	29.261	0.796
80% JPEG 压缩	36.661	0.909	34.058	0.886	34.858	0.942	32.737	0.907
旋转 10°	41.887	0.717	38.231	0.710	37.082	0.714	34.946	0.674

由表 6-1 中的结果可以看出，相对于基于离散四元数余弦变换的彩色图像数字水印算法，本节的算法对缩放、噪声、滤波、剪切、压缩以及旋转都具有较好的不可见性和鲁棒性。

尽管本节对图像数字水印技术进行了比较深入的探讨和研究，提出了一种新的彩色图像水印算法，实验结果也较理想，但仍需要今后不断地探索和提高。

以下问题还有待进一步研究和解决：

（1）更深入地分析四元数和八元数离散余弦变换的特性及其对彩色图像嵌入算法的影响，以实现性能更好的水印嵌入算法。

（2）在彩色图像的水印嵌入过程中，水印嵌入强度还需要进一步改进，以使水印嵌入达到更好的自适应性，从而使水印的鲁棒性和不可见性达到更好的平衡。

（3）本节的算法在水印提取过程中需要宿主彩色图像，下一步可以研究如何在提取水印时无须原始宿主图像，同时在彩色图像中嵌入多个水印图像以实现版权和防篡改双重保护。

（4）本节研究的数字水印算法针对的是数字图像水印，事实上水印载体还包括文本、音频、视频、三维网格及向量数据等多媒体信息。目前，这些载体的水印算法还不够成熟，随着多媒体技术的发展，对音频、视频、三维网格及向量数据的水印算法还需要进一步研究。

（5）建立统一的图像质量评价标准，对水印的不可见性和鲁棒性进行更好的客观评价。

（6）在本节算法研究和实验的基础上，研究其他高维数学工具在数字水印中应用的可能性。

6.2 Clifford 代数在遥感图像变化检测处理中的应用

遥感数字图像技术从 20 世纪 80 年代开始应用到地表记录中，并随后在资源勘察、灾害防控、军事监控等领域得到非常广泛的应用。遥感是一种远距离非接触式感知目标特征信息的技术，而遥感数字图像是以数字形式记录的二维遥感图像信息，其内容是通过遥感手段获得的，通常是地物多波段的电磁波谱信息，常用的是 ETM+ 和 MSS 影像。不同地物反射的电磁波信息存在差异，通过科学解释，特征提取与分析最终得到接近实际的彩色地表信息图，但大多数成像光谱仪得到的数据是 224 波段,为了显示方便,目前常用特定波段组合来合成假彩色遥感图像,但是这是以丢失大量波段的细节信息为代价的。

遥感数字图像分析也属于数字图像处理中的重要组成部分,是当前最有效、最便捷地获取地表信息时空变化的途径,更是多方面动态监测的必要手段。

6.2.1 遥感数字图像变化检测技术概述

目前利用遥感数字图像应用大致分为两类:一类是利用单张遥感数字图像结合计算机系统构成地理信息系统(GIS)进行地表信息统计、城市规划以及配合卫星定位技术进行卫星导航和导弹制导等应用;另一类是利用多时相、同区域遥感数字图像获取地表变化信息,识别特殊地标变化信息或者整体区域的变化信息。

传统的基于人工查阅来比较多幅遥感图像变化的方法,不仅需要投入大量的人力和时间,而且严重依赖操作人员的专业技能,在每天都产生大量高分辨率遥感数字图像的时代,单纯依靠人力进行分析辨识已经完全不能满足时效性要求。从我国城市发展地表覆盖变化速度来看,如广州,每年地表覆盖变化率达到40%~50%,实时自动进行变化检测对于经济和国防建设是一个十分紧迫的问题。因此,如何高效智能地提取多时相遥感数字图像的变化信息一直是研究的热点。

遥感数字图像变化检测是统计学、遥感信息科学、计算机科学等学科交叉的新增长点,代表了当前遥感数字图像应用的发展方向。利用能反映地物目标信息的遥感数字图像进行分析和变化检测,从中提取出有用的信息,并促进转化为更有价值的知识,从而为有关部门进行快速精确决策提供丰富的辅助信息,一直是研究的热点。从 20 世纪 70 年代开始,特别是近年来海量存储技术、云计算和卫星传感技术的突飞猛进,使得我们能够获得大量同区域多时间段遥感数字图像,这也为遥感数字图像变化检测提供了有效的基础数据支持。更多学者开始研究同区域多时相遥感图像的变化检测算法,经过几十年的快速发展,利用多时相、同区域遥感图像进行变化检测被广泛应用于经济建设和国防安全等重要领域并发挥巨大作用:经济建设中如地质灾害监控、植被消长评估、城市面积扩展等;国防安全上如伤害评估、战场信息动态感知、重要目标监控等。这些应用的快速发展更加促进了遥感图像变化检测算法的研究。

遥感数字图像变化检测技术一直是研究热点。到目前为止,遥感数字图像变化检测算法有很多,分类如下所示。

1. 基于检测策略分类

Lu 等按照检测策略分为算术运算法、智能模型法、视觉分类法和其他方法。Jungho 等于 2006 年提出基于面向对象和规则模型的遥感图像分类方法,对多时相遥感数字图像根据光谱特征和几何特征等进行处理,并以北京城市遥感图像进行分类验证;Ashish 等于 2011 年改进视觉分类法提出一种基于模糊聚类方法和相邻像素之间的空间相关性方法的变化检测算法,利用模糊聚类技术识别和像素空间相关性将所有像素进行分类,对多幅分类后的遥感数字图像进行检测,找出前后相同位置却出现分类差异的像素点作为变化点;Yang 等于 2015 年基于算术运算法提出一种卡方检验算法,利用卡方检验算法得出优化阈值,再对多时相遥感图像做差,将差值进行判定,超过阈值的就判为变化区域。

2. 基于变化检测步骤分类

Singh 等根据变化检测步骤区别分为两大类：直接对比检测法和带分类预处理检测法。前者是直接使用多幅图像进行差异对比，在对比时通常使用进行差、比值、对数等操作，然后对操作后的像素进行阈值判定，得出变化检测结果，这种算法根据处理策略的不同，效果和耗时都有较大差异。后者需要先将给定遥感数字图像进行分类，通常是按照需求分为林地、农田、建筑用地、水域等，然后对遥感数字图像同区域进行分类比较，对分类发生变化的像素进行变化标记，这种方法的耗时和精确度都集中在分类算法中，对于已经将标准分类做好的图像处理起来非常快，但是标准分类随着实际使用一直在变，实现起来比较复杂。Tuia 等提出智能动态分类算法，可以实时地产生标准分类，但是需要大量数据长时间训练才能得到比较满意的分类结果。

3. 基于影像类别的分类

李德仁将变化检测算法细分为七类：基于新旧影像的变化检测算法，基于新影像和旧数字线划图的变化检测方法，基于新旧影像和旧数字地图的变化检测方法，基于新的多源影像和旧影像/旧地图进行变化检测的方法，基于已有的 DEM、DOM 和新的未纠正影像进行变化检测，基于旧的 DLG、DRG 和新的未纠正影像的变化检测方法，基于已有的 4D 产品和新的立体重叠影像的三维变化检测方法，并提出将变化检测作为地理图像研究的重点之一，组织攻关。

虽然有上述多种遥感数字图像变化检测方法，但还是有一些待解决的问题，而且算法普遍存在通用性差、检测结果不够精细等缺陷，远远没有达到期望水平。最突出的一点是在对高维遥感图像进行预处理和变化检测处理时，大多数方法都是多波段分离为单波段分别处理并整合，不能够充分利用多维图像信息。因此，若能将多方向像素信息和多波段像素信息用一个高维向量进行表示，使得多方向多波段像素整体处理，可以更加贴近原图像的通道间关联，使得检测结果向着更真实、更精确的方向发展。

6.2.2 遥感数字图像变化检测相关算法研究

本节着重介绍遥感数字图像变化检测处理的变化检测定义、变化检测流程，并介绍地块区域检测定义和常用算法的优缺点。

1. 遥感数字图像波段选择

遥感图像数据一般为 224 波段，数据大小为 137 MB，但是由于波段宽度很窄，重叠度很高，信息冗余很大，因此从中选取合适的波段合成彩色图像一直是重要课题。针对这个问题，主要通过波段选择来选取信息量大、相关性弱、差异性大、分类性强的波段组合来降低维度，以适应大多数遥感数字图像变化检测方法。目前常用的遥感地理图像大多采用 ETM+7、ETM+5、ETM+4 波段或者 MSS 4、MSS 3、MSS 2 波段进行合成来进行显示，但是这样会损失很多其他的有用信息，使得结果难以精确描述原图实际信息。在此背景下，本节提出的算法利用 Clifford 高维代数性质可以对多方向、多波段同时处理，更大程度上保留了图像信息。

2. 遥感数字图像变化检测的定义

图像变化检测是利用不同时期图像进行对比来判断有无变化的简单过程。而遥感数字图像的变化检测是利用多时相、同区域一系列遥感数字图像进行感兴趣部分的变化检测，同时尽可能多地忽略不感兴趣部分，并定量地分析和确定地表变化的特征与过程。Rosenfeld 认为遥感数字图像变化检测的基本任务就是数据配准、变化检测、定位和变化判别。根据检测的信息和应用的目的差异,一般将遥感数字图像变化检测分为两类:一类是对特定建筑等指定元素进行跟踪变化检测;另一类是对地块区域的变化检测。

(1)地块区域检测。

地块区域检测是利用变化检测算法重点检测地块单位的变化,检测出来的差异结果都是以地块形式显示出来,常用于违规占地、农业作物统计等需要大地块检测的应用中。同时,为了让检测结果更加符合地块需求,通常需要在检测最后一步再进行判别标准,以地块内差异量判断该地块是否属于变化的地块。

(2)建筑植被等特殊元素变化检测。

相对于较大的地块区域检测,特殊元素检测主要是检测遥感数字图像中的关键元素,判断变化程度来推断的一种检测方法。例如,判断特殊建筑是否在顶层违规搭建。这种检测的重点是要准确定位各时相遥感图像中关键元素位置,通过对比判断关键元素是否发生了重大变化。这种特殊元素检测通常需要借助地面信息数据库。

3. 遥感数字图像变化检测的一般流程

遥感数字图像变化检测流程一般分为多时相遥感数字图像预处理、变化检测、后期整理、结果展示,如图 6-8 所示。

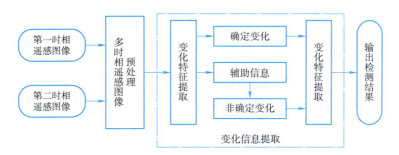

图 6-8　遥感数字图像变化检测步骤

4. 遥感数字图像变化检测算法

针对不同的遥感数字图像检测目的,目前有多种变化检测算法,本节鉴于进行地块等较大元素进行变化检测,主要介绍这方面的检测算法。常用的地块变化检测方法有基于图像代数运算的变化检测算法、基于图像特征的变化检测算法和基于人工智能分类的变化检测算法。

(1)基于图像代数运算的变化检测算法。

基于图像代数运算的变化检测算法包括图像差值法、图像比值法、差值比值法、图像回归法、其他特定数学理论法。这些方法的最终选择均需要依靠阈值,而且效果随着代数运算复杂度提高有显著改善,代价就是耗时增长。

图像差值法、图像比值法和差值比值法都属于最简单的变化检测算法,其中图像差值法是直接进行多时相图像对应通道像素相减,利用阈值控制显示出差异图;图像比值法是图像对应像素计算比值,同样利用阈值控制显示出差异图;差值比值法利用对应像素值做差、比值双阈值进行控制,最终结合处理得出差异图。这三种变化检测算法是所有算法中速度最快的,同时也是最容易受到噪声干扰的,而且每次处理都是基于单通道进行,用来处理多通道遥感数字图像很难得到比较满意的结果。图像差值比值法通常用于背景简单、噪声微小的图像变化检测。

图像回归法是利用多幅遥感数字图像对应位置像素按照时间序列构成线性函数,再利用最小二乘法计算出线性函数系数,通过求解回归方程,推算出任意时间点上对应像素值,再与实际值进行对比,通过阈值控制判断是否发生了不合理的变化。这种方法相比前三种简单运算方法的优势是可以一定程度减少大气透视率和光线方向变化带来的干扰;缺点是计算量显著增加,而且因为遥感数字图像的复杂性,很难建立符合实际情况的高精度回归关系,因而实际使用比较少,效果也没有预想好。

特定数学理论法大多是针对遥感数字图像的性质特点,针对建筑和植被等地块信息建立数学模型,智能选择阈值范围,将数学理论推广到遥感数字图像变化检测中。本节提出的Clifford代数向量积方法属于这个范畴。特定数学理论法的特点是依据不同数学理论可以有针对地得出比较好的结果。

(2) 基于图像特征的变化检测算法。

基于图像特征的变化检测算法是基于图像的边缘、区域和纹理等固有性质提出的变化检测算法,适应性比较广,不仅适用于遥感数字图像,其他图像也可以利用图像特征进行变化检测,但是比较依赖具体的边缘、区域和纹理的检测算法,只有检测得比较完全才能进行下一步操作。因此,这种方法常实际应用于变化检测的第一步,要得到最终结果还要配合其他算法。

基于边缘特征的变化检测算法首先是利用边缘检测算法分别对多时相遥感数字图像进行边缘检测,然后再比较边缘的差异,这些差异可以认定为变化的目标轮廓。这种方法特点是依赖具体的边缘分割算法,选比较好的算法会有一定的抗噪性;缺点是只能得出差异边缘,很多情况下不能满足实际需求,同时边缘通常比较细,因此对图像配准要求比较高,如果配准有偏差就会完全得不到想要的结果。

基于区域特征的变化检测算法首先对多时相遥感数字图像分别进行区域检测,然后再比较区域间差异,这些差异可以认定为变化的目标区域。该算法同样依赖于具体的区域检测算法,而且由于实际遥感数字图像比较复杂,区域比较多,很难进行比较,而且区域检测比边缘检测更慢,精度更低,因此实际应用很少。

基于纹理特征的变化检测算法是利用遥感数字图像的纹理特征进行检测并进行差异比较的检测算法。纹理特征是图像的二维特征,比像素特征有更高的抗噪性,而且可以最有效地去除带阴影图像的干扰,得到较好的检测效果。但这种方法比较依赖纹理的定义,很多纹理在图像大小改变后都会发生明显变化,因此不适合处理需要缩放显示的遥感数字图像。

(3) 基于人工智能分类的变化检测算法。

近年来人工智能算法在数字图像处理中的应用也逐渐增加,将人工智能应用到遥感数字图像差异检测往往能得到令人意想不到的效果。常用的人工智能算法有主成分分析法、神经网络法等。

主成分分析(principal cemponent analysis,PCA)法是通过一系列正交变换等操作选出相关性最低的分量再进行下一步操作的分类方法,可以减少无关干扰和运算时间,它是比较常用的智能分类方法,将 PCA 应用于多波段遥感数字图像中,可以智能选出最重要的几个波段进行下一步差异检测。利用 PCA 进行分类的基本步骤如图 6-9 所示。

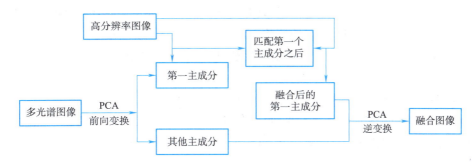

图 6-9　PCA 结合小波变换算法分类流程图

人工神经网络(artificial neural network,ANN)法是在模拟生物神经网络组织结构和运行机制基础上设计出的一种分类系统,具有很好的鲁棒性和自适应性。利用多层神经网络可以适用于多波段多特征的非线性划分,使得分类结果更准确。

人工智能分类法都是先验模型,在使用之前都需要大量的数据进行前期训练,再利用学习的结果来对要分类的目标进行分类。虽然这可以解决一些看似无规律的问题,但是通常代价是耗时长。同时,这些算法对训练集合要求很高,只有特别符合分类目标的数据进行训练才能得到比较满意的结果。针对遥感数字图像复杂性比较高,很难找出合适的训练集,因此利用这类方法得到的结果往往不是最好的,而且这种分类算法不能得到最终差异图像结果,只能作为差异检测前期的一步。

6.2.3　Clifford 向量积性质在彩色图像区域生长中的应用

传统区域生长是利用图像中目标区域的整体连通性对图像进行分割的,它是根据预先定义的生长准则将像素或者子区域组合成更大区域的过程,区域生长最终可以形成连续的区域和边缘,因此广泛应用在图像处理的各个领域。传统区域生长算法的生长准则大多是基于图像单通道灰度信息,在灰度图像中能取得比较好的结果。而对多通道彩色图像的处理当中,区域生长算法的文献相对较少。

1. 算法原理

区域生长算法是分割连通区域的常用方法。基本方法是从一组种子点开始,不断将与种子点相似,也就是满足生长准则的邻域像素添加到种子点集合,从而形成生长区域,达到终止条件就结束一个区域的生长。可以看出采用区域生长算法时需要解决三个问题:

第一个关键问题是种子点的选取。目前种子点选取方法大致分为两类:一类是根据像素特征自动选取种子点,常用于自动分割或者预处理中;另一类是根据实际选取区域的需要手动点取种子点,常用于需要精细分割特定区域时。

第二个关键问题是确定生长准则,这也是最关键的问题。目前多通道彩色图像的生长准则大致分为纹理特征、欧几里得距离和邻域标准差三个最常用的准则,而且还要规定邻域范围、迭代次数等其他条件。

第三个关键问题是生长终止条件,一般有两种方式。一种是中断截止法,在生长区域达到规定像素数或者规定迭代次数后就中断生长;另一种是利用栈存储种子点,生长过程伴随着出栈入栈过程,直到种子栈空才进行终止。

本节综合考虑传统区域生长方法大多只应用在灰度图像或者对彩色图像不敏感、生长准则单一等问题，提出一种新的区域生长算法，新算法采用 LUV 颜色模型，将 Clifford 高维向量向量积性质应用到自定义邻域中，通过改进生长准则，得到更好的彩色图像区域生长和分割结果。

(1) 彩色图像的 Clifford 表示。

传统操作很难同时操作多通道图像，而且在进行对比的时候大多是利用单点对比或者多点平均值对比，不能体现原像素邻域特点，这里引入 Clifford 多维向量对像素各通道值及其邻域进行描述。

如图 6-10 中对转换成 LUV 模板的彩色图像像素位置 e_1 进行描述时，除了自身的 L、U、V 三分量，还结合其上、下、左、右四邻域 e_2、e_3、e_4、e_5 各三通道，一共 15 个分量进行描述。其中，各像素值 L、U、V 三个分量值用函数 $L(e)$、$U(e)$ 和 $V(e)$ 进行表示。得到像素位置 e_1 的 Clifford 向量表示 $Q(e_1)$ 为

$$Qe_1 = (L(e_1), U(e_1), V(e_1), L(e_2), U(e_2), V(e_2), L(e_3), U(e_3), V(e_3), L(e_4), U(e_4),\\ V(e_4), L(e_5), U(e_5), V(e_5))$$

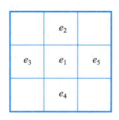

图 6-10　直方图分割示意图

(2) Clifford 生长准则的确定。

由 2.4.2 节介绍的向量积性质，首先将各像素表示的 Clifford 向量 e_1 归一化，变成单位向量，然后在进行两个像素位置的 Clifford 向量比较时，代入 2.4.2 节向量的叉积公式中，然后针对向量积性质，两个像素越相似，点乘越接近 1，叉乘越接近 0。可以分别设置一个接近 1 的阈值 T_1、一个接近 0 的阈值 T_2，然后比较单位化 Clifford 向量 $\boldsymbol{a}$、$\boldsymbol{b}$ 相似性以及生长准则，即

$$\begin{cases} \boldsymbol{a} \cdot \boldsymbol{b} \geq T_1 \\ \boldsymbol{a} \times \boldsymbol{b} \geq T_2 \end{cases}$$

2. 算法步骤

基于 Clifford 向量积性质的区域生长具体算法流程如下：

(1) 采用人工交互方式在感兴趣的待分割区域点取种子点，形成初始种子点集合，并添加种子点到种子栈中。

(2) 从种子栈的栈顶进行出栈操作，取出一个种子点作为当前种子点，并分别按顺序取出它的上、下、左、右四邻域，分别构造上节介绍的 15 维 Clifford 向量并进行归一化操作，同时对它四邻域的未处理点采用相同的方法构造单位化 Clifford 向量。

(3) 对构造的单位化种子点和待检测点 Clifford 向量计算点乘和叉乘，分别记录点乘和叉

乘结果,并按照上面生长准则公式进行比较。当满足生长准则时,邻域点变为种子点存到种子栈中;同样原理再判断剩下的待检测邻域是否与种子点相似,若相似放入种子栈中,并进行标记,防止重复比较。

(4) 循环执行步骤(3),直到种子栈为空,也就是背景类像素点与种子点之间都不满足生长准则,这时,生长过程结束。

(5) 将所有标记为种子点的像素在原图显示,其他不满足的像素点置为0,这样在原图就展示了本算法的彩色数字图像生长结果。

(6) 对步骤(5)生成的生长结果进行简单边缘提取就得到彩色数字图像的感兴趣区域连续边缘。

6.2.4 Clifford 向量积性质在遥感图像变化检测处理中的应用

上一节通过对比分析各检测方法可知,大多数基于图像代数运算的变化检测方法都不能将多波段、多方向整体考虑,使得算法耗时长而且整体性差,容易受到噪声、光线、阴影等的影响;而其他基于人工智能和图像特征的变化检测算法都需要大量的学习模型,导致耗时较长,而且对不同的遥感地理图像通用性差。针对这些不足,本节结合 Clifford 高维向量性质提出一种新的遥感数字图像变化检测算法。

1. 实验图像

为了检测本节算法,选用经过预处理的同区域两幅原始分辨率为 5 000×5 000 的大幅遥感数字图像作为实验图像,利用变化检测算法找出图 6-11 相比于图 6-12 的感兴趣变化区域。

图 6-11 遥感数字地理图像序列 1

图 6-12 遥感数字地理图像序列 2

2. 遥感数字图像的 Clifford 表示

遥感数字图像是典型的多波段多通道图像,使用 Clifford 高维向量对像素及其邻域进行表示可以有更好的完整性,更符合图像本身特性。针对遥感数字图像一般分辨率较高的特性,这里选用 5×5 邻域作为表示单位,并根据不同图像的方向性等特征使用图 6-13 所示三种模板的一种或者自定义模板。

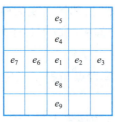  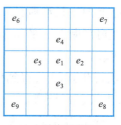

（a）十字形模板　　　　　（b）对角线模板　　　　　（c）综合形模板

图 6-13　经典 5×5 领域模板

假设遥感数字图像的感兴趣波段有 n 个，相当于有 n 个通道，每个通道的值为 $F_n e$，将像素 e_1 及其邻域每个通道用一个 Clifford 分量进行表示。则每个像素可以构成一个 $9n$ 维 Clifford 高维向量。以像素 e_1 为例，它构成的 Clifford 向量为

$$e_1 = (F_1(e_1), F_2(e_2), \cdots, F_n(e_1), F_1(e_2), F_2(e_2), \cdots, F_n(e_2), \cdots, F_1(e_9), F_2(e_9), \cdots, F_n(e_9))$$

表示完成后再对每个 Clifford 向量进行单位化运算。

3. 两幅遥感图像的 Clifford 向量积变化区域检测算法

两幅遥感图像各像素分别进行上节展示的 Clifford 高维向量表示，这里分别用 $A_n(e)$ 和 $B_n(e)$ 表示前后两时相遥感图像的第 n 通道的像素值，用 $A(e_n)$ 和 $B(e_n)$ 表示像素 e_n 的单位化 Clifford 高维向量，设置点乘阈值 T_1 和叉乘阈值 T_2。然后对两幅图像对应位置 Clifford 高维向量进行点乘运算 $a(e_n) \cdot b(e_n)$ 和叉乘运算 $a(e_n) \times b(e_n)$，利用上节描述的 Clifford 向量积性质将满足双阈值的像素标记为变化像素，即

$$\begin{cases} a(e_n) \cdot b(e_n) \geq T_1 \\ a(e_n) \times b(e_n) \geq T_2 \end{cases}$$

为方便后面整体算法描述，将这一步操作后的图像记为 Q_1。

两幅图像经过这一步运算，并在设置了合理的双阈值 T_1 和 T_2 之后就可以得到一些显著区域的变化图像，但这些都是比较突出而且不连续的变化区域。为了得到更好的效果，还需要结合下节介绍的几个算法。

4. 遥感图像的 Clifford 向量积变化边缘检测算法

为了得到更精确的结果，将基于边缘的变化检测算法与 Clifford 向量积性质进行结合，也就是分别对每幅遥感数字地理图像进行基于 Clifford 性质的边缘检测，得出每幅图像的边缘图像，如图 6-14 所示。

（a）遥感数字图像边缘序列1　　　（b）遥感数字图像边缘序列2

图 6-14　遥感数字图像边缘图

再对多时相同区域边缘图像进行做差运算得出变化边缘,并在结果基础上进行滤波操作去除噪声杂点。结果如图 6-15 所示。

图 6-15　遥感数字地理边缘变化

Clifford 向量积性质的边缘检测算法可以利用 Clifford 高维特性,构造对应的滤波器进行边缘检测,本节仍然使用图 6-13(b)邻域模板形式,根据卷积结果判断检测区域中心像素与 5×5 邻域像素是否相似来得出边缘。也可以选择简单的 Sobel 算子快速检测边缘,在损失一部分细节的代价下加快运算速度。为方便后面整体算法描述,将这一步操作后的图像(见图 6-15)记为 Q_2。

5. 遥感图像的 Clifford 向量积变化区域生长算法

为了最终得出变化区域图像,将上两节的结果图像 Q_1 和 Q_2 作为种子点,对图 6-12 所示图像或者人工选取的感兴趣区域进行区域生长,区域生长算法可以根据处理时间的要求采用类似 5.5.1 节中的基于 Clifford 向量积性质的彩色图像区域生长算法,得出比较精细的生长结果,但是由于通道数目较多,耗时较长;也可以采用传统快速欧几里得距离区域生长算法,更快地得出比较粗略的区域生长结果。

6. 变化检测算法步骤

基于 Clifford 向量积性质的遥感地理图像变化检测算法流程图如图 6-16 所示。

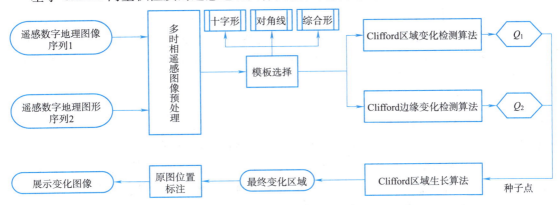

图 6-16　基于 Clifford 向量积性质的遥感地理图像变化检测算法流程图

算法大致分为四个阶段,即预处理阶段、变化检测阶段、区域生长阶段、结果输出阶段。各阶段详细步骤如下:

(1)预处理阶段。将要比较的多时相遥感地理图像进行配准、增强,或者从大幅遥感图像中截取感兴趣的区域为下一步正式进行变化检测提供数据支持。

(2)变化检测阶段。对预处理后的遥感地理图像进行变化检测,分两方面进行:一方面利用 Clifford 向量积性质对两幅图像进行变化区域检测得到检测后图像 Q_1;另一方面将两幅图像先进行边缘检测再求出变化边缘图像 Q_2。

(3)区域生长阶段。将上一步产生的 Q_1,Q_2 作为区域生长种子点,选取适当的区域生长算法进行区域生长,得出完整的变化区域 Q_3。

(4)结果输出阶段。统计 Q_3 各区域的像素大小,将达到规定大小的区域在原图进行标记并输出。

7. 实验结果与分析

为了对比分析算法优势和实验结果,本节在使用 Clifford 向量积性质进行遥感图像变化检测的同时,还使用了其他几种常用的变化检测方法,来分别对相同的多时相遥感数字图像进行变化检测,并对比分析检测结果。

实验结果经标注后如图 6-17 所示,其中图 6-17(a)是使用 Yang 等提出的利用图像差值比值法进行的遥感图像变化检测;图 6-17(b)是使用谢丽蓉等提出的智能分类法三层神经网络进行遥感图像变化检测的结果;图 6-17(c)是使用 Ghosh 等提出的利用视觉模型和纹理特征的遥感图像变化检测结果;图 6-17(d)是本节利用图 6-13 所示的对角模板,基于 Clifford 向量积性质的遥感图像变换检测结果。

通过与其他变化检测算法进行对比可以看出:

图 6-17(a)使用差值比值法进行变化检测,很容易受到原图光线阴影变化、植被季节色彩变化等噪声的影响,导致出现很多不必要的检测结果。同时由于单通道分别处理也没有考虑像素多通道多方向的整体性,使得检测结果不太理想,偏差较大。

图 6-17(b)是基于神经网络进行分类学习后,对前期图像中属于非建筑区域而后来属于建筑区域的像素区域进行标注,相比于前一种方法能去除大部分植被颜色变化对变化检测的影响,但是由于训练模型难以精确导致仍有部分干扰,而且最主要的是本算法需要大量训练后才能得到较好结果,耗时较长。

图 6-17(c)是利用纹理进行变化检测的结果,将纹理类别变化的区域标记为红色。从图中可以看出虽然较简单的算数比值差值法效果要好很多,但是由于地块内植被品种变化而导致的纹理变化仍然成为干扰因素,特别是图的四角都由于植被纹理变化而被标注,影响了最终结果的精确性。

图 6-17(d)是利用本节提出的基于 Clifford 代数性质的变化检测方法,通过使用多种自定义的 5×5 邻域模板,使得多方向像素信息得以整体处理,很大程度上抑制了噪声、纹理等因素的影响,增加了鲁棒性;同时结合 Clifford 的高维属性,将多波段信息也整体考虑,使得像素更接近实际值,通过调节双阈值得出更精确的结果。在耗时方面,本算法虽然比简单的差值比值法耗时多,但是相比于需要纹理分类和神经网络学习的算法来说仍节省了大量时间;从算法步骤上来讲,本算法结合了边缘检测、区域生长等步骤,使得结果更连续、区域更明显。

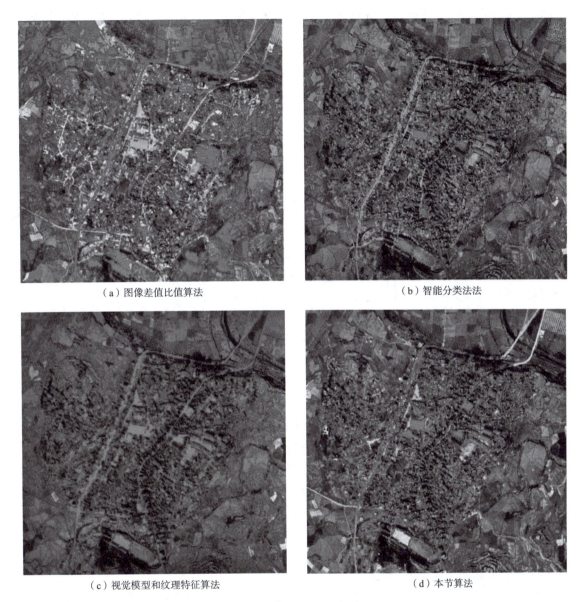

(a) 图像差值比值算法　　　　　　　　　　(b) 智能分类法法

(c) 视觉模型和纹理特征算法　　　　　　　(d) 本节算法

图 6-17　遥感图像变化检测结果

通过对比，基于 Clifford 代数的遥感图像变化检测算法在算法时间和精确度上较传统算法都有提高，而且加入了自定义方向模板和多波段选择，使得在处理不同遥感地理图像上更具有适应性和灵活性。

6.3　Clifford 代数在皮肤分割中的应用

由于监控、视频检索和身份验证等应用的广泛应用，人脸的识别分类已经吸引了很多研究人员的注意。人脸图像包含非常多独特的生物特征，因此在人脸识别、三维人脸认证等领域作用非凡。面色是人脸的重要属性之一，由于面色这一特征具有很好的稳定性，所以在计算机视觉中常常被用做人脸分类的特征进行研究。面色识别在中医问诊、手机应用智能美妆等方面有很多应用空间。目前关于面色分类的研究较少,研究人员一般会将面色分类系统分为面部皮肤区域分割和面色特征提取分类两部分。在皮肤检测部分,研究人员会在颜色空间中对皮肤数据建立模型,然后对像素点进行分类预测。在面色分类中,一般会在的不同颜色空间中提取皮肤的颜色特征,将提取到的颜色特征输入分类器中进行分类。

6.3.1 皮肤检测技术概述

在皮肤检测中,研究人员一般会在颜色空间对皮肤数据进行建模来区分皮肤像素点和非皮肤像素点。20世纪90年代,基于统计方法和基于物理方法的皮肤检测方法逐渐兴起,Chai等在YCbCr颜色空间中对皮肤数据进行了分析,发现皮肤数据在Cb-Cr平面上的分布有一定规律:在Cb-Cr平面中,若像素点的像素值取值范围在$Cb=[133,173]$和$Cr=[77,127]$之间就会被认为是皮肤像素点,否则就被认为是非皮肤像素点;Angelopoulos等通过研究人体表皮中的黑色素与皮肤反射属性之间的关系搭建了高斯模型,同时通过皮肤反射属性和表皮中的黑色素之间一阶导数的线性组合建立了皮肤模型,实现皮肤检测。

21世纪以来,随着计算机的蓬勃发展和人工智能的出现,出现了越来越多的更加精准快速的皮肤检测算法,基本可以分为以下几类:基于颜色空间区域界定检测法、基于高斯函数密度估计检测法、基于多光谱成像检测法、基于自适应阈值检测法、基于自适应光照检测法、混合检测法和基于神经网络的检测方法。

1. 基于颜色空间区域界定检测法

基于颜色空间区域界定检测法是指通过利用皮肤像素点在不同颜色空间中的不同特征,对像素点进行建模,对皮肤像素点和非皮肤像素进行区分。皮肤像素点在一些特定的颜色空间中会表现出聚类的特性,而且在不同的颜色空间中的聚类特性也有所不同,同时,皮肤像素点和非皮肤像素点的分离程度也因颜色空间的不同而有所差异。因此,寻找到合适的颜色空间对于皮肤检测的准确率非常重要。Terrillon等对TSL、NCC-RGB、CIE-XYZ、CIE-SH、HSV、YIQ、YES、CIE-LUV和CIE-Lab九种颜色空间进行了对比研究,并且在不同的规则化颜色空间中搭建了简单模型,实现了皮肤检测。

2. 基于高斯函数密度估计检测法

基于高斯密度函数估计检测法分为基于单高斯模型和基于混合高斯模型两种密度估计方法。Ahlberg等在不同的颜色空间中对皮肤像素的分布建立了单高斯模型进行密度拟合,以此来判别皮肤像素和非皮肤像素。研究人员发现,皮肤像素点特征的密度分布在不同的颜色空间中会有较大差异,所以Terillon等提出建立混合高斯模型对皮肤像素点进行检测。在混合高斯模型中,研究人员通过建立多个加权的单高斯模型对皮肤数据进行预测,并将加权的和设为1,使用EM算法对模型的参数进行估算,实现皮肤的检测。实验证明,基于混合高斯模型的皮肤检测效果要优于基于单高斯模型的效果。

3. 基于多光谱成像检测法

相比于传统的RGB图像,多光谱图像具有更加丰富的特征,可以为目标检测识别提供更加可靠的信息。基于多光谱成像检测法是在已知的光照条件和摄像条件的情况下,根据人体皮肤的生理特征和光学特征,从而估计皮肤的光谱响应函数,根据得到的响应函数实现皮肤的检测。2001年,Angelopoulou等在420~630 nm的可见光范围内测量了不同人种的皮肤的反射率曲线,发现了在归一化后,不同人种的皮肤反射系数曲线存在很好的相关性,进一步发现这些曲线在420 nm、545 nm和575 nm处呈现W形状,他们根据这个特性实现了皮肤的检测。2003年,Dowdall和Pavlidis等在分析皮肤反射率的特性后使用分离器建立了皮肤反射率模型,根据模型实现了皮肤的检测。

4. 基于自适应阈值检测法

在基于概率分布图的皮肤检测算法中,对像素点进行分类的阈值是固定的,因此,当光照和拍摄环境等客观条件发生变化时,模型的皮肤检测能力会急剧下降,甚至不能实现皮肤检测。因此,研究人员提出了基于自适应阈值检测法。Huynh-Thu等在HSV颜色空间中选取H-S平面对皮肤数据建立了高斯混合模型,对皮肤的概率分布进行了估计,同时提出了一种基于自适应阈值检测法。相比于基于概率分布图的皮肤检测算法,这种方法在不同环境下的皮肤图像表现出了更好的预测性能,但是由于算法中的阈值需要实时迭代更新,这对于算法的运算速度有较大的影响,因此并不适合在真实场景下实时应用。

5. 基于自适应光照检测法

光照的差异会给皮肤检测带了比较大的干扰,在相同的颜色空间中,如果光照条件不同会导致皮肤像素点表现出不同的密度分布,给皮肤检测带来困难。Rein等在YCbCr颜色空间中观察了皮肤数据的分布,发现皮肤像素点在CbCr平面上的密度分布与亮度分量Y有一定的相关性。因此,他们同时使用Y、Cb和Cr三个分量进行了非线性的变换,在变换后的空间中,皮肤数据呈聚类分布。

6. 混合检测法

此外,还有一些研究人员同时使用多种检测方法对皮肤进行检测。Laurent等首先使用阈值界定法获取图像皮肤区域的初步检测结果,并且根据初步检测结果估算当前的皮肤数据的密度分布,最终使用均值移动法对皮肤进行检测。

7. 基于神经网络的检测方法

自从2012年Alex Net在ImageNet上大放异彩之后,越来越多的研究人员开始对人工神经网络进行研究,并且在计算机视觉领域取得了非常大的进步。在皮肤检测方向,人工神经网络通过不断加深的网络逐渐学习到皮肤区域的高维特征,以此来进行皮肤区域的分割。Phung等将获取到的皮肤像素点数据和非皮肤像素点数据输入神经网络中进行训练,通过若干层的隐藏层和输出层的学习,提出了结构为2-25-1的皮肤检测网络,取得了不错的分割效果。

6.3.2 基于Clifford代数的皮肤分割模型算法

本节提出的基于Clifford代数的皮肤分割模型基于YCbCr颜色空间进行的。

在进行人脸检测时常采用YCrCb的颜色空间,因为一般基于RGB颜色空间的图像容易受到人脸肤色的亮度信息影响,对皮肤分割造成一定的干扰。为了去除亮度信息的干扰,进行皮肤分割之前本节通过下面公式将人脸图像从RGB颜色空间转换到YCbCr颜色空间,其中Y表示亮度,U和V代表两个色差信号。

$$\begin{cases} Y = 0.299R + 0.587G + 0.114B \\ Cb = -0.2687R - 0.3313G + 0.5B + 128 \\ Cr = 0.5R - 0.4187G - 0.0813B + 128 \end{cases}$$

参考第 5 章高维数学在医学图像血管分割领域的工作,本节将 2.4.2 节中的 Clifford 代数向量积定理应用于彩色图像人脸的皮肤分割之中,建立了适用于 YCbCr 颜色空间的皮肤分割模型。结合 Clifford 代数的皮肤分割方法的主要实现步骤如下:

(1)选择合适的种子点,种子点选择一般以位于人脸皮肤较为平滑的区域为最优,如脸颊区域,以便尽可能地分割出适用与心率检测的目标区域。

(2)将当前点和种子点的 R、G、B 三个颜色通道分别构成两个纯四元数 c_1 和 s_1,利用四元数向量积进行相似度计算,对于满足阈值的点,进行下一步判定,否则,该点不属于皮肤区域;之所以加入该步骤是为了加快皮肤分割算法。

(3)对于上一步中满足阈值条件的中心点,去除该点周围的八个点的亮度信息 Y,由它们的 Cr、Cb 通道得到 $q_0, q_2, \cdots, q_{15}$ 组成一个具有 16 维度的 Clifford 向量分割模板,即

$$M(x,y) = \begin{pmatrix} q_0 & q_1 & q_2 & q_3 \\ q_4 & q_5 & q_6 & q_7 \\ q_8 & q_9 & q_{10} & q_{11} \\ q_{12} & q_{13} & q_{14} & q_{15} \end{pmatrix}$$

(4)利用 2.4.2 节中的定理对当前点和种子点处的模板进行相似性判定,对于满足阈值的点判定为皮肤点,否则为背景点。

(5)遍历人脸区域中的所有像素点,最终得到分割出的皮肤区域。

6.3.3 实验结果与分析

本节实验分别运用 HUV 分割方法、RGB 分割方法与基于 Clifford 代数的分割方法对实验图像进行皮肤分割,分割效果如图 6-18 所示。

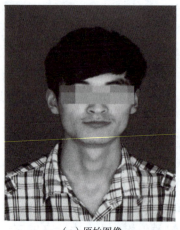

(a)原始图像　　　　　　(b)HUV 的分割方法

图 6-18　人脸皮肤区域分割效果对比图

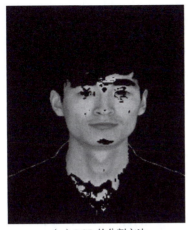
（c）RGB 的分割方法

（d）基于 Clifford 代数的皮肤分割方法

图 6-18　人脸皮肤区域分割效果对比图(续)

从图 6-18(d)可以看出,基于 Clifford 代数的分割方法可以很好地分割出皮肤区域。从分割效果来说,不同的方法在不同的场景时会有特定的算法优势。例如,图 6-18(b)中基于 HUV 的分割出的皮肤区域较为不完整,不适于作为信息采集的区域;图 6-18(c)中基于 RGB 的分割方法相对于本节的分割方法分割出的皮肤区域更加完善,但也将嘴唇的部分分割了出来,如果将该区域作为心率检测的输入区域,其实对于心率信息来说,嘴唇位置的像素信息是一种噪声干扰。本节算法分割出来的皮肤效果相对比较光滑,对于后续人脸识别、心率检测等的应用比较合适。

6.4　复数型 BP 网络的图像压缩

当今世界科技发展迅速,互联网已经进入千家万户,而互联网上每天在进行着数以亿次计的数据传输,使人们对海量数据信息的格式存储和数据传输提出了更高的要求。图像在人们日常生活中扮演着重要角色,也是互联网数据传输的主要形式,更在人们认识客观世界的过程中占据着重要地位。图像处理涉及多个方向,为了达到图像数据存储空间占比更小和图像数据传输更快的目的,图像压缩技术应运而生。

数据压缩广泛应用于手机图像存储、摄像机、监控等日常生活中,也广泛应用于医疗设备、航天工程、遥感卫星等重要科技领域。根据奈奎斯特采样定理理论,图像数据中存在着大量冗余信息,图像压缩就是去除冗余,尽可能地用最少的比特数表示图像,不会造成图像质量下降或影响人眼客观视觉的观察效果,达到压缩的目的。

6.4.1　图像压缩技术概述

现如今有许多图像压缩方法,由于其技术角度的差异其分类方法也有所差别,在传输过程中对接收到的数据进行重构恢复出图像信息再与原始图像进行细节比对,观察两张图像是否存在差异,从而提出了有损压缩与无损压缩的技术。无损压缩技术是指在传输和存储过程中去除图像数据中的冗余,更大程度地保留有用数据。随后通过相应的解码方式恢复出所去除的冗余,重构出的图像与原始图像相比在图像质量方面没有差异不会引起任何失真,因此经常被应用在医学领域、指纹图像等对图像质量要求高的场景。但同样这种方法也有对原图像压缩空间有限的缺点,为了追求更高的压缩比要求,所以引出了有损压缩技术。与无损压缩技术比较,它的压缩比相对无损压缩来说更高,同时经过压缩后的图像占用更少的内存空间。在压缩过程中利用人眼对图像中某些信息不敏感的特点去除掉对图像整体特征影响不大的部分信息以达到高压缩的目的,压缩后的重建图像与原始图像相比有所差异,但并不影响观看效果,更多地用于视频显示类应用。并且,人类的视觉系统在观摩有损压缩后的图像时,会自动添加压缩过程中所丢失的颜色信息。

传统的图像压缩算法如 JPEG 和 JPEG 2000 以及 WebP 目前已被应用在越来越多的场合,而传统的图像压缩算法多是采用固定变换和量化的方式,如离散余弦变换和离散小波变换,变换之后的像素再使用编码器和量化来减少图像中存在的多余信息。但是,并不是所有需要压缩的图像都适合采用这种方法压缩,比如将输入图像进行分块,之后再进行变换量化就会产生块效应,同时在传输图像数据比较大的时候,由于传输带宽的影响,并且为了满足低比特编码时,则会在编码的过程中出现图像模糊现象。

1. JPEG 压缩算法

联合图像专家组(joint photographic experts group,JPEG)是 ISO 和 ITU-T 联合图像专家组建立的第一个国际图像压缩标准,并且已经成为通用的标准,即 JPEG 压缩标准。该压缩标准是通过一种变换的方式进行图像压缩,则该变换是离散余弦变换(discrete cosine transform,DCT)。具体压缩过程如下,先将待压缩的图像分割成 8×8 的小块,每个小块中又包含 64 个像素,然后把这些小块进行离散余弦变换,将低频分量集中在 8×8 小块的左上角,高频分量集中在 8×8 小块的右下角,利用这种方法很容易将图像中的高频分量与低频分量分开,后续对 DCT 变化的像素进行相关量化达到更近一步压缩的目的,最终对其进行熵编码,即根据量化后 DCT 系数的数字特征进行更紧凑的编码,以便得到最优的压缩效果。由于对原图像进行了分块处理,并且在量化的过程中又出现了取整的情况,缺乏对图像的整体考虑,在压缩比较高的情况下,会产生明显的方块效应。

2. JPEG 2000 压缩算法

为了使以上问题得到解决,有些研究者开始引入新的变换方式,该变换方式为正交变换。以此为基础提出了 JPEG 2000 的压缩算法。该算法与 JPEG 压缩算法区别是,JPEG 2000 算法不需要将源图像进行强制的分块,它是基于小波变换(wavelet transform,WT)进行图像的表达。图像表达是将二维图像像素组成一个一维向量,再乘以由变换系数构成的矩阵向量,进而得到由图像表达系数组成的向量。最后将这个像素向量进行量化及熵编码,经过这一过程的变换之后就可以得到压缩之后的比特流。多尺度操作是通过像素空间在不同的小波变换上做二维矩阵相乘运算,其目的是将图像像素放在频率段或尺度中再进行量化编码时,不需要对整个频率上进行量化编码,而只是对每一段频率上进行量化编码,这样在低尺寸系数量化过程中,图像恢复和重建的时候,最终可以显著降低块效应。但是,JPEG 2000 压缩算法复杂,而且由于它使用了小波变换,其实际操作都是在实数域上的,编解码速度相对比较慢。

3. WebP 压缩算法

WebP 压缩算法的目的是为 WebP 上的图片资源提供卓越的有损、无损压缩。在与其他格式同等质量指数下相比较,WebP 算法可以提供更小、更丰富的图片资源,以便访问传输。该算法来源于 VP8 视频编解码器,也就是 WebM 视频容器,是 WebM 视频格式的单个压缩框架。WebP 是以图像编码方式为基础的有损压缩算法,它与以压缩视频帧为基础的 VP8 视频编码方法相同。该算法首先对图像的部分进行编码,然后利用编码后的部分预测图像中没有编码的部分。具体的过程是将把要压缩的图像进行分割成不同的块,然后再进行相应的预测,则分块越小,预测的结果越接近输入的原图像。在得到编码数值之后,将图像像素数据与预测的图像像素数据的差值进行相应编码,以得到更好的压缩效果,对于 WebP 的无损压缩算法来说,它是通过已知的图像块来对缺失像素进行重构,与传统的图像压缩方法相比,该算法可以更大程度上对图像进行压缩,并且在图像质量和 JPEG 格式质量相同时,WebP 算法表现出减少图片文件占用内存以及传输时的流量消耗并且传输信息速率更快、通信效率更高的优点。

4. 基于神经网络的图像压缩算法

目前,神经网络已经广泛应用到图像压缩领域中,通过对神经网络在图像压缩中的应用模型和算法进行总结,可以把应用类型归纳为以下三种:①使用具有数据压缩特性的神经网络直接实现图像压缩,如直接用 BP 网络模型对图像进行压缩等;②神经网络间接应用于压缩,即将神经网络与已有算法相结合,用在已有算法的某个局部阶段,用来实现其中的某些步骤,如用神经网络来实现正交变换编码中的正交变换操作;③用神经网络实现已有图像压缩算法,即把一些先进的算法发展成学习算法并建立神经网络模型,如小波神经网络、分形神经网络及预测神经网络等。

BP 网络在图像压缩方面也有成熟的应用。Cottrell 等指出可基于小数据块使用三层神经网络来建立完整的压缩/解压缩循环;Sonehara 等探讨了三层前馈神经网络的通用性与训练图像数目以及选代次数的关系,还探讨了隐节点输出值的量化和初始权值的选择对重建图像质量的影响。Marsi 等提出一种改进结构的图像压缩算法,他们根据图像块的活性参数,将它们分成六类,每一类送到相应的三层 BP 网络进行训练,对不同的 BP 网络,根据图像块的活动特性取不同的隐节点数,采用这样的改进结构后,重建图像的主观质量有了较大的提高。此外,Arozullah 与 Namphol 等提出一种对称结构的五层神经网络模型,采用扩展的 BP 算法作为学习算法,压缩比可达到 64:1。

虽然神经网络在图像压缩方面具有明显的优势,但目前还不能说神经网络就是实现图像压缩最好的、最有效的方法,需要不断地提出改进的算法和理论以提高神经网络的压缩效率,寻求新的结合途径,努力挖掘神经网络应用于图像压缩的更大潜能。

6.4.2 算法实现

虽然传统的基于实数运算的 BP 网络在图像压缩技术方面具有良好的非线性学习能力、容错性、自组织性和适应性,并能够根据图像本身的信息特点进行自主编码,但是,它们在几何变换方面的表现就不理想了,例如在二维或三维空间里的仿射变换中。

随后,复数型的神经网络引起人们的极大研究兴趣。事实上,大多数社会、生物和技术网络展示大量非平凡的拓扑特征,与它们的元素之间既不是纯粹的规则联系,也不完全是随机的模式。而神经元基于复数运算的网络，较之于传统的神经网络，能更好地实现这种拓扑特征的映射。一些研究表明使用基于复数或四元数运算的 BP 网络能够很好地改进它们在仿射变换方面的表现。特别地，Teijiro Isokawa 与 Tomoaki Kusakabe 提出了利用"在四元数域中，一个模为 1 纯虚部的四元数 w，左乘一个模为 1 的四元数 a，右乘其共轭四元数 Ω，可在三维向量空间中实现旋转"的理论，来定义四元数向量运算的仿射变换，建立了相应的基于四元数运算 BP 网络实现图像压缩，取得了很好的结果。

本节根据在 HSI 颜色空间模型中 H、S 两分量恰好组成彩色信息的复数域上的单位圆盘，构造了相应的基于复数运算的 BP 网络。本节没有运用如上的"几何旋转"的特殊性质，而是直接采用两复数的向量乘法。从形式来说，一般形式的向量乘法易于推广到更高维数。虽然实验的结果不甚理想，但本节构造的网络已基本能够实现正确的色调转换。本节的重点在于给出基于复数运算 BP 网络的算法，发展基于向量运算的 BP 网络。

1. HS 的复单位圆盘

HSI 是一种常见的彩色模型。HSI 颜色空间是一个圆锥形空间模型，如 3.2.2 节中的图 3-2 所示。圆锥形空间中部的水平面圆周是表示色调 H 的角度坐标，如图 6-19 所示。

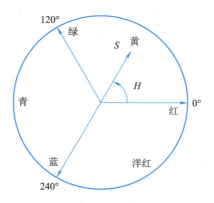

图 6-19　HS 色度的圆盘模型

在本节中，基于 HSI 模型最大的特点是色度（即色调和饱和度）与亮度的不相关性，可以通过算法直接对色度与亮度分别独立地进行操作。对 H 分量和 S 分量建立复平面上单位圆盘的模型，利用复数的 Euler 公式及其乘法的几何意义，设计基于复数运算的 HS 压缩算法，构造相应的 BP 网络用以压缩 H、S 分量的图像。对彩色图像的亮度分量 I，应用现有的图像压缩算法，可以较好地压缩图像。

2. 基于复数运算的 BP 网络的图像压缩模型

实际上可以将 H 分量和 S 分量所构成的圆锥底面视作复平面上的单位圆盘。由复数的 Euler 公式得到启发，将 H 分量和 S 分量分别作为一个复数的模与幅角，HS 平面很自然地构成了复单位圆盘，其中色度 (H, S) 可用一个复数表示 $Z = Se^{iH}$。接下来，为了使得到的复数型 BP 网络便于推广，本节将采用一般形式的复数记法，实部与虚部之和，即 $Z = Se^{iH} = S\cos H + iS\sin H$。

与传统的实数型 BP 网络用于图像压缩编码原理一样，复数型 BP 网络实现数据编码的基本原理思想是，把一组输入模式通过少量的隐节点映射到一组输出模式，并使输出模式尽可能地等同于输入模式,当中间的隐层节点数小于输入层节点数时,就意味着中间隐层能更有效地表现输入模式,并把这种表现传送到输出层,从而实现图像的压缩;有所区别的是,复数型 BP 网络的每个神经元的运算都是基于复数运算的。图 6-20 给出了这一思想的简要说明。

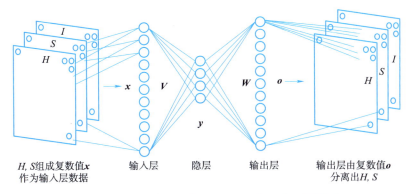

图 6-20 基于复数运算的 BP 网络的图像压缩模型

三层复数型 BP 网络中,输入向量为 $x = (x_1, x_2, \cdots, x_i, \cdots, x_n)^T$,这里 $x_i = S_i \cos H_i + iS_i \sin H_i$;隐层输出向量为 $y = (y_1, y_2, \cdots, y_j, \cdots, y_m)^T$;输出层输出向量为 $o = (o_1, o_2, \cdots, o_k, \cdots, o_n)^T$;期望输出向量为 $d = (d_1, d_2, \cdots, d_k, \cdots, d_n)^T$;输入层到隐层之间的权值矩阵用 V 表示,它的所有元素是复数值的,$V = (V_1, V_2, \cdots, V_j, \cdots, V_m)^T$,其中列向量 V_j 为隐层的第 j 个神经元对应的权向量;隐层到输出层之间的权值矩阵用 W 表示,它的所有元素也是复数值的,$W = (W_1, W_2, \cdots, W_k, \cdots, W_n)^T$,其中列向量 W_k 为隐层的第 k 个神经元对应的权向量。下面分析各层信号之间的数学关系。

对于输出层,有

$$o_k = f(\mathbf{net}_k), \quad k = 1, 2, \cdots, n \tag{6-11}$$

$$\mathbf{net}_k = \sum_{j=1}^{m} W_{jk} y_j, \quad k = 1, 2, \cdots, n \tag{6-12}$$

对于隐层,有

$$y_j = f(\mathbf{net}_j), \quad j = 1, 2, \cdots, m \tag{6-13}$$

$$\mathbf{net}_j = \sum_{i=1}^{n} V_{ij} x_i, \quad k = 1, 2, \cdots, n \tag{6-14}$$

以上两式中,转移函数 $f(x)$ 定义为

$$f(s) = h(s^{(r)}) + ih(s^{(i)}) \tag{6-15}$$

$$h(t) = \frac{1}{1 + e^{-t}} \tag{6-16}$$

其中,式(6-15)的 $s^{(r)}, s^{(i)}$ 分别表示 s 的实部与虚部;式(6-15)的 t 为实数值。下面也将出现这种表示方法。

3. 基于复数运算的 BP 网络的图像压缩算法

复数型 BP 网络与实数型 BP 网络既有联系也有区别,它们调整权值的原则是使误差不断地减小,因此应使权值的调整量与误差的梯度下降成正比,即

$$\Delta W_{jk}^{(r)} = -\eta \frac{\partial E}{\partial W_{jk}^{(r)}} \tag{6-17}$$

$$\Delta W_{jk}^{(i)} = -\eta \frac{\partial E}{\partial W_{jk}^{(i)}} \tag{6-18}$$

$$\Delta V_{ij}^{(r)} = -\eta \frac{\partial E}{\partial V_{ij}^{(r)}} \tag{6-19}$$

$$\Delta V_{ij}^{(i)} = -\eta \frac{\partial E}{\partial V_{ij}^{(i)}} \tag{6-20}$$

式中,负号表示梯度下降,常数 $\eta \in (0,1)$ 表示比例系数,在训练中反映了学习速率;误差 E 定义为

$$E = \frac{1}{2}|\boldsymbol{d}-\boldsymbol{o}|^2 = \frac{1}{2}\sum_{k=1}^{n}|\boldsymbol{d}_k-\boldsymbol{o}_k|^2 = \frac{1}{2}\sum_{k=1}^{n}|\boldsymbol{d}_k-f(\mathbf{net}_k)|^2$$

$$= \frac{1}{2}\sum_{k=1}^{n}[\boldsymbol{d}_k^{(r)}-h(\mathbf{net}_k^{(r)})]^2 + \frac{1}{2}\sum_{k=1}^{n}[\boldsymbol{d}_k^{(i)}-h(\mathbf{net}_k^{(i)})]^2 \tag{6-21}$$

$$= \frac{1}{2}\sum_{k=1}^{n}[\boldsymbol{d}_k^{(r)}-h((\sum_{j=1}^{m}\boldsymbol{W}_{jk}\boldsymbol{y}_j)^{(r)})]^2 + \frac{1}{2}\sum_{k=1}^{n}[\boldsymbol{d}_k^{(i)}-h((\sum_{j=1}^{m}\boldsymbol{W}_{jk}\boldsymbol{y}_j)^{(i)})]^2 \tag{6-22}$$

$$= \frac{1}{2}\sum_{k=1}^{n}[\boldsymbol{d}_k^{(r)}-h((\sum_{j=1}^{m}\boldsymbol{W}_{jk}f(\mathbf{net}_j))^{(r)})]^2 + \frac{1}{2}\sum_{k=1}^{n}[\boldsymbol{d}_k^{(i)}-h((\sum_{j=1}^{m}\boldsymbol{W}_{jk}f(\mathbf{net}_j))^{(i)})]^2$$

$$= \frac{1}{2}\sum_{k=1}^{n}[\boldsymbol{d}_k^{(r)}-h(\{\sum_{j=1}^{m}\boldsymbol{W}_{jk}[h(\mathbf{net}_j^{(r)})+ih(\mathbf{net}_j^{(i)})]\}^{(r)})]^2 +$$
$$\frac{1}{2}\sum_{k=1}^{n}[\boldsymbol{d}_k^{(i)}-h(\{\sum_{j=1}^{m}\boldsymbol{W}_{jk}[h(\mathbf{net}_j^{(r)})+ih(\mathbf{net}_j^{(i)})]\}^{(i)})]^2$$

$$= \frac{1}{2}\sum_{k=1}^{n}[\boldsymbol{d}_k^{(r)}-h(\{\sum_{j=1}^{m}\boldsymbol{W}_{jk}[h(\sum_{i=1}^{n}\boldsymbol{V}_{ij}\boldsymbol{x}_i^{(r)})+ih(\sum_{i=1}^{n}\boldsymbol{V}_{ij}\boldsymbol{x}_i^{(i)})]\}^{(r)})]^2 +$$
$$\frac{1}{2}\sum_{k=1}^{n}[\boldsymbol{d}_k^{(i)}-h(\{\sum_{j=1}^{m}\boldsymbol{W}_{jk}[h((\sum_{i=1}^{n}\boldsymbol{V}_{ij}\boldsymbol{x}_i)^{(r)})+ih((\sum_{i=1}^{n}\boldsymbol{V}_{ij}\boldsymbol{x}_i)^{(i)})]\}^{(i)})]^2 \tag{6-23}$$

其中,式(6-22)表示将误差 E 展开至隐层,式(6-23)式表示将误差 E 展开至输入层。

下面推导复数型 BP 算法权值调整的计算公式。

首先,分三个步骤推导 W_{jk} 关于实部和虚部的调整公式:

第一个步骤,对误差 E 求偏导展开至 $\mathbf{net}_k^{(r)}$ 与 $\mathbf{net}_k^{(i)}$。由式(6-21)和式(6-14)知

$$\frac{\partial E}{\partial \mathbf{net}_k^{(r)}} = -(\boldsymbol{d}_k^{(r)}-h(\mathbf{net}_k^{(r)}))h(\mathbf{net}_k^{(r)})(1-h(\mathbf{net}_k^{(r)}))$$

$$\frac{\partial E}{\partial \mathbf{net}_k^{(i)}} = -(\boldsymbol{d}_k^{(i)}-h(\mathbf{net}_k^{(i)}))h(\mathbf{net}_k^{(i)})(1-h(\mathbf{net}_k^{(i)}))$$

由式(6-11)和式(6-15),上面两式可以表示为

$$\frac{\partial E}{\partial \mathbf{net}_k^{(r)}} = -(\boldsymbol{d}_k^{(r)}-\boldsymbol{o}_k^{(r)})\boldsymbol{o}_k^{(r)}(1-\boldsymbol{o}_k^{(r)}) \tag{6-24}$$

$$\frac{\partial E}{\partial \mathbf{net}_k^{(i)}} = -(\boldsymbol{d}_k^{(i)}-\boldsymbol{o}_k^{(i)})\boldsymbol{o}_k^{(i)}(1-\boldsymbol{o}_k^{(i)}) \tag{6-25}$$

第二个步骤,对 $\mathbf{net}_k$ 求偏导展开至 $W_{jk}^{(r)}$ 与 $W_{jk}^{(i)}$。由式(6-12)知

$$\frac{\partial \mathbf{net}_k}{\partial \mathbf{W}_{jk}^{(\mathrm{r})}} = \mathbf{y}_j^{(\mathrm{r})} + \mathrm{i}\mathbf{y}_j^{(\mathrm{i})} \tag{6-26}$$

$$\frac{\partial \mathbf{net}_k}{\partial \mathbf{W}_{jk}^{(\mathrm{i})}} = \mathbf{y}_j^{(\mathrm{i})} + \mathrm{i}\mathbf{y}_j^{(\mathrm{r})} \tag{6-27}$$

第三个步骤,综合式(6-17)、(6-18)、(6-24)~(6-27),得到对误差 E 求偏导展开至 $\mathbf{W}_{jk}^{(\mathrm{r})}$ 与 $\mathbf{W}_{jk}^{(\mathrm{i})}$ 的公式。

$$\begin{aligned}\Delta \mathbf{W}_{jk}^{(\mathrm{r})} &= -\eta \frac{\partial E}{\partial \mathbf{W}_{jk}^{(\mathrm{r})}} \\ &= \eta(\mathbf{d}_k^{(\mathrm{r})} - \mathbf{o}_k^{(\mathrm{r})})\mathbf{o}_k^{(\mathrm{r})}(1 - \mathbf{o}_k^{(\mathrm{r})})\mathbf{y}_j^{(\mathrm{r})} + \eta(\mathbf{d}_k^{(\mathrm{i})} - \mathbf{o}_k^{(\mathrm{i})})\mathbf{o}_k^{(\mathrm{i})}(1 - \mathbf{o}_k^{(\mathrm{i})})\mathbf{y}_j^{(\mathrm{i})}\end{aligned} \tag{6-28}$$

$$\begin{aligned}\Delta \mathbf{W}_{jk}^{(\mathrm{i})} &= -\eta \frac{\partial E}{\partial \mathbf{W}_{jk}^{(\mathrm{i})}} \\ &= -\eta(\mathbf{d}_k^{(\mathrm{r})} - \mathbf{o}_k^{(\mathrm{r})})\mathbf{o}_k^{(\mathrm{r})}(1 - \mathbf{o}_k^{(\mathrm{r})})\mathbf{y}_j^{(\mathrm{i})} + \eta(\mathbf{d}_k^{(\mathrm{i})} - \mathbf{o}_k^{(\mathrm{i})})\mathbf{o}_k^{(\mathrm{i})}(1 - \mathbf{o}_k^{(\mathrm{i})})\mathbf{y}_j^{(\mathrm{r})}\end{aligned} \tag{6-29}$$

然后推导 V_{ij} 关于实部和虚部的调整公式,它与对 W_{jk} 求关于实部和虚部的调整公式的原理是一样的,也是分成三个步骤:

第一个步骤,对误差 E 求偏导展开至 $\mathbf{y}_j^{(\mathrm{r})}$ 与 $\mathbf{y}_j^{(\mathrm{i})}$。由式(6-22)和式(6-16)知

$$\frac{\partial E}{\partial \mathbf{y}_j^{(\mathrm{r})}} = -\sum_{k=1}^{n} [\mathbf{d}_k^{(\mathrm{r})} - \mathbf{o}_k^{(\mathrm{r})}]\mathbf{o}_k^{(\mathrm{r})}(1-\mathbf{o}_k^{(\mathrm{r})})\mathbf{w}_{jk}^{(\mathrm{r})} - \sum_{k=1}^{n} [\mathbf{d}_k^{(\mathrm{i})} - \mathbf{o}_k^{(\mathrm{i})}]\mathbf{o}_k^{(\mathrm{i})}(1-\mathbf{o}_k^{(\mathrm{i})})\mathbf{w}_{jk}^{(\mathrm{i})} \tag{6-30}$$

$$\frac{\partial E}{\partial \mathbf{y}_j^{(\mathrm{i})}} = \sum_{k=1}^{n} [\mathbf{d}_k^{(\mathrm{r})} - \mathbf{o}_k^{(\mathrm{r})}]\mathbf{o}_k^{(\mathrm{r})}(1-\mathbf{o}_k^{(\mathrm{r})})\mathbf{w}_{jk}^{(\mathrm{i})} - \sum_{k=1}^{n} [\mathbf{d}_k^{(\mathrm{i})} - \mathbf{o}_k^{(\mathrm{i})}]\mathbf{o}_k^{(\mathrm{i})}(1-\mathbf{o}_k^{(\mathrm{i})})\mathbf{w}_{jk}^{(\mathrm{r})} \tag{6-31}$$

第二个步骤,对 $\mathbf{y}_j^{(\mathrm{r})}$ 与 $\mathbf{y}_j^{(\mathrm{i})}$ 求偏导展开至 $\mathbf{V}_{ij}^{(\mathrm{r})}$ 与 $\mathbf{V}_{ij}^{(\mathrm{i})}$。由式(6-13)~(6-16)知

$$\begin{aligned}\frac{\partial \mathbf{y}_j^{(\mathrm{r})}}{\partial \mathbf{V}_{ij}^{(\mathrm{r})}} &= \frac{\partial h\left(\sum_{i=1}^{n} \mathbf{V}_{ij}\mathbf{x}_i\right)^{(\mathrm{r})}}{\partial \mathbf{V}_{ij}^{(\mathrm{r})}} \\ &= h\left(\left(\sum_{i=1}^{n}\mathbf{V}_{ij}\mathbf{x}_i\right)^{(\mathrm{r})}\right)\left(1 - h\left(\left(\sum_{i=1}^{n}\mathbf{V}_{ij}\mathbf{x}_i\right)^{(\mathrm{r})}\right)\right)\mathbf{x}_i^{(\mathrm{r})} \\ &= \mathbf{y}_j^{(\mathrm{r})}(1 - \mathbf{y}_j^{(\mathrm{r})})\mathbf{x}_i^{(\mathrm{r})}\end{aligned} \tag{6-32}$$

同理可得

$$\frac{\partial \mathbf{y}_j^{(\mathrm{r})}}{\partial \mathbf{V}_{ij}^{(\mathrm{i})}} = -\mathbf{y}_j^{(\mathrm{r})}(1 - \mathbf{y}_j^{(\mathrm{r})})\mathbf{x}_i^{(\mathrm{i})} \tag{6-33}$$

$$\frac{\partial \mathbf{y}_j^{(\mathrm{i})}}{\partial \mathbf{V}_{ij}^{(\mathrm{r})}} = -\mathbf{y}_j^{(\mathrm{i})}(1 - \mathbf{y}_j^{(\mathrm{i})})\mathbf{x}_i^{(\mathrm{i})} \tag{6-34}$$

$$\frac{\partial \mathbf{y}_j^{(\mathrm{i})}}{\partial \mathbf{V}_{ij}^{(\mathrm{i})}} = -\mathbf{y}_j^{(\mathrm{i})}(1 - \mathbf{y}_j^{(\mathrm{i})})\mathbf{x}_i^{(\mathrm{r})} \tag{6-35}$$

第三个步骤,求对误差 E 偏导展开至 $\mathbf{V}_{ij}^{(\mathrm{r})}$ 与 $\mathbf{V}_{ij}^{(\mathrm{i})}$ 的公式。首先由第二个步骤的结果,采用微分形式可以得到

$$\begin{aligned}\Delta E &= \frac{\partial E}{\partial \mathbf{y}_j^{(\mathrm{r})}}\Delta \mathbf{y}_j^{(\mathrm{r})} + \frac{\partial E}{\partial \mathbf{y}_j^{(\mathrm{i})}}\Delta \mathbf{y}_j^{(\mathrm{i})} \\ &= \frac{\partial E}{\partial \mathbf{y}_j^{(\mathrm{r})}}\left(\frac{\partial \mathbf{y}_j^{(\mathrm{r})}}{\partial \mathbf{V}_{ij}^{(\mathrm{r})}}\Delta \mathbf{V}_{ij}^{(\mathrm{r})} + \frac{\partial \mathbf{y}_j^{(\mathrm{r})}}{\partial \mathbf{V}_{ij}^{(\mathrm{i})}}\Delta \mathbf{V}_{ij}^{(\mathrm{i})}\right) + \frac{\partial E}{\partial \mathbf{y}_j^{(\mathrm{i})}}\left(\frac{\partial \mathbf{y}_j^{(\mathrm{i})}}{\partial \mathbf{V}_{ij}^{(\mathrm{r})}}\Delta \mathbf{V}_{ij}^{(\mathrm{r})} + \frac{\partial \mathbf{y}_j^{(\mathrm{i})}}{\partial \mathbf{V}_{ij}^{(\mathrm{i})}}\Delta \mathbf{V}_{ij}^{(\mathrm{i})}\right)\end{aligned} \tag{6-36}$$

然后再综合式(6-19)、式(6-20)、式(6-36)，得到对误差 E 求偏导展开至 $v_{ij}^{(r)}$ 与 $v_{ij}^{(i)}$ 的公式，即

$$\Delta V_{ij}^{(r)} = -\eta \frac{\partial E}{\partial V_{ij}^{(r)}}$$

$$= \eta \left\{ \sum_{k=1}^{n} [d_k^{(r)} - o_k^{(r)}] o_k^{(r)} (1 - o_k^{(r)}) W_{jk}^{(r)} + \sum_{k=1}^{n} [d_k^{(i)} - o_k^{(i)}] o_k^{(i)} (1 - o_k^{(i)}) W_{jk}^{(i)} \right\} \times$$

$$y_j^{(r)} (1 - y_j^{(r)}) x_i^{(r)} + \eta \left\{ -\sum_{k=1}^{n} [d_k^{(r)} - o_k^{(r)}] o_k^{(r)} (1 - o_k^{(r)}) W_{jk}^{(i)} + \right.$$

$$\left. \sum_{k=1}^{n} [d_k^{(i)} - o_k^{(i)}] o_k^{(i)} (1 - o_k^{(i)}) W_{jk}^{(r)} \right\} \times y_j^{(i)} (1 - y_j^{(i)}) x_i^{(i)} \tag{6-37}$$

$$\Delta V_{ij}^{(i)} = -\eta \frac{\partial E}{\partial V_{ij}^{(i)}}$$

$$= -\eta \left\{ \sum_{k=1}^{n} [d_k^{(r)} - o_k^{(r)}] o_k^{(r)} (1 - o_k^{(r)}) W_{jk}^{(r)} + \sum_{k=1}^{n} [d_k^{(i)} - o_k^{(i)}] o_k^{(i)} (1 - o_k^{(i)}) W_{jk}^{(i)} \right\} \times$$

$$y_j^{(r)} (1 - y_j^{(r)}) x_i^{(i)} + \eta \left\{ -\sum_{k=1}^{n} [d_k^{(r)} - o_k^{(r)}] o_k^{(r)} (1 - o_k^{(r)}) W_{jk}^{(i)} + \right.$$

$$\left. \sum_{k=1}^{n} [d_k^{(i)} - o_k^{(i)}] o_k^{(i)} (1 - o_k^{(i)}) W_{jk}^{(r)} \right\} \times y_j^{(i)} (1 - y_j^{(i)}) x_i^{(r)} \tag{6-38}$$

最后，综合以上推导，获得 ΔW_{jk} 与 ΔV_{ij} 权值调整的计算式，即

$$\Delta W_{jk} = \Delta W_{jk}^{(r)} + i \Delta W_{jk}^{(i)}$$

$$= [\eta (d_k^{(r)} - o_k^{(r)}) o_k^{(r)} (1 - o_k^{(r)}) y_j^{(r)} + \eta (d_k^{(i)} - o_k^{(i)}) o_k^{(i)} (1 - o_k^{(i)}) y_j^{(i)}] +$$

$$i [-\eta (d_k^{(r)} - o_k^{(r)}) o_k^{(r)} (1 - o_k^{(r)}) y_j^{(i)} + \eta (d_k^{(i)} - o_k^{(i)}) o_k^{(i)} (1 - o_k^{(i)}) y_j^{(r)}] \tag{6-39}$$

$$\Delta V_{ij} = \Delta V_{ij}^{(r)} + i \Delta V_{ij}^{(i)}$$

$$= \left\{ \eta \sum_{k=1}^{n} [d_k^{(r)} - o_k^{(r)}] o_k^{(r)} (1 - o_k^{(r)}) W_{jk}^{(r)} + \sum_{k=1}^{n} [d_k^{(i)} - o_k^{(i)}] o_k^{(i)} (1 - o_k^{(i)}) W_{jk}^{(i)} \right\} \times$$

$$y_j^{(r)} (1 - y_j^{(r)}) x_i^{(r)} + \eta \left\{ -\sum_{k=1}^{n} [d_k^{(r)} - o_k^{(r)}] o_k^{(r)} (1 - o_k^{(r)}) W_{jk}^{(i)} + \right.$$

$$\left. \sum_{k=1}^{n} [d_k^{(i)} - o_k^{(i)}] o_k^{(i)} (1 - o_k^{(i)}) W_{jk}^{(r)} \right\} \times y_j^{(i)} (1 - y_j^{(i)}) x_i^{(i)} \right\} +$$

$$i \left\{ -\eta \left\{ \sum_{k=1}^{n} [d_k^{(r)} - o_k^{(r)}] o_k^{(r)} (1 - o_k^{(r)}) W_{jk}^{(r)} + \sum_{k=1}^{n} [d_k^{(i)} - o_k^{(i)}] o_k^{(i)} (1 - o_k^{(i)}) W_{jk}^{(i)} \right\} \times \right.$$

$$y_j^{(r)} (1 - y_j^{(r)}) x_i^{(i)} + \eta \left\{ -\sum_{k=1}^{n} [d_k^{(r)} - o_k^{(r)}] o_k^{(r)} (1 - o_k^{(r)}) W_{jk}^{(i)} + \right.$$

$$\left. \left. \sum_{k=1}^{n} [d_k^{(i)} - o_k^{(i)}] o_k^{(i)} (1 - o_k^{(i)}) W_{jk}^{(r)} \right\} \times y_j^{(i)} (1 - y_j^{(i)}) x_i^{(r)} \right\} \tag{6-40}$$

4. 复数型 BP 网络的图像压缩算法实现

根据前面推导出基于复数运算的 BP 网络算法，下面介绍基于复数运算的 BP 网络的图像压缩算法流程，流程图如图 6-21 所示。

(1) 初始数据。

对于输入向量与期望输出向量，先把训练图像 A 与目标图像 B 由 RGB 格式转化为 HSI

格式,并将它们的 H 与 S 分量都组成复数值形式,
$$X = S^{(A)}\cos H^{(A)} + \mathrm{i}S^{(A)}\sin H^{(A)}$$
$$D = S^{(B)}\cos H^{(B)} + \mathrm{i}S^{(B)}\sin H^{(B)}$$

其中,复数值 x 与 d 是实部与虚部之和的式子就是复数运算的 BP 网络的输入向量与期望输出向量;对权值矩阵 W、V 赋随机的复数值,学习率 η 设为常数,网络训练后达到的精度 $E_{\min}$ 设为一正的小数,训练次数计数器 p 设为 0,最大训练次数设为 P。

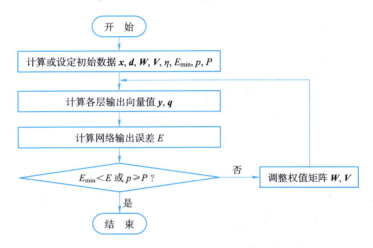

图 6-21　基于复数运算的 BP 网络的图像压缩算法流程图

（2）输入网络权值矩阵,计算各层输出向量值。将当前的权值矩阵 W、V 输入复数型 BP 网络,用式(6-11)~式(6-14)计算 y 和 o 的向量值。

（3）计算网络输出误差 E。将(1)中的 d 与(2)中当前计算的输出向量 o 代入公式 $E = \frac{1}{2}|d-o|^2$ 计算得到。

（4）检查误差 E 精度与训练次数计数器 p 是否满足条件。若当前误差 $E < E_{\min}$,或训练次数计数器 $p \geqslant P$,训练结束;否则,执行流程(5)。

（5）调整各层权值。根据式(6-39)和式(6-40)得到的权值调整计算式,因而
$$\Delta W_{jk}^{(\text{new})} = \Delta w_{jk}^{(\text{old})} + \mathrm{i}\Delta W_{jk}$$
$$\Delta V_{ij}^{(\text{new})} = \Delta v_{ij}^{(\text{old})} + \mathrm{i}\Delta V_{ij}$$
通过权值调整计算式计算得到新的权值矩阵 W、V 后,返回流程(2)。

6.4.3　实验结果与分析

为体现复数型 BP 网络较之于传统的实数型 BP 网络在图像压缩方面有改进的表现,本节利用以上理论框架建立基于复数运算的 BP 网络用于图像压缩。

本节采用像素为 240×320(=76 800)位的彩色图像,每个像素位是用 24 节表示的,图像划分为 4 800 个 4×4(=16)像素位的图像小块,如图 6-22 所示。那么,对应的实数型 BP 网络是 48-24-48 结构的;而复数型 BP 网络,在 HS 空间中是 16-8-16,在 I 空间中是 16-8-16,即它总结构是 32-16-32 的。图 6-23 为训练图像,随机从其中取出 36 个图像小块作为训练样本,并使

输入模式和期望模式相等;图 6-24 为测试图像,用来考察复数型 BP 网络与实数型 BP 网络的泛化能力。

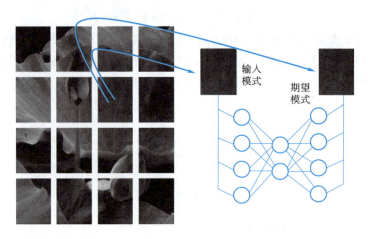

图 6-22　图像压缩示意图

图 6-23　训练图像

图 6-24　测试图像

本节采用峰值信噪比(peak signal to noise ratio),到达噪声比率的顶点信号的客观标准评价图像。峰值信噪比是一般是用于最大值信号和背景噪声之间的一个工程项目,通常在经过图像压缩之后,输出的图像通常都会有某种程度与原始图像不一样。为了衡量经过处理后的图像品质,本节参考峰值信噪比值来认定某个处理程序够不够令人满意。

$$\text{PSNR} = 10\lg\frac{(2^b-1)^2}{\text{MSE}} = 10\lg\frac{255^2}{\text{MSE}}$$

$$\text{MSE} = \frac{1}{mn}\sum_{i=1}^{m}\sum_{j=1}^{n}(I_{(i,j)} - K_{(i,j)})^2$$

其中 b 是每个采样值的比特数,MSE 是原图像 I(大小规格为 $m \times n$ 的)与处理后图像 K 之间的均方误差。

分析两个对比实数型 BP 网络和复数型 BP 网络的图像压缩实验。

第一个实验,用实数型 BP 网络和复数型 BP 网络分别对训练图像(见图 6-23)进行压缩,压缩结果图如图 6-25 和图 6-26 所示。

图 6-25　基于实数型 BP 网络的图像压缩　　　　图 6-26　基于复数型 BP 网络的图像压缩

表 6-2 计算了两个 BP 网络压缩训练图像的峰值信噪比。

表 6-2　基于实数型与复数型 BP 网络对训练图像压缩的峰值信噪比

分量	基于实数型 BP 网络图像压缩的峰值信噪比/dB	基于复数型 BP 网络图像压缩的峰值信噪比/dB
R 分量	33.400 6	33.439 6
G 分量	29.307 7	31.927 5
B 分量	32.053 4	30.420 3
RGB	31.243 4	31.756 0

表格中, R 分量、G 分量、B 分量和 RGB 表示计算 BP 网络图像压缩的峰值信噪比的范围分别是图像中的 R 分量、G 分量、B 分量和图像本身。

第二个实验,用实数型 BP 网络和复数型 BP 网络分别对测试图像(见图 6-23)进行压缩,压缩结果图如图 6-27 和图 6-28 所示。

图 6-27　基于实数型 BP 网络的图像压缩　　　　图 6-28　基于复数型 BP 网络的图像压缩

表 6-3 所示计算了两个 BP 网络压缩测试图像的峰值信噪比。

表 6-3　基于实数型与复数型 BP 网络对于测试图像压缩的峰值信噪比

分量	基于实数型 BP 网络图像压缩的峰值信噪比/dB	基于复数型 BP 网络图像压缩的峰值信噪比/dB
R 分量	30.216 5	31.270 7
G 分量	26.619 8	27.734 4
B 分量	27.430 7	27.543 5
RGB	27.837 4	28.547 3

实验后,图 6-27 显示基于实数型 BP 网络的压缩图像偏绿,与原测试图像(见图 6-24)的色调不符。这是因为原训练图像(见图 6-23)的大量像素是绿色基调的,BP 网络训练过程中大部分的颜色基调就相应建立在绿色基调上。而基于复数型 BP 网络的压缩图像实现了正确的色调变换。表 6-3 显示了基于实数型 BP 网络在压缩测试图像时,绿色分量的值信噪比较之与红色分量的值信噪比、蓝色分量的值信噪比要小了一定程度。

而表 6-2 则显示了它在压缩训练图像时,绿色分量、红色分量、蓝色分量三者的值信噪比是相当的。另外,基于复数型 BP 网络无论在压缩训练图像时还是在压缩测试图像时,绿色分量的值信噪比与红色分量的值信噪比、蓝色分量的值信噪比的值都相当。

尽管压缩图片不甚理想,并且对初试权值的要求较高,但复数型 BP 网络已基本能够实现正确的色调转换。本节主要给出基于图像 HS 的复数运算 BP 网络的算法,发展基于向量运算的 BP 网络。事实上,复数型 BP 把 H 分量与 S 分量紧密地、有机地联系起来,在整个 HS 平面上进行仿射映射;而实数型 BP 网络,则把把 H 分量与 S 分量视作独立的、分开的区域进行处理。故复数型 BP 网络在图像压缩泛化能力上比实数型 BP 网络好,能实现正确的色调变换。

6.5　八元数在肝脏分割中的应用

肝脏是人体最大的实质性器官,它维持着人体排毒、代谢等重要的生命活动,疾病多发且病变种类多。据世界卫生组织(World Health Organization,WHO)在 2018 年发布的全球癌症报告显示,肝癌的发病率在所有癌症中位居第六,属于高发癌症,全年共 78.2 万人患肝癌死亡,占所有癌症死亡人数的 8.2%。目前,腹部超声检查、CT(computed tomography,计算机断层扫描)、MRI(magnetic resonance imaging,核磁共振成像)等是检测肝脏疾病的常用影像学方法。这些医学影像技术对于肝脏疾病的临床诊断和治疗可提供很大的帮助。其中,CT 除了应用于肝脏疾病和肝癌的临床诊断及分析外,还应用于肝癌局部治疗效果的评价、肝体积和肿瘤体积测量、其他脏器癌症转移情况的评价等,临床应用较为广泛。在通过腹部 CT 诊断肝脏疾病时,肝脏 CT 图像分割是其必要步骤。这不仅对于诊断肝脏疾病、制订治疗计划很重要,而且对于后续疗效的评估也很重要。

6.5.1　肝脏分割技术概述

近年来,学者对腹部 CT 图像中的肝脏分割进行了广泛的研究。现有的肝脏 CT 图像自动分割方法可分为两大类:基于图像的分割方法和基于统计模型的分割方法。

1. 基于图像的分割方法

基于图像的分割方法通过 CT 图像的灰度、梯度和纹理等信息,对肝脏直接进行分割,常用方法包括阈值法、区域生长法、分水岭法等。此类方法在大多数情况下需要手动设定感兴趣区域(region of interest,ROI)或感兴趣区域的种子点,并且它们的鲁棒性低,容易出现过分割和欠分割的现象。

阈值法基于图像像素的灰度,将图像直接划分为区域。此方法在 ROI 与背景等其他区域的灰度对比明显时,可以得到较好的分割效果,但是对于腹部 CT 图像中肝脏与其他器官灰度差异不大的情况,大多数情况下无法直接得到理想的分割效果。阈值法通常作为肝脏分割的"粗分割"步骤,通过"粗分割"确定肝脏的大概位置或范围,然后使用其他方法进行"细分割",从而得到最终的分割结果,这样最终结果通常可以达到很好的精度,因此而被广泛使用。宋红等提出一种基于阈值法和改进的广义梯度向量流-蛇(GGVF-Snake)模型的肝脏 CT 图像分割方法。首先通过阈值法确定肝脏的初始轮廓,然后使用 GGVF-Snake 模型对肝脏初始轮廓进行细化调整,从而得到最终的肝脏分割结果。杨帅使用直方图阈值法和最大联通分量算法进行肝脏 CT 图像的粗分割,然后采用 GrowCut 算法对肝脏的分割结果进行进一步细化。

区域生长法需要事先在 ROI 设定种子点,并定义好生长规则。种子点会按照生长规则,将与之有相同特征的像素点连接起来,从而得到 ROI 的分割区域。这种方法简单易实现,但其分割结果受初始种子点的选择影响较大,当 CT 图像中肝脏与其他器官灰度相近时,所得到的分割结果不太理想。因此,区域生长法通常不单独用于肝脏 CT 图像分割,多用于与其他方法结合或对区域生长法改进后再进行肝脏 CT 图像分割。黄敏将区域生长法与形态学算法相结合,使用局部区域的灰度均值代替全局灰度均值对 CT 图像处理后进行肝脏分割。Lu 等提出一种改进的区域生长方法用于肝脏 CT 图像分割,首先采用非线性映射法对 CT 图像进行预处理,手动设定 ROI,然后使用蒙特卡罗算法在 ROI 生成低色散序列点,从这些序列点中选取种子点进行区域生长的分割边缘计算。

分水岭方法借助自然界的分水岭思想进行图像分割,将整幅图像按照不同灰度特征分割一定数量的小区域后,再按照一定规则将灰度特征相似的小区域连接起来形成大区域,大区域之间的分界线即为 ROI 的分割边缘。Kim 在对 CT 图像进行预处理后,通过 CT 图像的灰度来确定 ROI,最后应用分水岭方法进行肝脏 CT 图像分割。吴福理等提出基于中值的多阈值 Otsu (最大类间方差)分水岭分割算法进行肝脏 CT 图像分割。首先采用改进后的双边滤波算法对 CT 图像进行平滑滤波处理,然后采用基于中值的 Otsu 算法提取 ROI 的标记,最后使用分水岭方法进行精确的肝脏分割。

2. 基于统计模型的分割方法

基于统计模型的分割方法主要分为传统的机器学习算法和深度学习算法两种,它们通过有监督学习、无监督学习或半监督学习,对像素进行分类来实现图像分割,包括支持向量机(SVM)、Adaboost 分类器、聚类等传统机器学习方法,以及卷积神经网络(convolutional neural networks,CNN)等深度学习方法。这类方法可以实现比基于图像的分割方法更好的结果。

(1) 机器学习方法。

机器学习方法需要对 CT 图像数据手动提取特征,然后设计分类器对图像像素进行分类,训练所有的数据集得到分割模型,最后对测试数据进行分割,即可得到最终的分割结果。Jin 等采用 SVM 分类器进行肝脏 CT 图像分割,首先对图像进行预处理,提取图像的小波系数和 Haralick 纹理描述符,然后对预处理后的图像基于 SVM 训练得到分割模型,最后使用分割模型进行预测分类得到最终的分割结果。王艺儒提出基于 SVM 的肝脏分割方法,首先使用阈值法进行肝脏粗分割,然后提取粗分割中的七个有效训练特征来训练 SVM 模型以进行肝脏细分割,最后对细分割结果进行形态学操作,得到最终的肝脏分割结果。Li 等使用 Adaboost 分类器进行体素级的肝脏分割,在预处理阶段对 CT 数据的肝脏部分进行自由变形以便于在训练时可以更好地识别肝脏边界。Lim 等使用聚类的方法进行肝脏分割,首先对训练数据进行预处理,手动标记 ROI,然后通过聚类得到最终的分割模型。张茜提出一种基于聚类的肝脏分割方法,首先采用基于空间邻域信息的核模糊 C 均值聚类算法进行肝脏粗分割,然后改进了传统的 GrowCut 算法,使其实现肝脏的细分割。

(2) 深度学习方法。

深度学习方法是目前进行肝脏 CT 图像分割最主要的方法。其中,基于卷积神经网络的分割方法以其优秀的特征提取能力、特征学习能力、容错能力和鲁棒性在图像分割领域取得了阶段性的成功,是近几年的研究热点。特别是全卷积网络(FCN)和 U-Net 的出现,使医学图像的分割方法进入了新的里程碑。对全卷积网络和 U-Net 进行改进是目前主要的研究方向,其他方法中构造的肝脏分割网络大多也与全卷积网络结构类似。

Chris 等使用两个级联的全卷积网络进行肝脏与肝脏肿瘤的分割,第一级网络用于分割肝脏部分,分割结果作为第二级网络的输入,第二级网络用于分割肝脏肿瘤,然后使用三维条件随机视场(conditional random field, CRF)来实现后处理。Chlebus 参考 Christ 等提出的网络,设计了一个 2D U-Net 和一个 3D U-Net,分两步来实现肝脏分割。第一步使用三个正交的 2D U-Net 进行肝脏分割,第二步使用 3D U-Net 进行分割细化,最后通过阈值计算进行后处理。Xiaotao 等将 FCN 与自动轮廓模型(active contour models, ACM)结合,ACM 对分割边缘进行约束,合并各种精度的图像信息,使分割边缘更加平滑精确,从而得到更好的分割结果。

6.5.2 基于八元数 Cauchy 积分公式的肝脏分割算法

函数的解析性反映了图像的光滑性,因为人脏器以及血管都具有光滑结构,因此可以用八元数函数的解析性刻画脏器和血管的构造。肝脏区域是由肝实质构成的,整体比较平滑,这与函数的解析性是相似的。考虑到 CT 图像数据量大,相邻切片之间的相关性等信息,因此采用基于八元数分析中的 Cauchy 积分定理构造数据模型,可以达到肝脏分割的目的。

Cauchy 积分公式是复分析、四元数、八元数分析中的重要公式,其几何意义是在光滑区域中,封闭光滑形状内的任意一点可以用其边界上的点表示。其推论八元数均值定理的意义是光滑区域中,单位球中心的取值可以用球面上的数值的平均表示。

1. 算法原理

首先需要对 CT 序列图像建立八元数的模型。对体数据中的每一点 (x, y, z) 使用其六邻域的像素值构造纯八元数,并使用其每一分量除以它自身的模,得到单位纯八元数 $o=f_1e_1+f_2e_2+\cdots+f_6e_6$。在肝脏局部区域,我们认为是平滑的,八元数的均值定理成立。那么肝脏局部同质区域中,某一点的数值应等于以该点为中心的区域边界上取值的平均。使用 $3\times3\times3$ 的区域对研究对象,使用该区域边缘的 26 邻域的平均代表当前点的特征,使用该特征进行肝脏区域的提取。如图 6-29 所示,点 P 的特征向量就是其 26 邻域的八元数 $o_1,o_2,\cdots,o_{26}$ 的平均值。选择肝脏中的一点作为种子点,使用种子点的 26 邻域上的八元数的平均作为种子点的特征向量,遍历图像数据,用种子点的特征向量与每一点的特征向量的乘积,通过判断内积值是否接近 1,且叉积的模是否接近 0,来判断该点是否为肝脏中的点。

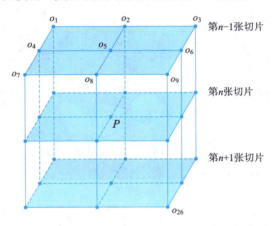

图 6-29 二十六邻域定义结构图

2. 算法流程

基于八元数 Cauchy 积分公式的肝脏分割算法的具体步骤如下:

(1)输入腹部的 CT 序列图像。对图像进行预处理,通过阈值分割将骨骼去除。对于动脉造影图像,腹主动脉与骨骼的灰度值接近,采用 Hough 变换的方法检测出腹主动脉,再通过阈值分割进行骨骼的去除。

(2)在肝脏区域选择种子点,种子点的特征向量使用其 26 邻域八元数的平均。

(3)遍历图像中的数据,计算每一点的特征向量,并与种子点的特征向量作乘法。判断八元数乘法的内积和叉积部分是否在给定的阈值范围内。

(4)如果是,则输出图像中该点的值置为 255,否则置为 0。输出图像即为肝脏的分割结果图。

(5)由于肝脏的内部的血管众多,分割出的肝脏图像往往有很多的空洞,采用形态学的闭操作对肝脏中的空洞进行填充。

6.5.3 实验结果与分析

对腹部 CT 序列图像数据 S70,使用本算法进行肝脏区域提取,并与传统的邻域区域生长算法进行比较。对于种子点所在的第 160 张切片的分割比较结果如图 6-30 所示。

对分割结果进行形态学的闭操作并三维重建后的模型如图 6-31 所示。

由实验结果可以看出,本节算法相对邻域区域生长算法分割出的肝脏区域的空洞更少,所需要的后期的处理就越少,能够更好地保存图像的原有信息。且本节算法相对于基于邻接区域生长的算法等够更好地保持肝脏边缘信息,分割出的无关区域也较少。

本节使用八元数这一高维的数学工具,和传统的邻接区域生长算法比较,提高了三维重建图像的精度,运算时间也较短。种子点特征向量的构造结合了图像的空间信息,对于图像缺失断裂或噪声污染具有很好的适用性。分割出的肝脏模型对于临床诊断和手术具有重要意义。

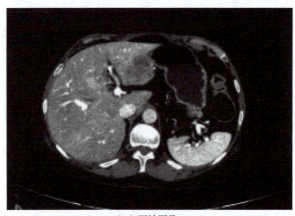

(a) 原始图像

 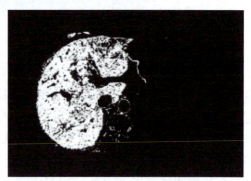

(b) 本节算法分割图像　　　　　　　　　(c) 邻接区域生长分割图像

图 6-30　肝脏切片图像实验结果

(a) 本节算法三维重建效果　　　　　　　(b) 邻接区域生长算法三维重建效果

图 6-31　肝脏分割三维重建实验结果

小　　结

本章主要论述了高维数学工具在图像处理其他方面的运用，主要包括以下五个方面：

首先对于数字水印技术的常用算法进行了概述，然后提出了基于离散八元数余弦变换的彩色图像数字水印算法，即定义了八元数离散余弦变换公式，给出了八元数离散余弦逆变换公式的证明，并将其应用于彩色图像水印中，该算法是对载体彩色图像 R、G、B、H、S、I 六个分量整体进行八元数离散余弦变换，从而使水印信息扩散到 R、G、B、H、S、I 六个分量中，该方法不仅具有较好的抗压缩能力，对噪声、图像缩放、滤波和旋转等几何攻击处理都具有较好的鲁棒性和不可见性。

其次，研究了 Clifford 向量积性质在彩色图像和遥感图像处理中的应用。将 Clifford 向量积性质应用到彩色图像区域生长中，通过构建彩色图像 Clifford 向量点乘阈值和叉乘阈值对生长准则进行控制，改善彩色图像区域生长效果；将 Clifford 代数应用到遥感图像变化检测中，构建两幅遥感图像 Clifford 向量进行向量积运算，通过阈值控制找出差异区域进行标注。通过对比，基于 Clifford 代数的遥感图像变化检测算法在算法时间和精确度上较传统算法都有提高，而且加入了自定义方向模板和多波段选择，使得在处理不同遥感地理图像上更具有适应性和灵活性。

然后，本章建立基于高维数学的皮肤分割模型，在总结现有皮肤检测技术的基础上提出了提取 Clifford 代数的皮肤分割模型算法。该模型充分考虑 R、G、B 三个通道间的关联，对人脸区域进行皮肤分割处理，提取的皮肤区域更加适应于心率检测等后续的应用。

接着，将图像的色度(即 H、S 分量)综合起来构成复数的形式作为 BP 网络的输入向量，构造了神经元是基于复数运算的 BP 网络。网络运行过程中利用复数运算的仿射变换性质，将 H、S 两个分量有机地联系起来，实现压缩映射。尽管压缩图片不甚理想，并且对初试权值的要求较高，但复数型 BP 网络已基本能够实现正确的色调转换。

最后，结合函数解析性与肝实质的特点，将八元数 Cauchy 积分公式应用于肝脏分割。使用种子点周边邻域的特征代替种子点自身的特征，使用八元数向量积性质判断图像中的点是或否为肝脏中的点，进而达到肝脏分割的目的。比邻域区域生长算法相比较，本章提出的算法能够更好地保持肝脏边缘信息，分割出的无关区域更少。

由于研究对象的复杂性，仍有许多问题有待进一步考虑。

(1) 八元数、Clifford 分析、Stein-Weiss 解析函数理论已日趋成熟，如何将这些高维数学的其他理论结果继续应用到数字图像处理当中。

(2) 目前波段选择算法仍然使用常用波段的组合，如何选择更多、更有效的波段也是下个阶段研究的重点内容。

(3) 本章高维图像算法借助高维向量已经得到较快的处理速度，如何应用 GPU 加速算法等其他程序优化算法，得到更快的处理速度。

本章的基本内容如图 6-32 所示。

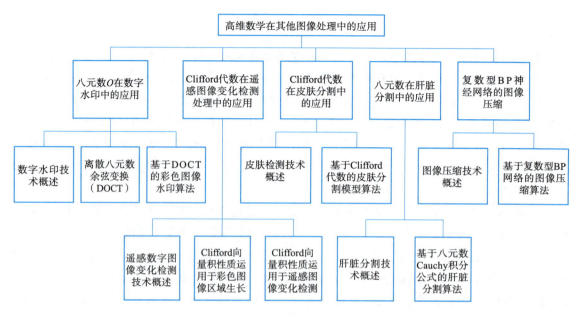

图 6-32　本章的基本内容

参 考 文 献

[1] 冈萨雷斯,伍兹. 数字图像处理(第2版)[M]. 阮秋琦,阮宇智,译. 北京:电子工业出版社,2007.
[2] 冈萨雷斯,伍兹,艾丁斯. 数字图像处理:MATLAB版[M]. 阮秋琦,译. 北京:电子工业出版社,2005.
[3] 卡斯尔曼. 数字图像处理[M]. 朱志刚,译. 北京:电子工业出版社,2002.
[4] SANGWINE S J. Colour image edge detector based on quaternionic convolution[J]. Electronics Letters,1998,34(10):969-971.
[5] EVANS C J,SANGWINE S J,ELL T A. Hypercomplex colour-sensitive smoothing filters[C]//Proceedings of International Conference on Image Processing. IEEE Signal Processing Society,2000(1),541-544.
[6] EVANS C J,SANGWINE S J,ELL T A. Colour-sensitive edge detection using Hyper-complex Filters[C]//Proceedings of EUSIPCO 2000,Tenth European Signal Processing Conference. Tampere,Finland,2000(4):107-110.
[7] SANGWINE S J. Fourier transform of colour images using quaternion[J]. Electronics Letters,1996,32(21):1979-1980.
[8] SANGWINE S J,ELL T A. The discrete Fourier transform of a colour image[C]//Image Processing II Mathematical Methods. Algorithms and Applications,Chichester,2000:430-431.
[9] 郎方年,周激流. 四元数与彩色图像边缘检测[J]. 计算机科学,2007,34(11):212-216.
[10] 李葆青. 基于四元数描述的彩色图像边缘检测器[J]. 中国图像图形学报,2003,8(7):774-778.
[11] 李兴民. 八元数分析[D]. 北京:北京大学,1998.
[12] JACOBSON N. Basic algebra[M]. 2 nd ed. Newyork:W H. Freeman and Company,1985.
[13] BRACK F,DELANGHE R,SOMMEN F. Clifford Analysis(Research Notes in Mathematics 76)[M]. London:Pitman Books Ltd,1982.
[14] PENG L Z,YANG L. The curl in 7-dimensional space and its applications[J]. Approximation Theory and Its Applications,1999(15):66-80.
[15] 陈巧年. 八元数范数的稳定性与八元数的应用[D]. 广州:华南师范大学,2006.
[16] 章毓晋. 图像理解[M]. 2版. 北京:清华大学出版社,2007.
[17] SUDBERY A. Quaternionic analysis[J]. Math. Proc. Camb. Phil. Soc.,1979,85:5-11.
[18] 谭小江,伍胜建. 复变函数简明教程[M]. 北京:北京大学出版社,2006.
[19] 苏爱民,张艳宁,薛笑荣. 基于分形理论的SAR图像边缘检测[C]//信号与信息处理技术:第一届信号与信息处理联合学术会议论文集,2002.
[20] 刘岚岚. 形态学边缘检测的新算法及其应用[J]. 红外与毫米波学报,1998(5).
[21] 朱卫纲,闫冬梅. 运用模糊技术进行边缘检测[C]//2001年中国控制与决策学术年会论文集,2001.
[22] 吴简彤,王建华. 神经网络技术及其应用[M]. 哈尔滨:哈尔滨工业大学出版社,1998.
[23] SPREEUWERS L J. A neural network edge detector[J]. Nonlinear image processing II,1991,1451:204-215.
[24] 李映,焦李成. 基于自适应免疫遗传算法的边缘[C]. 中国图象图形学报,2003(8):890-895.
[25] 田东平,迟洪钦. 混合遗传算法与模拟退火法[J]. 计算机工程与应用,2006,42(22):63-65.
[26] FUNADA J,OHTA N,MIZOGUCHI M,et al. Feature extraction method for palmprint considering elimination of

creases[C]//Proceedings of the International Conference on Pattern Recognition. USA:IEEE,1998.

[27] ZHANG L,ZHANG D. Characterization of ralmprints by wavelet signatures via directional context modeling[J]. IEEE Transactions on Systems,Man,and Cybernetics-Part B:Cybernetics 2004,34(3):1335-1347.

[28] SHU W,RONG G,BIAN Z. Automatic palmprint verification[J]. International Journal of Image and Graphics, 2001,1(1):135-151.

[29] 张泽,束为,荣钢. 基于乳突纹方向特性的掌纹自动分类方法[J]. 清华大学学报(自然科学版),2002,42(9):1222-1224.

[30] LI C,LIU F,ZHANG Y Z. A principal palm-line extraction method for palmprint images based on diversity and contrast[C]//Proc of the 3rd International Congress on Image and Signal Processing. Berlin, Germany:Springer,2010:1772-1777.

[31] PARIHAR A S,KUMAR A,VERMA O P,et al. Point based features for contact-less palmprint images[C]// Proc of the IEEE International Conference on Technologies for Homeland Security. Washington,USA:IEEE, 2013:165-170.

[32] BRUNO A,CARMINETTI P,GENTILE V,et al. Palmprint principal lines extraction[C]//Proc of the IEEE Workshop on Biometric Measurements and Systems for Security and Medical Applications. Washington,USA:IEEE,2014:50-56.

[33] ALI M M H,YANAWAR P,GAIKWAD A T. Study of edge detection methods based on palmprint lines[C]// Proc of the International Conference on Electrical,Electronics,and Optimization Techniques. Berlin,Germany:Springer,2016:1344-1350.

[33] 邬向前,张大鹏,王宽全. 掌纹识别技术[M]. 北京:科学出版社,2006.

[34] LI W,ZHANG D,XU Z. Palmprint identification based on Fourier transforms[J]. Journal of Software,2002,13(5):879-886.

[35] ZHANG L,ZHANG D. Characterization of ralmprints by wavelet signatures via directional context modeling[J]. IEEE Transactions on Systems,Man,and Cybernetics-Part B:Cybernetics 2004,34(3):1335-1347.

[36] GAYATHRI R,RAMAMOORTHY P. Automatic palmprint identi-fication based on high order zernike moment[J]. American Journal of Applied Sciences,2012,9(5):759-765.

[37] QIANG L I,QIU Z D,SUN D M,et al. Online palmprint identification based on improved 2D PCA[J]. Acta Electronica Sinica,2005,25(9):1041-1050.

[38] LU G,ZHANG D,WANG K. Palmprint recognition using eigenpalms features[J]. Pattern Recognition Letters, 2003,24(9/10):1463-1467.

[39] WU X,ZHANG D,WANG K. Fisherpalms based palmprint recognition[J]. Pattern Recognition Letters,2003, 24(15):2829-2838.

[40] LEE Y C,CHEN C H. Face recognition based on gabor features and two-dimensional PCA[C]//Iihmsp'08 International Conference on Intelligent Information Hiding and Multimedia Signal Processing. 2008:572-576.

[41] 赵丹丹. 基于深度学习的掌纹识别算法研究[D]. 呼和浩特:内蒙古农业大学,2016.

[42] TIWARI K,ARYA D K,BADRINATH G S,et al. Designing palmprint based recognition system using local structure tensor and force field transformation for human identification[J]. Neuro computing, 2013(116):222-230.

[43] ZHANG L,LI H Y. Encoding local image patterns using riesz transforms:with applications to palmprint and finger-knuckle-print recognition[J]. Image and Vision Computing,2012,30(12):1043-1051.

[44] XU X B,LU L B,ZHANG X M,et al. Multispectral palmprint recognition using multiclass projection extreme learning machine and digital shearlet transform[J]. Neural Computing and Applications,2016,27(1):143-153.

[45] LI W,ZHANG D,XU Z,et al. A texture-based approach to palmprint retrieval for personal identification[C]// Proceedings of SPIE. CA:Society of Photo-Optical Instrumentation Engineers,2000:415-420.

[46] YUE F,ZUO W M,ZHANG D,et al. Orientation selection using modified FCM for competitive code-based palmprint recognition[J]. Pattern Recognition,2009,42(11):2841-2849.

[47] SHEN L L,WU S P,ZHENG S H,et al. Embedded palmprint recognition system using OMAP 3530[J]. Sensors,2012,12(2):1482-1493.

[48] 翟林.基于模糊分类与压缩感知的掌纹识别算法研究[D].呼和浩特:内蒙古农业大学,2014.

[49] HAO Y,SUN Z,TAN T,REN C. Multispectral palm image fusion for accurate contact-free palmprint recognition [C]//Proc. Int. Conf. Image Process,2008:281-284.

[50] ZHANG D,GUO Z,GONG Y. An online system of multispectral palmprint verification[J]. IEEE Transactions on Instrumentation & Measurement,2010,59(2):480-490.

[51] 苟建平.模式分类的K-近邻方法[D].成都:电子科技大学,2013.

[52] ZHANG M L,ZHOU Z H. ML-KNN:a lazy learning approach to multi-label learning[J]. Pattern recognition, 2007,40(7):2038-2048.

[53] 李明昊,李燕华,潘新,等.基于Gabor小波和支持向量机的掌纹识别算法的研究[J].内蒙古农业大学学报(自然科学版),2011,32(3):270-275.

[54] 李昆仑,张亚欣,刘利利,等.基于改进PCA和支持向量机的掌纹识别[J].计算机科学,2015,42(增刊2):146-150.

[55] 万会芳,杜彦璞.K近邻和Logistic回归分类算法比较研究[J].洛阳理工学院学报(自然科学版),2016, 26(3):83-86.

[56] 邹晓辉.基于Logistic回归的数据分类问题研究[J].智能计算机与应用,2016,6(6):139-140.

[57] 郭田梅.基于卷积神经网络的图像分类算法研究[D].济南:济南大学,2017.

[58] 林强,董平,林嘉宇.图割方法综述[J].微处理机,2015,36(1):35-39.

[59] ADAMS R,BISCHOF L. Seeded region growing[J]. Pattern Analysis and Machine Intelligence, IEEE Transactions,1994,16(6):641-647.

[60] PEREZ M E M,HUGHES A D,THORN S A.,et al. Improvement of a retinal blood vessel segmentation method using the Insight Segmentation and Registration Toolkit(ITK)[C]//the IEEE International Conference of Medicine and Biology Society. IEEE,2007:892-895.

[61] HIGGINS W E,SPYRA W J T,RITMAN E L. Automatic extraction of the arterial tree from 3-D angiograms [C]//Proceedings of the Annual International Conference of the IEEE Engineering in Medicine and Biology Society,1989:563-564.

[62] 程明,黄晓阳,黄绍辉,等.定向区域生长算法及其在血管分割中的应用[J].中国图象图形学报,2011,16 (1):44-49.

[63] METZ C,SCHAAP M,GIESSEN A V D,et al. Semi-automatic coronary artery centerline extraction in computed tomography angiography data[C]//4th IEEE International Symposium on Biomedical Imaging:From Nano to Macro,2007:856-859.

[64] OTSU N. A threshold selection method from gray-level histogram[C]//IEEE Transactions on Systems Man and Cybernetics,1979.

[65] 安成锦,牛照东,李志军,等.典型Otsu算法阈值比较及其SAR图像水域分割性能分析[J].电子与信息学报,2010(9):2215-2219.

[66] 王晓春,黄靖,杨丰,等.基于SVM模型参数优化的多模态MRI图像肿瘤分割方法[J].南方医科大学学报,2014(5):10.

[67] FIGUEIREDO M A T,LEITAO J M N. A nonsmoothing approach to the estimation of vessel contours in angiograms[J]. IEEE Transactions on Medical Imaging,1995,14(1):162-172.

[68] TALEB-AHMED A,LECLERC X,MICHEL T S. Semi-automatic segmentation of vessels by mathematical morphology:application in MRI[C]//International Conference on Image Processing,2001:1063-1066.

[69] MIRI M S,MAHLOOJIFAR A. Retinal image analysis using curvelet transform and multistructure elements morphology by reconstruction[J]. IEEE Transactions on Biomedical Engineering,2011,58(5):1183-1192.

[70] CHAUDHURI S,CHATTERJEE S,KATZ N,et al. Detection of blood vessels in retinal images using two-dimensional matched filters[J]. IEEE Transactions on Medical Imaging,1989,8(3):263-269.

[71] HOOVER A,KOUZNETSOVA V,GOLDBAUM M,et al. Locating blood vessels in retinal images by piecewise threshold probing of a matched filter response[J]. IEEE Transactions on Medical Imaging,2000,19(3):203-210.

[72] POLI R,VALLI G. An algorithm for real-time vessel enhancement and detection[J]. Computer Methods and Programs in Biomedicine,1997,52(1):1-22.

[73] FRANGI A F,WIRO J N,KOEN L V,et al. Multiscale vessel enhancement filtering[C]//WILLIAM M W,ALAN C,SCOTT D,eds. Medical Image Computing and Computer-Assisted Intervertention. Berlin:Springer Berlin Heidelberg,1998:130-137.

[74] LIU I,SUN Y. Recursive tracking of vascular networks in angiograms based on the detection-deletion scheme [J]. IEEE Transactions on Medical Imaging,1993,12(2):334-341.

[75] LU S,EIHO S. Automatic detection of the coronary arterial contours with sub-branches from an X-ray angiogram [C]//Proceedings of Computers in Cardiology,1993:575-578.

[76] ZHOU L,RZESZOTARSKI M S,SINGERMAN L J,et al. The detection and quantification of retinopathy using digital angiograms[J]. IEEE Transactions on Medical Imaging,1994,13(4):619-626.

[77] AYLWARD S,BULLITT E,PIZER S,et al. Intensity ridge and widths for tubular object segmentation and description[C]//Proceedings of the Workshop on Mathematical Methods in Biomedical Image Analysis,1996:131-138.

[78] DELIBASIS K K,KECHRINIOTIS A I,TSONOS C,et al. Automatic modelbased tracing algorithm for vessel segmentation and diameter estimation[J]. Computer Methods and Programs in Biomedicine,2010,100(2):108-122.

[79] FRANKLIN S W,RAJAN S E. Retinal vessel segmentation employing ANN technique by Gabor and moment invariants-based features[J]. Applied Soft Computing,2014(22):94-100.

[80] RODRÍGUEZ-JIMÉNEZ A,Carmona E J. Blood Vessel Segmentation in Retinal Images based on Local Binary Patterns and Evolutionary Neural Networks[C]//2nd International Work-Conference on Bioinformatics and Biomedical Engineering(IWBBBIO 2014),2014.

[81] MARÍN D,AQUINO A,GEGÚNDEZ-ARIAS M E,et al. A new supervised method for blood vessel segmentation in retinal images by using gray-level and moment invariants-based features[J]. Medical Imaging, IEEE Transactions on,2011,30(1):146-158.

[82] KASSM W,ITKN A,TERZOPOULOSD. Snake:active contourmodels[J]. International Journal of computer vision,1987,1(4):321-331.

[83] 胡慧,何聚厚,何秀青.基于改进几何活动轮廓模型的图像分割算法[J].计算机工程与应用,2013,49(18):149-152.

[84] 王雪,李宣平.多相水平集协同空间模糊聚类图像多目标分割[J].机械工程学报,2013,49:10-15.

[85] 李积英,党建武,王阳萍.融合量子克隆进化与二维Tsallis熵的医学图像分割算法[J].计算机辅助设计

与图形学学报,2014,26(3):465-471.

[86] 黄伟. 一种基于 k-means 聚类和半监督学习的医学图像分割算法[J]. 南昌大学学报(理科版),2014,38(1):5.

[87] FRESNO A C, VÉNERE M. A combined region growing and deformable model method for extraction of closed surfaces in 3D CT and MRI scans[J]. Comput ed Imaging Graph. 2009,33(5):369-376.

[88] ZOLTAN C J, LAURA K. Neural networks combined with region growing techniques for tumor detection in [18F]-fluorothymidine dynamic positron emission tomography breast cancer studies[C]//Medical Imaging 2013:Computer-Aided Diagnosis,2013.

[89] PALOMERA P. Parallel multiscale feature extraction and region growing: application in retinal blood vessel detection[J]. Information Technology in Biomedicine, IEEE Transactions,2010,14(2):500-506.

[90] FRANGI A F. Three-dimensional model-based analysis of vascular and cardiac images[J]. 2001.

[91] 谢林培. 基于深度学习的眼底图像血管分割方法研究[D]. 深圳:深圳大学,2017.

[92] 姜平. 眼底图像分割方法研究[D]. 长春:吉林大学,2018.

[93] 王钏. 基于卷积神经网络的血管图像分割[D]. 西安:西安电子科技大学,2015.

[94] 盖琦,孙云峰,王晓雷,等. 基于离散四元数余弦变换的彩色图像数字水印技术[J]. 光电子·激光,2009,20(9):1193-1197.

[95] WEI F, BO H. Quaternion discrete cosine transform and its application in color template matching[C]//IEEE Congress on Image and Signal Processing,2008(2):252-256.

[96] 江淑红,张建秋,胡波. 彩色图像超复数空间的自适应水印算法[J]. 电子学报,2009,37(8):1173-1178.

[97] 李岩山. 基于 Clifford 代数的数字图像水印技术[J]. 电子学报,2008,36(5):853-855.

[98] 倪金生,蒋一军,张富民. 遥感图像处理与实践[M]. 北京:电子工业出版社,2008.

[99] 王相海,陈明莹,徐孟春. Contourlet 概率分布的遥感图像边缘检测方法[J]. 中国国象图形学报,2011,16(10):1900-1907.

[100] 章鲁,陈瑛,顾顺德. 医学图像处理与分析[M]. 上海:上海科学技术出版社,2006.

[101] 黄展鹏,易法令,周苏娟,等. 基于数学形态学和区域合并的医学 CT 图像分割[J]. 计算机应用研究,2010,27(11):4360-4362.

[102] 金铮. 八元数快速 Fourier 变换[D]. 广州:华南师范大学,2010.

[103] 杨义先,钮心忻. 数字水印理论与技术[M]. 北京:高等教育出版社,2006.

[104] TONG Y X, LIU H, GAO X. Land cover changed object detection in remote sensing data with medium spatial resolution[J]. International Journal of Applied Earth Observation and Geoinformation,2015,38:129-137.

[105] 陈云浩,冯通,史培军,等. 基于面向对象和规则的遥感影像分类研究[J]. 武汉大学学报信息科学版,2006,31(4):316-319.

[106] GHOSH A, MISHRA N S, GHOSH S. Fuzzy clustering algorithms for unsupervised change detection in remote sensing images[J]. Information Sciences. 2011,181(4):699-715.

[107] 李德仁. 遥感变化检测综述[J]. 武汉大学学报(信息科学版),2003,28(2):127-131.

[108] 谢丽蓉,伊利哈木,孔军. 基于 PCA 变换与小波变换的遥感图像融合方法[J]. 红外与激光工程,2014,43(7):2334-2339.

[109] 马少平. 人工神经网络在遥感图像分类中的应用研究与开发[D]. 北京:中国地质大学,2006.

[110] 陈锻生,刘政凯. 肤色检测技术综述[J]. 计算机学报. 2006,29(2):194-207.

[111] 王曦. 基于高斯肤色模型的图像皮肤区域分割算法研究[J]. 人力资源管理,2010(8):238-239.

[112] 陈丽芳,刘一鸣,刘渊. 融合改进分水岭和区域生长的彩色图像分割方法[J]. 计算机工程与科学,2013,35(4):93-98.

[113] 吴明珠,陈瑛,李兴民.利用 Stein-Weiss 解析函数结合反向传播神经网络进行血管分割[J].中国医学物理学杂志,2020,37(6):708-713.

[114] 王晓婵,吴明珠,李兴民.基于八元数 Cauchy 积分公式的血管分割算法[J].微型机与应用,2017,36(17):45-48.

[115] 吴明珠,王晓蝉,李兴民.利用八元数向量积改进三维区域生长算法[J].中国医学影像学杂志,2016,24(7):549-552.

[116] 吴明珠,王晓蝉,李兴民.利用 Stein-Weiss 解析函数性质的 3 维血管分割[J].中国图象图形学报,2016,21(4):434-441.

[117] 吴明珠,王洋,李兴民.二维钱方法的快速实现及在数字水印的应用[J].计算机工程与设计,2016,37(11):3136-3141.

[118] 吴明珠,李兴民.基于离散八元数余弦变换的彩色图像水印算法[J].计算机应用与软件,2016,33(7):294-298.

[119] 吴明珠,陈瑛,李昕娣.一个基于 DWT 和改进 Arnold 置乱的数字水印算法[J].内蒙古师范大学学报(自然科学汉文版),2013,42(6):687-691.

[120] 吴明珠,陈瑛,李兴民.基于 Stein-Weiss 函数的彩色掌纹特征识别算法[J].计算机应用研究,2020,37(4):1276-1280.

[121] CHAI D,BOUZERDOUM A. A Bayesian approach to skin color classification in YCbCr color space[C]//Proceedings of IEEE Region Ten Conference,2000,II:421-424.

[122] ANGELOPOULOU E,MOLANA R,DANIILIDIS K. Multispectral skin color modeling[J]. IEEE Computer Society Conference on Computer Visioned Pattern Recognition,2001,2(2):635-642.

[123] JONES M J,REHG J M. Statistical Color Models with Application to Skin Detection[C]//IEEE Conf. on Computer Vision and Pattern Recognition. USA,1999:274-280.

[124] TERRILLON J C,SHIRAZI M N,FUKAMACHI H,et al. Comparative performance of different skin chrominance models and chrominance space for the automatic detectio4n of human faces in color images[C]//4th IEEE International Conference on Automatic Face and Gesure recognition,France,2000:54-61.

[125] YANG M H,AHUJA N. Gaussian mixture model for human skin color and its applications in image and video databases[C]//Electronic Imaging. International Society for Optics and Photonics,1998:458-466.

[126] AHLBERG J. A system for face localization and facial feature extraction[J]. Proceedings Siggraph,1999,21:39-48.

[127] DOWDALL J,PAVLIDIS I,BEBIS G. Face detection in the near-IR spectrum[J]. Image and Vision Computing,2003,21(7):565-578.

[128] HUYNH T,MEGURO M,KANEKO M. Skin-color extraction in images with complex background and varying illumination[C]//Applications of Computer Vision. IEEE,2002:280-285.

[129] REIN L H,MOTTALEB M,JAIN A K. Face detection in color images[J]. IEEE Trans Pattern Analysis and Machine Intel,2002,1(5):696-706.

[130] LAURENT C,LAURENT N,BODO Y. A Human skin detector combining mean shift analysis and watershed algorithm[C]//International Conference on Image Processing,Proceedings IEEE Xplore,2003:12.

[131] KRIZHEVSKY A,SUTSKEVER I,HINTON G E. ImageNet classification with deep convolutional neural networks[C]//Advances in neural information processing systems,2012:1097-1105.

[132] PHUNG S,BOUZERDOUM A,CHAI D. Skin segmentation using color pixel classification analysis and comparison[J]//IEEE transactions on Pattern Analysis and Machine Intelligence,2005,27(1):149-154.

[133] 杨云聪.基于图像分析的中医面色识别方法研究[D].北京:北京工业大学,2013.

[134] 陈锻生,刘政凯.肤色检测技术综述[J].计算机学报,2006,29(2):194-207.

[135] 王曦.基于高斯肤色模型的图像皮肤区域分割算法研究[J].人力资源管理.2010(8).

[136] MEKHALFA F,AVANAKI M R,BERKANI D. A Lossless hybrid wavelet-fractal compression for welding radiographic images[J]. J Xray Sci Technol,2016,241(1):107-118.

[137] GOUDAR R M,PRIYA P. Compression technique using DCT & fractal compression-a survey[J]. Advances in Physics Theories and Applications,2012,3:9-14.

[138] ZHENG Y,LIU G R,NIU X X. An improved fractal image compression approach by using iterated function system and genetic algorithm[J]. Computers and Mathematics with Applications,2006,51(11):1727-1740.

[139] XU H T,YAN J C,PERSSON N,et al. Fractal dimension invariant filtering and its CNN-based implementation[C]. IEEE Trans. International Conference on Computer Vision,2017:3491-3499.

[140] BOVIK A C. The essential guide to image processing[M]. Amsterdam:Elsevier Inc,2009.

[141] SHUKLA K K,PRASAD M V. Lossy image compression domain decomposition-based algorithms[C]. Springer Briefs in Computer Science,2011.

[142] SAMRA H S. Image compression techniques[J]. International Journal of Computers and Technology,2012,2(2):49-52.

[143] 庞慧慧.基于特征的分形图像压缩稀疏编码算法[D].南京:南京邮电大学,2021.

[144] 朱俊.基于深度学习的图像压缩方法研究[D].重庆:重庆邮电大学,2021.

[145] 李冉.基于深度多尺度特征融合的图像压缩感知重建技术的研究[D].哈尔滨:哈尔滨工业大学,2021.

[146] 李雯.基于深度卷积神经网络的CT图像肝脏肿瘤分割方法研究[D].深圳:中国科学院深圳先进技术研究院,2016.

[147] BRAY F,FERLAY J,SOERJOMATARAM I,et al. Global cancer statistics 2018:GLOBOCAN estimates of incidence and mortality worldwide for 36 cancers in 185 countries[J]. CA:A Cancer Journal for Clinicians,2018,68(6).

[148] 中华人民共和国卫生和计划生育委员会医政医管局.原发性肝癌诊疗规范(2017年版)[J].中华消化外科杂志,2017,16(7):635-647.

[149] 赵微燕,吴贯,张玉燕,等.PBL教学法在心内科临床教学中的应用[J].中国高等医学教育,2013(2):121-122.

[150] 崔宝成.浅析医学影像技术学:CT[J].世界最新医学信息文摘,2015,15(72):117-118.

[151] DOU Q,CHEN H,JIN Y,et al. 3D deeply supervised network for automatic liver segmentation from CT volumes[C]//International Conference on Medical Image Computing and Computer-Assisted Intervention. Springer,Cham,2016:149-157.

[152] ERDT M,STEGER S,SAKAS G. Regmentation:a new view of image segmentation andregistration[J]. Journal of Radiation Oncology Informatics,2012,4(1):1-23.

[153] JIANG H,CHENG Q. Automatic 3D segmentation of CT images based on active contour models[C]//11th IEEE international conference on computer-aided design and computer graphics,2009:540-543.

[154] LU X,WU J,REN X,et al. The study and application of the improved region growing algorithm for liver segmentation[J]. Optik-International Journal for Light and Electron Optics,2014,125(9):2142-2147.

[155] KIM P U,LEE Y J,JUNG Y,et al. Liver extraction in the abdominal CT image by watershed segmentation algorithm[C]//World Congress on Medical Physics and Biomedical Engineering 2006. Springer Berlin Heidelberg,2007.

[156] 宋红,张春萌,黄小川,等.腹部CT图像序列中的肝脏分割[J].哈尔滨工业大学学报,2013(9):88-93.

[157] 杨帅.腹部CT图像序列肝脏分割方法与三维重建[D].郑州:河南大学,2018.

[158] 黄敏.肝脏 CT 图像分割及三维重建算法研究[D].重庆:重庆大学,2013.

[159] 吴福理,鲁锦樑,胡同森.基于 BF-WS 的肝脏 CT 图像自动分割[J].浙江工业大学学报,2015,43(6):630-635.

[160] JIN J S, CHALUP S K. A liver segmentation algorithm based on wavelets and machine learning[C]//International Conference on Computational Intelligence and Natural Computing,2009:122-125.

[161] LI X, HUANG C, JIA F, et al. Automatic liver segmentation using statistical prior models and free-form deformation[C]//International MICCAI Workshop on MedicalComputer Vision. Springer, Cham, 2014:181-188.

[162] LIM S J, JEONG Y Y, HO Y S. Automatic liver segmentation for volume measurement in CT Images[J]. Journal of Visual Communication & Image Representation,2006,17(4):860-875.

[163] LÉCUN Y, BOTTOU L, BENGIO Y, et al. Gradient-based learning applied to document recognition[J]. Proceedings of the IEEE,1998,86(11):2278-2324.

[164] 王艺儒.基于 SVM 的腹部 CT 序列图像肝脏自动分割[J].信息与电脑(理论版),2018(9):77-81.

[165] 张茜.CT 图像中肝脏分割方法研究[D].北京:北京理工大学,2015.

[166] LONG J, SHELHAMER E, DARRELL T. Fully convolutional networks for semantic segmentation[J]. IEEE Transactions on Pattern Analysis & Machine Intelligence,2014,39(4):640-651.

[167] RONNEBERGER O, FISCHER P, BROX T. U-net:convolutional networks for biomedical image segmentation[C]//International Conference on Medical Image Computing and Computer-Assisted Intervention. Springer, Cham,2015:234-241.

[168] HE K, ZHANG X, REN S, et al. Deep residual learning for image recognition[C]//The IEEE Conference on Computer Vision and Pattern Recognition(CVPR),2016:770-778.

[169] CHRIST P F, ELSHAER M E A, ETTLINGER F, et al. Automatic liver and lesion segmentation in CT using cascaded fully convolutional neural networks and 3D conditional random fields[C]//International Conference on Medical Image Computing and Computer-Assisted Intervention,2016:415-423.

[170] CHLEBUS G, MEINE H, MOLTZ J H, et al. Neural network-based automatic liver tumor segmentation with random forest-based candidate filtering[J]. arXiv preprint arXiv:1706.00842,2017.

[171] GUO X, SCHWARTZ H, ZHAO B. Automatic liver segmentation by integrating fully convolutional networks into active contour models[J]. Medical Physics,2019,46(10).

[172] THOMAS B. Hypercomplex spectral signal representations for the processing and analysis of images[D]. Kiel:Keele University,1999.